Edizioni PensareDiverso
Cenacolo Jung Pauli

Bruno Del Medico
Buku ini digambarkan oleh Elisabetta Del Medico

Keterlibatan kuantum dan semua warnanya.

Mekanika kuantum menolak materialisme dan mendedahkan komponen kerohanian alam semesta.
Dari mitos gua Plato, ke sinkronisasi Carl Jung, ke alam semesta holografik David Bohm.

Bruno Del Medico, penulis blog, penulis, editor, khusus dalam penyebaran isu-isu yang berkaitan dengan peristiwa semasa sosial dan sempadan baharu sains. Beliau adalah pengarang banyak teks yang berkaitan dengan pandemik baru-baru ini dan siri khusus mengenai fizik kuantum dan metafizik.

edizioni@delmedico.it

Ringkasan.

Pengenalan. Tentang apa buku ini.

Buku ini terbahagi kepada tiga bahagian. Pada bahagian pertama (intuisi) penulis membahas hipotesis yang paling relevan mengenai realiti palsu dunia yang dapat difahami. Kewujudan tahap kesedaran yang melampaui materi telah dibayangkan oleh para pemikir yang hebat. Kami menjumpai idea ini dalam "Mitos gua" Plato, dalam "Teori bukan materialiti" Berkeley, dan juga dalam "Psikologi bentuk" (Gestaltpsychologie). Sumber yang paling berwibawa terletak pada karya Carl Jung mengenai "bawah sedar kolektif" dan "Teori sinkronisitas".

Pada bahagian kedua (Pengesahan saintifik) penulis menerangkan secara asas tetapi terperinci jalan fizik kuantum, dari percubaan Thomas Young mengenai halangan dengan dua celah hingga fenomena superposisi keadaan dan korelasi kuantum. Melalui kunci istimewa ini, kita dapat memahami keterlibatan kuantum. Pada bahagian ketiga (Perspektif) penulis menerangkan teori-teori yang dikembangkan oleh David Bohm mengenai "potensi kuantum" mengenai "alam semesta tersirat dan eksplisit" dan mengenai penglihatan holografik kosmos. Semuanya dijelaskan dengan kesederhanaan mutlak, tanpa penggunaan formula matematik dan dengan bantuan banyak ilustrasi.

Sejak lahir, manusia ingin menyelidiki asal usul dan komposisi objek material, untuk mengetahui fungsi dan tujuan intim mereka.

Kaedah yang digunakan secara universal adalah memecah objek menjadi bahagian yang lebih kecil dan lebih kecil, kemudian menganalisisnya dengan setiap kaedah yang mungkin, dari penyelidikan visual hingga reaksi kimia. Ini masih berlaku hingga kini. Sebagai contoh, jika seorang saintis ingin menemui struktur kimia dan fizikal kubus granit, dia akan memecahkannya menjadi kepingan yang lebih kecil dan lebih kecil sehingga terbahagi kepada atom individu.

Namun, jika saintis itu sendiri ingin menyelidiki zarah individu yang membentuk atom, dia akan mendapat kejutan yang luar biasa. Kiub granit bertindak seperti kiub ais. Saintis melihat perkara itu menjadi wap dan hilang di antara jarinya. Materi menjadi tenaga yang bergetar.

Zarah-zarah tunggal diubah menjadi gelombang yang berubah-ubah tanpa korporealiti lagi.

Pada peringkat subatomik, jirim tidak lagi menjadi masalah, ia menjadi sesuatu yang berbeza. Zarah unsur atom menipu kita.

Mereka kelihatan seperti bintik-bintik jika seseorang memerhatikannya, tetapi mereka berperilaku seperti gelombang yang bergetar ketika tidak diperhatikan. Atom jirim hanya mengandungi kekosongan.

Di permukaan, kami yakin dapat menyentuh, menimbang, memanipulasi dan mengukur jirim. Tetapi, dalam komposisi yang paling intim, jirim menjadi riak kekosongan, tenaga, maklumat, gelombang atau getaran.

Bergantung pada tahap pemerhatian, dari yang sangat kecil hingga yang sangat besar, ada banyak kenyataan, semuanya berbeza tetapi semuanya benar-benar benar.

Atau, mungkin, terdapat banyak aspek dari realiti yang lebih tinggi, masih belum diketahui. Semua falsafah dan agama selalu membuat hipotesis "zon semangat" yang melampaui masalah; tidak ada yang dapat membuktikan bukti keberadaannya. Hari ini fizik kuantum membuka jendela besar di cakrawala yang, sehingga abad yang lalu, kita tidak dapat membayangkan. Pengesahan datang dari eksperimen yang berjaya dilakukan, terutama yang berkaitan dengan fenomena keterlibatan kuantum.

Hari ini kita tahu bahawa ada tahap realiti yang tidak lagi tunduk pada kekangan fizik Newton. Fizik jirim tidak lagi mencukupi untuk menggambarkan alam semesta.

Fizik kuantum menunjukkan adanya tahap di mana tenaga dan maklumat mengambil alih jirim. Ini adalah tahap yang disebut "bukan tempatan". Kita boleh menentukannya sebagai tahap psikik atau spiritual. Pada tahap ini, Kecerdasan sejagat berinteraksi dengan manusia. Jalan-jalan komunikasi dengan alam semesta yang cerdas melewati alam bawah sedar kolektif yang berteori oleh Carl Jung.

Synchronicities Jungian membimbing kita dalam projek evolusi budaya. Ini adalah projek yang mula kita sedari.

Bahagian pertama. Gerak hati.

Fenomena yang tidak dapat dijelaskan.

Menurut beberapa teks teknologi aeronautika yang terkenal, tawon besar (Vespa crabro) tidak dapat terbang kerana bentuk dan berat badannya sehubungan dengan permukaan sayapnya. Tetapi Vespa crabro belum belajar, dan oleh itu terus terbang.

(Igor Ivanovich Sikorsky, perintis penerbangan Rusia)

Buku Rekod Guinness mengandungi banyak keanehan. Di antara maklumat yang luar biasa ini, terdapat maklumat yang sangat khusus. Ini ialah klasifikasi masa kelewatan berbanding pasangan kembar yang dilahirkan pada masa yang berbeza. The Guiness menyenaraikan pasangan kembar yang dilahirkan dengan jarak masa yang paling lama antara mereka.

Bertentangan dengan apa yang boleh dibayangkan, selang ini tidak terdiri daripada jam atau hari, malah bulan. Sebagai contoh, pada tahun 2000 Sandra Beveridge dari West Lothian, sebuah daerah Scotland, melahirkan anak kembar selang 28 hari. Peggy Lynn, seorang wanita dari Pennsylvania, melakukan yang lebih baik. Pada tahun 1995 Peggy melahirkan anak kembar yang lahir selang 84 hari. Bagaimanapun, rekod semasa adalah milik Maria Jones-Elliot yang melahirkan Amy di Ireland pada 2013 dan hanya selepas 87 hari melahirkan kembarnya Katie.

Doktor menyatakan bahawa ini adalah kes yang sangat jarang berlaku. Kes ini hanya berlaku apabila si kembar membesar dalam kantung plasenta yang berasingan.

Kembar yang berkaitan dalam mod kuantum.

Terdapat satu aspek yang menarik, yang meyakinkan saya untuk menyebut rekod kelahiran kembar yang tertangguh. Ia adalah mengenai fakta bahawa buku "The Guinness Book of Recods" dilahirkan dari pena dua pengarang. Nama mereka ialah Ross dan Norris McWhirter, dan mereka juga adalah kembar. Kedua-dua kembar ini, selain menjadi pengarang buku itu, adalah protagonis peristiwa mustahil.

Guinness kini merupakan buku ketiga terlaris di dunia, selepas Bible dan Al-Quran. Buku ini mewakili perkembangan praktikal idea yang dilahirkan dengan cara yang benar-benar santai, semasa perjalanan memburu yang berlaku pada 4 Mei 1951.

Salah seorang peserta dalam pemburuan itu ialah Sir Hugh Beaver, pengarah urusan Guinness Breweries di Dublin.

Sir Beaver gagal menyerang beberapa burung yang dikenali dengan nama aneh "burung emas" (Pluvialis apricaria). Burung-burung itu lebih laju daripada senapangnya dan melarikan diri dengan laju sebaik sahaja mereka merasakan kehadiran pemburu itu.

Kesulitan ini mencetuskan perdebatan antara Sir Beaver dan pemburu lain, untuk menentukan burung mana yang paling laju.

Pada hari-hari berikutnya, Sir Beaver, yang ternyata tidak begitu sibuk dengan peranan pentadbir, terus memikirkan masalah itu. Akhirnya dia membuat kesimpulan bahawa ramai, seperti dia, akan berminat untuk mengetahui bukan sahaja burung mana yang terpantas, tetapi apa-apa jenis kecemerlangan lain dalam persembahan yang berbeza. Oleh itu, dia memutuskan untuk mencipta buku di mana semua orang boleh mendapat akses kepada jenis maklumat ini.

Kandungan buku itu adalah untuk menjadi koleksi primata dalam aktiviti yang berbeza. Akibatnya, Sir Beaver meminta bantuan daripada dua pakar dalam sektor olahraga, saudara Ross dan Norris McWhirter, dan menugaskan mereka untuk menulis buku itu.

Buku itu keluar buat pertama kali pada 27 Ogos 1955 dengan tandatangan dua beradik itu. Tajuknya ialah "Buku Rekod Guinness".

Rajah 1 - Kembar Norris (kiri) dan Ross McWhirter (kanan). Mereka adalah pengarang edisi pertama "The Guinness Book of Recods". Kedua-duanya adalah protagonis kes luar biasa komunikasi extra-sensori.

Buku itu serta-merta mempunyai kejayaan yang memberangsangkan yang berterusan hari ini. (Rajah 1). Jelas sekali, pengarang menjadi sangat terkenal, jadi peristiwa kehidupan mereka didokumentasikan dan disaksikan dengan baik.

Kembar Ross dan Norris McWhirter.

Ross dan Norris dilahirkan pada 12 Ogos 1925 kepada William McWhirter, editor "Sunda Pictorial", dan Margaret Williamson. Pada tahun 1950 mereka berdua menjadi wartawan sukan. Seorang rakan mereka, pelari Christopher Chataway, telah bekerja di Guinness Brewery. Apabila Christopher mengetahui bahawa pentadbir Hugh Beaver sedang mencari orang yang cekap untuk membuat buku tentang primata, dia mengesyorkan si kembar. Kedua-duanya segera diberi tugas menulis buku itu.

Pada tahun 1960-an, Ross menjadi aktivis politik Parti Konservatif. Tidak kira masa sukar, dia menyokong banyak undang-undang sekatan yang digubal oleh Britain terhadap penduduk Ireland.

Dia juga mempromosikan ganjaran £ 50,000 kepada sesiapa yang memberikan maklumat berguna untuk penahanan sel IRA (Tentera Republik Ireland). Pada masa itu IRA sedang melakukan banyak serangan di London. IRA melihat Ross McWhirter sebagai musuh langsung.

Pada 27 November 1975, dua ahli IRA membunuh Ross. Kedua-duanya menunggunya apabila dia pulang ke rumah. Apabila dia tiba mereka melepaskan dua das tembakan ke arahnya dengan pistol. Masa tu pukul 6.45 petang.

Pada masa yang sama Ross dibunuh, saudara kembarnya Norris berada kira-kira 30 batu jauhnya bercakap dengan beberapa orang.

Pada masa yang sama Norris tersentak kuat, membawa tangannya ke pelipisnya. Dia berbuat demikian, seolah-olah kepalanya pecah.

Terkejut mereka yang hadir, dia hampir pengsan. Masa tu pukul 6.45 petang.

Orang ramai yang hadir memberi keterangan tentang fakta itu. Kesaksian itu didokumentasikan oleh sarjana Guy Lyon Playfair dalam bukunya "Twin Telepathy":

> “Pada awal petang 27 November 1975, penulis Ross McWhirter ditembak di kepala dan dada oleh dua lelaki bersenjata ketika dia berdiri di depan pintu rumah Ross sendiri di utara London. Dia dibawa ke hospital tetapi disahkan meninggal dunia sejurus tiba. Seorang saksi mata yang bersama saudara kembarnya Norris McWhirter memberi saya kesaksian ini: "Norris mempunyai reaksi dramatik, hampir seolah-olah dia telah terkena peluru yang tidak kelihatan."

Ini bukan satu-satunya kes kembar yang, berada pada jarak yang jauh, bertindak balas terhadap peristiwa yang melibatkan kembar yang lain.

Viscountess Thelma Furness.

Thelma Morgan, dilahirkan di Switzerland pada 23 Ogos 1904, adalah anak perempuan Harry Hays Morgan, seorang diplomat Amerika yang berkhidmat sebagai konsul AS di Buenos Aires dan Brussels. Thelma dan kakak kembar Gloria dilahirkan oleh Laura Delphine Kilpatrick. (Gamb.2).

Laura Delphine, melalui nenek sebelah ibunya, adalah keturunan keluarga diraja Sepanyol Navarre.

Oleh itu, adik-beradik kembar mempunyai semua syarat untuk menghadiri perkumpulan terbaik pada masa itu. Thelma menjadi perempuan simpanan Putera Wales, bakal Raja Edward VIII.

Sesungguhnya, Thelma mendahului Wallis Simpson dalam hati Edward. Namun, kemudian, demi cinta Wallis Simpson, Edward meninggalkan takhta dan menjadi Duke of Windsor.

Semasa hubungannya dengan Putera Edward pada tahun 1929, Thelma berkahwin dengan seorang bangsawan, Viscount Marmaduke Furness. Perkahwinan itu tidak bertahan lama tetapi membenarkan Thelma memakai gelaran "Viscountess Furness" seumur hidup. Semasa perkahwinan ringkas, Thelma melahirkan William Anthony.

Gloria kembar Thelma berkahwin dengan Reginald Claypoole Vanderbilt.

Walaupun kehidupan mereka yang pelbagai dan penuh peristiwa, kedua-dua adik perempuan itu mengekalkan ikatan batin yang kuat.

Ikatan ini terserlah kuat apabila Thelma yang mengandungkan William Anthony melahirkan anaknya secara pramatang. Thelma pada masa itu berada di Melton Mowbray, UK.

Pada masa itu, kakaknya Gloria berada di seberang lautan, di New York, jadi dia langsung tidak menyedari kelahiran pramatang.

Namun, pada masa yang sama dengan apa yang berlaku kepada Thelma, Gloria juga mengalami sakit perut yang teruk, sama seperti dia sendiri terpaksa melahirkan anak.

Gloria segera dibantu. Walau bagaimanapun, tidak mungkin untuk menentukan punca kesakitannya.

Hanya kemudiannya adalah mungkin untuk menghubungkan kesakitan Gloria dengan kelahiran Thelma, yang berlaku pada masa yang sama.

Gloria secara misteri berkongsi kesukaran Thelma seolah-olah dia satu dengan kakaknya. Kesatuan itu bukan sahaja psikik tetapi juga fizikal.

Kedua-dua kes yang saya sebutkan ini sangat terkenal. Terdapat banyak bukti dan boleh dipercayai mengenai kes-kes ini. Kes-kes ini mengesahkan bahawa beberapa pasangan kembar, berdasarkan ikatan misteri yang ditubuhkan oleh kelahiran biasa, boleh berkongsi sensasi fizikal dengan cara yang bercanggah dengan setiap undang-undang asas fizik. Ini lebih jelas apabila kita mempertimbangkan jarak antara kembar apabila fakta berlaku.

Kemasyhuran dan kesaksian kes ini menyukarkan untuk berhujah bahawa ia adalah cerita rekaan. Episod-episod ini didokumentasikan dengan sangat baik sehingga ia juga disebut di laman web CICAP (Jawatankuasa Itali untuk Kawalan Tuntutan pada Pseudo-sains).

Persatuan ini telah membuat misinya untuk bertanding dan mendiskreditkan sebarang tuntutan yang berkaitan dengan fenomena luar deria. Walau bagaimanapun, CICAP mengkatalogkan kes yang diterangkan sebagai "kebetulan deria" dan mentakrifkannya sebagai "kes yang pasti sensasi".

Malah, kisah kembar ini menunjukkan korespondensi yang hebat dengan beberapa aspek tipikal zarah subatom. Fizik kuantum telah menunjukkan bahawa dua zarah berkorelasi, iaitu, disatukan oleh keadaan tertentu (biasanya, ia dilahirkan daripada peristiwa biasa) memperoleh keupayaan untuk kekal "sedar" berhubung pada sebarang jarak, seolah-olah ia adalah zarah tunggal. Kami akan membincangkan perkara ini di bahagian kedua buku ini.

Rajah 2 - Thelma Morgan, Viscountess Furness (kanan) bersama kakak kembarnya Gloria. Semasa Thelma, di UK, mengalami kelahiran pramatang, kakaknya Gloria, di New York, merasakan kesakitan yang sama.

Bahan, bahan sahaja.

" Materialis dan orang gila tidak pernah ada keraguan."
(Gilbert Keith Chesterton)

Menurut sains semasa, terdapat beberapa perkara yang "boleh", dan yang lain "tidak boleh".

Yang pertama ialah semua perkara yang boleh ditimbang, diukur dan diterbitkan semula di makmal. Antara perkara ini kita juga memahami kesan yang berkaitan dengan jirim, seperti kemagnetan dan daya graviti.

Menurut materialisme, semua contoh lain, bermula dengan fenomena ekstrasensori, adalah hasil ilusi atau khurafat. Penyokong fenomena ini adalah penipu atau, paling baik, mengalami gangguan mental dan harus menjalani rawatan perubatan. Untuk menyokong tesis ini, penjelasan yang tidak masuk akal dicari yang bersempadan dengan ejekan. Walau apa pun, kewujudan fenomena ini dinafikan terlebih dahulu.

Harus dikatakan bahawa sains semasa meletakkan sikap ini pada asas yang kelihatan kukuh, iaitu, pada undang-undang fizikal yang diketahui. Undang-undang ini telah ditubuhkan dan disatukan selama beberapa abad. Ini adalah undang-undang yang kita sendiri boleh mengesahkan, jika kita memerhatikan dunia di sekeliling kita menggunakan deria tipu daya kita. Saya akan cuba meringkaskan secara ringkas teori materialistik.

Teori "monisme" dan reduksionisme materialistik.

Konsep monisme adalah sangat kuno, ia bermula pada abad ke-5 SM, khususnya kepada falsafah Parmenides. Istilah "monisme" digunakan pada tahun 1734 oleh ahli falsafah Jerman Christian Wolff. Sarjana itu, dalam karyanya "Psikologi rasional", mentakrifkan "monist" yang "mengakui satu jenis bahan".

Monisme berbeza dengan dualisme atau pluralisme. Mengikut ini, keseluruhannya boleh dikesan kembali kepada dua atau lebih jenis bahan. Beberapa dualisme tipikal ialah:

- jiwa / perkara
- minda / badan.

Sains materialistik mengurangkan semua realiti kepada satu jenis "zat", bahan pepejal. Pada masa yang sama, materialisme mengecualikan sebarang kehadiran rohani. Hanya semua yang fizikal adalah nyata. Fikiran, pemikiran, kesedaran hanyalah sisa proses kimia yang berlaku di dalam otak.

Secara kebetulan, kami menyatakan bahawa terdapat bukan sahaja monisme materialis; sebagai contoh, terdapat juga "monisme" yang idealistik. Ini adalah "mentalisme", dan ia menyatakan sebaliknya: hanya aspek mental yang nyata.

Kedua-dua kedudukan ini tidak betul berdasarkan penemuan fizik kuantum baru-baru ini, seperti yang akan kita lihat kemudian dalam buku ini. Malah, kedua-duanya menafikan bahawa terdapat alam semesta di mana jirim dan jiwa bekerjasama secara harmoni dalam projek kreatif yang hebat.

"Determinisme" dan "kausalitas".

Menurut prinsip ini, alam semesta adalah mesin yang berfungsi seperti jam. Segala-galanya ditetapkan, semuanya adalah akibat. Setiap peristiwa, setiap perubahan objek adalah berfungsi pada kedudukannya, kelajuan awalnya dan daya material yang ada di sekelilingnya.

Biji benih menyerap nutrien dari tanah dan menghasilkan tunas. Biji benih menolak pucuk ke atas dengan daya tertentu. Jika kekuatannya mencukupi, tunas benih memecahkan kerak tanah dan muncul, jika tidak, ia mati di bawah tanah.

Apabila tunas benih muncul dari tanah, kekuatan akar mendorongnya ke atas.

Pada ketika itu dia boleh bersaing dengan tumbuhan sekeliling dalam menyerap cahaya matahari dan hujan. Segala-galanya berfungsi seperti jam, tumbuhan tumbuh dengan satu siri mekanisme, yang mana tumbuhan itu sama sekali tidak menyedarinya.

Jika saya membaling batu, ia akan mengikut jalan yang ditentukan oleh beratnya dan daya yang saya lemparkan. Jika batu itu mengenai objek, ia memberikan objek yang terkena tujahan yang berkadar dengan tenaga yang dimiliki. Ia tidak pernah berlaku bahawa batu bergerak secara autonomi dengan sendirinya. Tiada objek bergerak melainkan ia dirangsang oleh objek lain.

Oleh itu, setiap tindakan adalah disebabkan oleh tindakan yang lain. Setiap tindakan mewarisi kekuatan daripada tindakan yang menyebabkannya dan mengagihkan kekuatan kepada tindakan seterusnya.

Ini sangat berguna kepada sains semasa kerana ia membolehkan anda menentukan kedudukan setiap objek di alam semesta pada bila-bila masa, dan untuk meramalkan kelakuan mesin dan peralatan industri. Mesin, jika mereka menerima tenaga yang betul, boleh melaksanakan fungsi yang tepat sehingga seperseribu milimeter untuk mendapatkan hasil yang diingini.

René Descartes membahagikan realiti kepada dualisme jirim minda, dengan itu menjangkakan konsep determinisme, yang mengecualikan keperluan minda untuk wujud. Konsep pengecualian minda yang memihak kepada keunikan jirim kemudiannya dikembangkan oleh Isaac Newton. Pierre Laplace juga mengambil konsep ini dalam bukunya mengenai mekanik cakerawala. (Mécanique céleste, 1805).

Ini adalah buku pertama yang tidak menyebut Tuhan sebagai punca penciptaan. Maharaja Napoleon sendiri kagum dan bertanya kepada Laplace: "Mengapa anda tidak menyebut Tuhan dalam kerja anda?"

Laplace menjawab "Ini hipotesis yang saya tidak perlukan".

Kausalitas benar-benar menafikan kemungkinan terdapat projek kreatif di mana manusia mengambil bahagian. Kecerdasan manusia adalah hasil sampingan jirim yang tidak berguna. Semua perkara fizikal berfungsi dengan baik tanpa memerlukan sumbangan kecerdasan dalam apa jua bentuk.

Kesinambungan dan hala tuju masa.

Pernyataan sains ialah setiap kejadian disebabkan oleh kejadian lain. Sebaliknya, setiap peristiwa menimbulkan provokasi yang lain. Ini membayangkan konsep bahawa semua perubahan dan semua dinamik alam semesta berlaku secara berterusan, tanpa sebarang jeda, dalam karusel yang bermula dengan Big Bang dan tidak akan berakhir. Selain itu, semua evolusi berterusan ini berlaku dalam satu arah sahaja, mengikut anak panah masa yang hanya bergerak ke hadapan.

Kami memanggil "arah masa" sebagai fenomena yang sistem fizikal boleh berkembang daripada keadaan awal kepada keadaan berikutnya, dalam masa tertentu, tetapi tidak boleh kembali ke keadaan awal.

Realiti seperti yang kita anggap ia dipanggil realiti peringkat makroskopik. Pada tahap ini kita tertakluk kepada undang-undang entropi. Undang-undang ini mengatakan bahawa gangguan itu hanya boleh meningkat dengan masa. Oleh itu, jika anda memecahkan gelas, anda pasti akan dapat memecahkan setiap kepingan lebih jauh.

Walau bagaimanapun, lupakan kemungkinan bahawa kepingan yang berbeza akan bersambung semula untuk membentuk kaca yang sihat semula.

Anehnya, kita dapat melihat bahawa ini adalah benar hanya pada tahap makroskopik. Sebaliknya, pada tahap mikroskopik, hampir semua proses fizikal adalah simetri. Iaitu, persamaan yang menggambarkan mereka menunjukkan bahawa mereka akan berfungsi dengan baik ke hadapan dan ke belakang dalam masa.

Anehnya, mengikut prinsip kausalitas, sains mampu meramal dengan tepat tingkah laku alam semesta di sekeliling kita. Namun, pada masa yang sama sains menafikan bahawa kita boleh mengetahui terlebih dahulu apa yang akan berlaku seterusnya dalam kehidupan peribadi kita. Oleh itu, sains menolak kewujudan fenomena firasat. Iaitu, sains mendakwa bahawa ia boleh meramalkan masa depan untuk alam semesta, tetapi menafikan kemungkinan meramalkan masa depan untuk individu tunggal.

Konsep "bukan lokaliti"

Semua fenomena dan kesannya adalah setempat, iaitu, ia berlaku di bahagian ruang tertentu. Tambahan pula, ia merambat dengan kelajuan dan masa yang boleh diukur dengan tepat.

Tindakan jauh antara dua objek tanpa pengantaraan "kuasa fizikal" yang menghubungkan mereka adalah mustahil. Adalah perlu bahawa "sesuatu" menyatukan kedua-dua objek dengan melintasi ruang yang memisahkannya dalam masa tertentu. Daya ini berkurang apabila jarak bertambah.

Objek material mempunyai had laju lebih kurang 300,000 kilometer sesaat. Tiada apa yang boleh melebihi kelajuan ini. Ini menentukan, sebagai contoh, bahawa komunikasi antara satelit angkasa dan permukaan planet boleh ditangguhkan walaupun banyak.

Jika letusan berlaku di permukaan Matahari kita hanya boleh melihatnya selepas lapan minit. Ini adalah masa yang diperlukan untuk cahaya dari letupan untuk pergi ke Bumi. Jadi, jika anda sedang melihat Matahari, ketahuilah bahawa itu adalah Matahari dari lapan minit yang lalu. Sementara itu matahari mungkin telah meletup, tetapi kita hanya akan tahu selepas lapan minit.

Ciri ini menghalang tindakan tertentu yang diambil di satu tempat daripada mempunyai kesan kontemporari di tempat lain.

Jadi, untuk mengambil contoh spatial, kita boleh mengandaikan bahawa jika asteroid gila melarikan diri dari Awan Oort dan terus menuju ke planet Bumi, kita akan mempunyai sekurang-kurangnya beberapa tahun untuk membangunkan strategi pertahanan.

Dalam pengertian ini, sains telah menerima dengan penuh semangat pengesahan Einstein, yang menurutnya konsep lokaliti kekal sah walaupun dalam konteks teori relativiti.

Nasib baik, kelajuan had cahaya menghalang asteroid yang melarikan diri dari Awan Oort daripada terus melanda planet kita.

Pada peringkat makroskopik, iaitu, dalam dimensi alam semesta, undang-undang fizik yang diketahui menghalang perkara ini daripada berlaku. Kehidupan harian kita juga berlaku pada tahap makroskopik. "Undang-undang tempatan" menjamin kita bahawa jika, dalam konteks pertikaian keluarga, pasangan melemparkan pinggan kepada kita, kita mempunyai masa untuk bergerak.

Seperti yang akan kita lihat, di peringkat subatomik, bagaimanapun, "undang-undang bukan lokaliti" berkuat kuasa. Pada tahap ini, periuk akan terkena kita sebaik sahaja ia dilemparkan, tidak kira jarak kita.

Realiti objektif.

Dunia material benar-benar bebas daripada pemikiran manusia, iaitu kesedaran. Kesedaran tidak mempunyai berat atau jisim dan oleh itu tidak boleh membuat objek bergerak pada jarak jauh, seperti yang mungkin dilakukan oleh bola biliard. Tiada pemprosesan kesedaran boleh mengubah suai atau menjejaskannya.

Namun, terdapat situasi, di peringkat subatomik, di mana pemerhati, dengan kehendaknya dan oleh itu dengan hati nuraninya, menentukan realiti. Dengan kaedah pemerhatiannya, pemerhati boleh menentukan sifat objek subatom, iaitu, dia boleh menentukan sama ada objek itu adalah gelombang atau zarah. Bukan itu sahaja, pemerhati boleh menentukan tingkah laku objek tersebut. Oleh itu, pada peringkat subatomik, terdapat realiti objektif yang berbeza. Kami akan mengesahkan aspek ini dalam bab yang dikhaskan untuk percubaan celah berganda.

Gejala ilusi?

Juga menurut penyokong materialisme, semua yang bukan material adalah produk yang tidak diingini dari bahan fizikal. Kesedaran, pemikiran, perasaan, cinta atau kasihan adalah aksesori, manifestasi "palsu" bahan, dan kehadiran atau ketiadaannya tidak menjejaskan penjelasan fenomena sebenar. Fenomena hanya boleh wujud jika ia berkaitan secara fizikal dengan jirim itu sendiri. Kerohanian dan semua pemprosesan mental adalah hasil buangan proses kimia yang berlaku dalam jirim otak.

Ya, bagaimanapun, Teorem Kesempurnaan Gödel...

Begitu banyak keselamatan saintifik segera dipersoalkan oleh sains sendiri. Kurt Friedrich Gödel ialah seorang ahli matematik, logik dan ahli falsafah Amerika naturalisasi Austria, yang terkenal dengan karyanya mengenai ketidaklengkapan teori matematik.

Teorem yang membawa namanya pada asasnya mengatakan satu perkara. Setiap sistem algoritma yang digunakan untuk menguji prinsip matematik ternyata tidak lengkap atau bercanggah, kerana ia pasti akan mengandungi bahagian yang tidak dapat dibuktikan.

Ini berlaku apabila algoritma cukup terperinci.

Undang-undang fizik juga matematik. Oleh itu, undang-undang fizik adalah berdasarkan algoritma matematik yang pasti mengandungi bahagian yang tidak boleh ditunjukkan secara logik.

Walau bagaimanapun, algoritma ini berfungsi.

Ini bermakna, apabila seorang ahli matematik menghuraikan algoritma, dia keluar dari sistem logik untuk menangkap kebenaran matematik yang melangkaui konteks di mana prosedur logik dan bukti berlaku.

Mereka menggunakan konsep sedia ada yang tidak boleh "terperangkap" dalam formula. Realiti dilihat dan digunakan secara naluri tanpa dapat menjadikannya "sistematik".

Oleh itu, jika undang-undang fizik membimbing tingkah laku jirim, ia mesti diakui bahawa ia mengandungi unsur-unsur yang wujud a priori, yang melangkaui dunia material.

Idea ini dipanggil "Platonisme matematik" kerana Plato telah pun merasakan bahawa tingkah laku dunia material tertakluk kepada simbol matematik yang bukan milik prosedur logik tetapi kepada dunia archetypal.

Minda dan otak.

Adakah alam semesta tidak lebih daripada timbunan bahan, atau adakah ia mempunyai kesedaran sendiri, seperti yang selalu dinyatakan oleh budaya paling kuno?

Adakah kesedaran kita adalah hasil sampingan kimia otak atau adakah ia berpunca daripada kesedaran sejagat?

Teori kebanyakan budaya ialah "kesedaran sejagat" adalah sumber dari mana semua ciptaan mengalir. Semuanya hidup dan semuanya adalah satu.

Konsepsi yang boleh kita takrifkan mistik ini telah dinafikan dan dipertikaikan oleh budaya saintifik berabad-abad yang lalu. Ia adalah budaya yang berkembang secara mulia dalam Pencerahan tetapi kemudian menjadi rosak dalam materialisme.

Pada masa ini, majoriti kalangan saintifik percaya bahawa minda hanyalah ciptaan otak. Manusia hanyalah sebuah mesin yang, sebagai kesan sekunder, telah memperoleh keupayaan untuk memproses fikiran dan perasaan. Apabila kita mempunyai mesin yang mampu menganalisis otak secara mendalam, kita dapat mengetahui dengan pasti apakah tindak balas kimia yang datang daripada perasaan mempunyai jiwa, menyayangi ibu kita atau mempercayai kewujudan kehidupan kekal.

Harapan materialisme ialah suatu hari nanti "pembersih otak" boleh dibangunkan yang menghalang pembentukan tindak balas kimia yang menjengkelkan ini, membebaskan manusia daripada khurafat ini!

Oleh itu, sains menganggap fenomena kehidupan bermula dari bawah. Asas utama ialah jirim. Jirim terkumpul menjadi molekul dan sel, yang berkembang dan menaiki tangga evolusi di bawah bimbingan DNA yang dilahirkan secara spontan secara kebetulan.

DNA yang dijana secara rawak seterusnya menjana otak secara rawak. Di dalam otak, rangsangan elektrokimia menjana pelupusan yang mengendalikan jentera badan. Sebagai hasil sampingan, otak juga menjana impian, perasaan, emosi, kreativiti, dan semua yang kita panggil aktiviti minda.

Sebaliknya, semua tradisi rohani yang hebat menganggap fenomena kehidupan bermula dari atas, bukan dari bawah. Di tempat pertama terdapat kesedaran sejagat dari mana segala-galanya datang, di atas semua kehidupan.

Kesedaran sejagat terus ada Dalam setiap bentuk kehidupan. Setiap bentuk kehidupan mempunyai sebahagian daripada kesedaran sejagat. Dari kesedaran universal terpancar semua ciptaan, termasuk jirim.

Malah objek material mengandungi kesedaran sejagat. Atas sebab ini, jirim fizikal boleh menyusun dirinya secara harmoni, mengikut projek yang pastinya tidak terkandung dalam "perkara fizikal".

Mitos "Gua Plato".

Kita boleh memaafkan kanak-kanak apabila dia takut kegelapan. Tragedi sebenar kehidupan adalah apabila seorang lelaki dewasa takut kepada cahaya.
(Plato)

Bagaimanakah kerusi dibuat?

Selalu ada arus budaya yang, melintasi pelbagai disiplin pemikiran, dari falsafah, ke kerohanian, kepada sains moden, telah menyokong ilusi realiti di mana kita hidup.

Dalam puisi "On Nature" oleh ahli falsafah Yunani "Parmenice", penulis berpendapat bahawa kepelbagaian dan perubahan dunia fizikal adalah ilusi. Seperti yang akan kita lihat, Plato dalam "Republik Plato" mencadangkan mitos gua yang terkenal. Kemudian George Berkeley akan berhujah bahawa kita mempunyai sensasi bahawa perkara itu benar-benar wujud tetapi, pada hakikatnya, perkara itu hanyalah gambaran mental. Menurut Berkeley tidak ada objek material, tetapi hanya koleksi idea.

Sehingga beberapa dekad yang lalu, ini dianggap "teori ingin tahu atau hebat." Hari ini fizik kuantum telah menunjukkan bahawa ini adalah idea yang benar yang dikurniakan maruah saintifik.

Malah, kami memeriksa "benda" pada tahap makroskopik kami, dan menganggapnya sebagai pepejal. Walau bagaimanapun, jika kita meneliti "benda" dalam bentuk yang sangat kecil, "benda" kelihatan sama sekali berbeza.

Kerusi sudah pasti kelihatan kepada kita sebagai objek pepejal. Kerusi itu sendiri, diperiksa pada tahap atom dan zarah subatom yang menyusunnya, menjadi satu set getaran yang bertaburan dalam kekosongan yang besar.

Semua jirim, yang diperiksa dalam komposisi subatomiknya, mempunyai ciri-ciri ini.

Perkara adalah seperti yang mereka nampak, hanya kerana deria kita menunjukkannya seperti itu.

Oleh itu, deria menunjukkan kepada kita kosmos khayalan.

Rajah 3 - Plato (Athens, 428/427 SM - Athens, 348/347 SM), ialah seorang ahli falsafah Yunani kuno. Dalam "Timeo" beliau membincangkan hubungan antara dunia alam dan dunia idea.

Deria beroperasi dengan cara ini untuk membolehkan kita mengalami dan berinteraksi dengan persekitaran di sekeliling kita.

Malangnya, semua perkara adalah ilusi gergasi yang dibina berdasarkan kesesuaian fizikal kita.

Pada asasnya, kami tinggal di "rumah mainan". Semua perabot dan kelengkapan rumah dibina mengikut keperluan kami.

Di luar "rumah mainan" kami semuanya sangat berbeza.

Menurut beberapa eksperimen yang mengejutkan, segala-galanya yang kita anggap sebagai "realiti", termasuk badan kita sendiri, boleh menjadi hasil daripada interaksi yang berlaku antara kesedaran kita dan rangsangan mana-mana sifat yang dirasakan oleh deria kita.

Dalam amalan, visi realiti yang mengelilingi kita dihuraikan sepenuhnya oleh hati nurani kita. Mengenai realiti ini, tentang keadaan sebenarnya, kita tahu sangat sedikit.

Jadi apakah realiti sebenarnya? Jika kita merujuk kepada apa yang kita boleh sentuh, hidu, rasa atau lihat, kita berada di landasan yang salah. Semua "perasaan" ini hanyalah isyarat kimia, elektrik atau isyarat lain. Deria kita melihat isyarat ini dan menghantarnya ke otak. Otak kemudiannya membina imej mengikut prosedur yang kurang diketahui.

Jika kita melihat pokok di hadapan kita, penglihatan kita melihat bentuknya dan menghantarnya ke otak. Imej pokok itu dibina di dalam otak. Otak mengaitkan warna, bau, tekstur dan ciri-ciri lain kepada bentuk pokok. Di luar penghuraian yang dihasilkan oleh otak, kita tidak tahu bagaimana pokok itu dibuat, atau apa warnanya, dan kita juga tidak tahu jika, pada hakikatnya, ia diwarnakan.

Plato dan pencarian ilmu.

Plato adalah seorang ahli falsafah Yunani kuno. Bersama gurunya Socrates dan muridnya Aristotle, beliau meletakkan asas pemikiran falsafah Barat. (Gamb.3). Dia dilahirkan di Athens daripada ibu bapa bangsawan: bapanya Aristone mempunyai antara nenek moyangnya raja terakhir Athens, Codro, manakala dikatakan bahawa ibunya, Perictione, keturunan penggubal undang-undang Solon.

Bapanya memberinya nama Aristocle, iaitu nama yang sama dengan guru gimnastiknya. Selepas itu Aristocles memberinya nama samaran Plato, kedua-duanya untuk lebar bahunya dan untuk mengelakkan murid itu mempunyai nama yang sama dengan tuan.

Menurut keterangan Apollodorus dari Athens, Plato dilahirkan pada permulaan Olympiad Yunani ke-88, iaitu pada penghujung Mei 428 SM.

Plato mempunyai dua saudara lelaki, Adimanto dan Glaucon, yang disebut dalam karyanya "Republik". Dia juga mempunyai seorang kakak perempuan, dengan nama Potone.

Plato mengambil bahagian dalam tiga ekspedisi ketenteraan, semasa Perang Peloponnesia, ke Tanagra, Corinth dan Delium.

Setelah bertemu Socrates, Plato memusnahkan semua komposisi puisinya dan menumpukan dirinya sepenuhnya kepada falsafah.

Pertemuan dengan Socrates adalah asas untuk keperibadian Plato. Plato menderita kerana kerajaan demokrasi Athens menuduh Socrates menghujat dan merosakkan golongan muda.

Socrates dijatuhi hukuman mati pada 399 SM.

Selepas kehilangan Socrates, murid-muridnya, termasuk Plato, meninggalkan Athens untuk berlindung di Megara.

Bermula dari 395 Plato mula menulis "dialog" pertama. Dalam tulisan-tulisan ini dia menangani masalah budaya yang diwakili oleh tokoh Socrates dan kecamannya yang tidak adil.

Pada 387 Plato kembali ke Athens; dan membeli sebuah taman khusus untuk Academo. Di taman ini dia mengasaskan sebuah sekolah yang dinamakannya "Akademi".

Akademi melaksanakan kaedah pengajaran tertentu yang dipanggil dialektik. Pengajaran berlaku melalui perbahasan, di mana pelajar sendiri mengambil bahagian, diarahkan oleh Plato atau oleh pelajar yang lebih tua. Kadang-kadang dalam persidangan Akademi diadakan oleh personaliti terkenal yang melalui Athens. Plato meninggal dunia pada 347 SM.

Falsafah Platonik.

Menurut Plato, manusia terdiri daripada dua bahagian. Bahagian pertama terdiri daripada badan. Tubuh berkait rapat dengan dunia benda yang diperbuat daripada bahan. Oleh itu, badan manusia mengikut takdir yang sama seperti segala yang dimiliki oleh dunia ini, seperti tumbuh-tumbuhan dan haiwan contohnya.

Bahagian kedua manusia ialah jiwa, terdiri daripada "kesedaran dan akal". Bahagian ini tidak diperbuat daripada bahan dan oleh itu adalah abadi, kerana ia tidak boleh berakhir dengan kerosakan fizikal.

Plato mengesahkan kewujudan tempat psikik yang dipanggil "World of Ideas". Dunia ini wujud sama seperti dunia kebendaan wujud. "Dunia Idea" adalah tempat kegemaran untuk jiwa wujud. Manusia boleh mengetahui tempat ini menggunakan akal.

Jiwa wujud dalam "Dunia Idea" (Πλατωνικό υπερουράνιο) menunggu untuk menetap di dalam badan. Dalam penantian ini jiwa-jiwa mematangkan pengetahuan yang sempurna tentang "Idea". Walau bagaimanapun, apabila jiwa turun ke dalam badan, mereka melupakan pengetahuan ini, atau lebih tepatnya mereka hanya menyimpan sedikit ingatan tentangnya. Oleh itu, setiap bentuk pembelajaran yang berkembang dalam kehidupan manusia bukanlah pemerolehan maklumat baru, tetapi proses mengenang kembali perkara yang sudah diketahui tetapi dilupakan.

Asas konsep falsafah Plato diperhalusi dalam pelbagai "Dialog". Dalam karya ini Plato menafikan bahawa pencarian ilmu adalah mustahil, seperti yang dihujahkan oleh ahli falsafah "heristik" seperti Euthydemus dan Dionysidores. Tesis-tesis ahli falsafah ini boleh diringkaskan seperti berikut:

- Katakan anda tidak tahu apa yang anda cari. Jika anda menemuinya, anda tidak akan mengenalinya sebagai sasaran carian anda.

- Jika anda sudah tahu apa yang anda cari, carian anda tidak bermakna.

Plato bercanggah dengan andaian ini dengan falsafahnya:

- Objek penyelidikan hanya sebahagiannya tidak diketahui, kerana setiap jiwa manusia mengetahui Idea asal sebelum lahir, tetapi kemudian melupakannya. Akibatnya, matlamat penyelidikan manusia adalah ilmu yang sudah ada dalam dirinya, walaupun ia telah dilupakan.

Mitos gua Plato.

Bagi Plato, "Idea" adalah sempurna dan tidak berubah, dan wujud secara bebas daripada badan, oleh itu ia tidak boleh diperoleh daripada deria (penglihatan, pendengaran, bau, dan sebagainya). Lima deria adalah alat tubuh yang tidak sempurna. Untuk menjelaskan konsep ini dia menggunakan mitos gua. Gua adalah tempat penjara bagi lelaki, yang terpaksa melihat realiti yang menipu, iaitu bayang-bayang yang terpantul di dinding belakang. Imej-imej sebenar ditemui di luar gua, dalam cahaya matahari, iaitu, dalam cahaya akal dan pengetahuan. Cahaya-cahaya ini tidak dapat dilihat dengan lima deria; malangnya, banduan tidak menyedari kewujudan mereka.

Plato mencadangkan mitos ini dalam Buku VII karyanya "Republik". Dia menerangkannya melalui dialog antara Socrates dan murid Glaucon. Dialognya seperti ini:

> (Socrates). "Kawan saya, bayangkan keadaan seperti ini. Bayangkan ada lelaki yang tinggal di kediaman bawah tanah dalam bentuk gua. Lelaki telah dikurung di sini sejak mereka dilahirkan. Lelaki ini diikat dengan rantai. Mereka tidak boleh menggerakkan badan mereka. .
>
> Di belakang mereka bersinar cahaya api yang menyala."
>
> Glaucon menjawab: "Betapa pelik gambar ini dan banduan yang pelik!"
>
> Socrates seterusnya berkata:
>
> "Sudah tentu, banduan kelihatan pelik. Adakah anda fikir bahawa dalam hidup mereka mereka telah melihat apa-apa selain bayang-bayang yang dilemparkan oleh api di dasar gua? Jadi, jika mereka boleh bercakap, mungkin topik perbincangan adalah bayang-bayang yang muncul di dasar gua."
>
> "Tanpa ragu ragu."

"Oleh itu, banduan akan percaya bahawa bayang-bayang objek itu adalah satu-satunya realiti yang ada."

"Ia benar-benar benar."

"Nah, jika seseorang melepaskan tahanan itu dari rantai mereka, apa yang boleh berlaku? Jika seorang banduan tiba-tiba dapat berdiri dan melihat sekeliling, keluar dan melihat cahaya, apa yang akan berlaku?

Mungkin, kerana cahaya yang menyilaukan, banduan itu tidak akan dapat melihat dunia di sekelilingnya.

Tidakkah anda fikir banduan itu akan hairan? Banduan itu mungkin akan membuat kesimpulan bahawa bayang-bayang itu lebih baik daripada cahaya yang kini membutakannya. Tidakkah anda fikir begitu?"

Mitos gua mewakili analogi yang sempurna antara keadaan banduan dan keadaan kita. Menganalisis simbol mitos kita boleh mewujudkan beberapa persamaan:

- Banduan mewakili kami, dalam erti kata bahawa kami hidup dalam situasi yang sama.
- Bahagian dalam gua adalah dunia empirikal kita, iaitu, dunia harian pengalaman kita.
- Rantai yang memenjarakan kita ialah pancaindera. Deria adalah alat yang tidak sempurna yang memaksa kita melihat realiti palsu.
- Bayang-bayang yang muncul di dasar gua ialah mimpi, ketakutan, khayalan dan khayalan. Ini dibina atas kepalsuan keseluruhan keadaan.
- Membebaskan diri daripada belenggu untuk dapat melihat realiti dan cahaya matahari bermakna membebaskan diri daripada pengkondisian pancaindera.

Pelaziman paksa ini bukan falsafah tetapi fizikal. Kita boleh mendengar dan melihat hanya dalam had sempit frekuensi yang mungkin, kita boleh rasa dalam had manis dan masin. Oleh itu, kita hanya boleh mempunyai maklumat terhad tentang objek. Kita boleh menilai kepejalan dan kehangatan objek secara kasar. Pada masa yang sama kita tidak dapat memahami apa-apa tentang komposisi unsur molekul dan atom yang membentuk jirim.

Persepsi kita tentang dunia mesti dibebaskan daripada rantaian. Pelepasan tidak boleh fizikal, kerana kita tidak boleh memaksa lima deria berfungsi sebaliknya. Lagipun, kita mesti berterima kasih kepada lima deria untuk fungsinya, kerana ia menjadikan kita mampu berinteraksi dengan realiti makroskopik di mana kita hidup.

Oleh itu, pembebasan mestilah mental, rasional. Kita harus membina dalam diri kita kesedaran bahawa ada realiti dan ia "di luar sana, di luar gua". Pancaindera tidak membenarkan kita melihat realiti ini. Walau bagaimanapun, realiti ini boleh dialami dengan alasan.

Pada tahap kesedaran, kita boleh mengakui bahawa semua kebenaran yang dinafikan oleh deria seperti, sebagai contoh, kerohanian, jiwa, dimensi psikik idea dan ketertiban Kecerdasan kosmos adalah betul "di sana, di luar gua". Idea-idea ini secara paksa boleh menampakkan diri dalam kesedaran kita.

Ini juga boleh berlaku apabila dalam pengalaman seharian kita kekal dirantai oleh deria fizikal.

Para tawanan tidak pernah melihat apa-apa selain bayang-bayang mereka; oleh itu, mereka berfikir bahawa bayang-bayang adalah realiti. Bagaimanapun, seorang banduan melarikan diri dan melihat sekeliling. Dia melihat objek dan memahami bahawa ia lebih nyata daripada bayang-bayang. Dia keluar dari gua dan terpesona oleh matahari. Dia merasakan bahawa di luar gua semuanya lebih benar. Dia tertanya-tanya dari mana datangnya cahaya, dan menyedari bahawa cahaya memberi makna kepada segala-galanya. Cahaya mewakili pengetahuan dan idea yang baik dan indah.

Walau bagaimanapun, Plato tidak memberikan nilai negatif sepenuhnya kepada bayang-bayang. Laluan keluar dari gua bermula betul-betul dalam bayang-bayang. Bayang-bayang disambungkan kepada objek sebenar. Menurut Plato, di atas segalanya terdapat "Idea". Daripada "Idea" memperoleh objek dunia yang waras. "Idea" ialah "Arketaip psikik", iaitu "model primitif asal". Objek, yang kelihatan kepada banduan sebagai bayang-bayang, dimodelkan pada model ini.

Kesemua falsafah Plato mempunyai banyak persamaan dengan "teori archetypes" dan "teori bawah sedar kolektif" yang dihuraikan berabad-abad kemudian oleh Carl Jung.

Hans Driesch

Ernst Schumacher

Gottfried Wilhelm von Leibniz

Henri-Louis Bergson

Rajah 4 - Beberapa personaliti yang telah menyatakan teori yang bertentangan dengan materialisme (foto dari web).

Dari Plato kepada teori "vitalisme".

Teori "vitalisme" berkembang antara abad ke-18 dan ke-19, berikutan idea Neoplatonik dan falsafah Renaissance. Menurut arus pemikiran ini, "Idea" Plato harus diperluaskan kepada semua alam, dan menjadi sebahagian daripada setiap organisma tunggal dan semua yang wujud. Oleh itu, seluruh kosmos digerakkan oleh prinsip pintar, Jiwa dunia. (dalam bahasa Latin "Anima Mundi").

Istilah falsafah ini menunjukkan daya hidup alam dalam keseluruhannya, memandangkan ia serupa dengan satu organisma hidup yang besar. Oleh itu, ia adalah prinsip penyatuan kosmos. Daripadanya organisma individu terbentuk: ini, walaupun diartikulasikan dan dibezakan masing-masing mengikut kekhususan individu mereka sendiri, namun dikaitkan antara satu sama lain oleh Jiwa universal yang sama.

Gottfried von Leibniz mengaitkan kehidupan dan keupayaan untuk berfikir walaupun kepada jirim, jirim lengai.

Ini, tentu saja, sangat berbeza dengan determinisme materialis, yang tidak pernah menerima kemungkinan perpaduan yang mendalam dari semua alam.

Penyokong vitalisme yang hebat pada abad ke-20 ialah Henri-Louis Bergson (1859-1941), seorang ahli falsafah Perancis dan Hadiah Nobel dalam Kesusasteraan pada tahun 1927.

Dalam tulisannya, dalam kontroversi dengan determinisme materialistik, Bergson menegaskan semula bahawa kehidupan biologi tidak terdiri daripada pengagregatan rawak sebatian kimia yang membiak sendiri, tetapi merupakan ciptaan abadi dan berterusan.

Bergson berhujah bahawa berdasarkan segala-galanya terdapat dorongan penting, yang mendorong jirim ke arah ciptaan yang semakin kompleks. Momentum ini berkembang dalam arah yang berbeza dan dengan intensiti yang berbeza. Dengan cara ini beliau menerangkan kewujudan dunia tumbuhan yang terpisah daripada dunia haiwan. Dalam konsep Bergson, tesis materialis tentang mekanisme dan determinisme tidak lagi mempunyai makna.

Evolusi yang diilhamkan oleh Bergson bermula daripada andaian bahawa tiada apa-apa yang tetap atau ditentukan, tetapi segala-galanya adalah dalam pergerakan yang telah ditetapkan. Evolusi mengikuti jalan yang hanya mempunyai satu asal usul.

Bergson mewakili evolusi kreatif.

Dalam konteks ini, jirim adalah kemuncak kepada dorongan kreatif. Oleh itu, menurut Bergson, jirim adalah manifestasi roh.

Bergson juga mengutuk percubaan untuk membongkar misteri kehidupan dengan menganalisis bahagian individu makhluk hidup. Dalam pengertian ini, dia berkongsi kenyataan Mephistopheles dalam Faust:

> “Untuk memahami dan menggambarkan makhluk hidup, ramai yang membunuhnya dan membahagikan badannya kepada bahagian-bahagian. Kemudian hanya serpihan lengai yang tinggal di tangan anda yang - malangnya - tidak mempunyai sebarang rujukan kepada kehidupan".

Seseorang tidak akan dapat memahami misteri kehidupan dengan membongkar makhluk hidup hingga berkeping-keping. Sesungguhnya, materialis ingin melakukan ini, sebagai meniru seorang kanak-kanak yang memecahkan mainan untuk memahami cara ia berfungsi. Ia boleh dilakukan dengan mainan, kerana misteri cara ia berfungsi terletak pada beberapa spring mekanikal atau beberapa gear; oleh itu, misteri terletak di dalam mainan. Misteri kehidupan, sebaliknya, bukan di dalam makhluk biologi: ia datang dari luar, ia adalah sebahagian daripada jiwa dunia.

Daripada Hans Driesch kepada Carl Jung.

Tokoh yang mempunyai minat khusus dalam bidang teori "vitality" ialah Hans Driesch, (1867-1941) ahli falsafah dan ahli biologi Jerman, perintis penyelidikan dalam bidang embriologi. Antara 1891 dan 1900 beliau menjalankan penyelidikan mengenai landak laut di Zoological Stesen Naples.

Pada mulanya beliau cuba menjelaskan perkembangan embrio berdasarkan teori mekanistik.

Walau bagaimanapun, dia tidak lama lagi terpaksa menyedari ketidakcukupan teori-teori tersebut.

Akhirnya, Driesch He membuat hipotesis prinsip penting jenis bukan material yang datang dari luar organisma.

Berdasarkan kajian Aristotle, Driesch memanggil prinsip ini "Entelechy daripada bahasa Yunani "ἐντελέχεια". Istilah ini menunjukkan realiti yang mengandungi dalam dirinya matlamat akhir yang cenderung untuk berkembang. Digunakan pada spesies atau bahkan individu tunggal, entelechy menganggap kewujudan "tempat" di mana maklumat ini berada.

Ia adalah "tempat" luaran kepada fizikal individu. Walau bagaimanapun, individu boleh mengambil maklumat dari "tempat" ini..

Teori Driesch sangat menarik perhatian Carl Jung. Dalam karyanya yang diterbitkan pada tahun 1952, "Synchronicity as a principle of non casual connections", yang dengannya beliau secara rasmi mengumumkan teori sinkronisitasnya kepada dunia, ahli psikologi Switzerland itu mengakui bahawa beliau telah dipengaruhi sejak 1925 dengan membaca tulisan Driesch.

Refleksi Jung tentang sinkronisitas telah pun bermula pada tahun 1916, tetapi rumusan eksplisit pertama teori itu bertarikh sekitar tahun 1925, bertepatan dengan penemuan dengan teori Driesch.

Darjah kewujudan yang berbeza, oleh Ernst Schumacher.

Dalam jilidnya "The epochal winter. Current considerations" Hanspeter Padrutt mengambil dan mengulas mengenai kedudukan istimewa yang dirumuskan pada abad yang lalu oleh Ernst Friedrich Schumacher, mengenai darjah kewujudan yang berbeza (rajah 5).

Ernst Schumacher ialah ahli falsafah dan ahli ekonomi Jerman yang berpengaruh, dilahirkan di Bonn pada tahun 1911 (rajah.4). Dia berhijrah ke England sebelum Perang Dunia Kedua untuk mengelak daripada hidup di bawah Nazisme: namun, semasa meletusnya perang, dia dianggap sebagai "alien musuh" dan telah dimasukkan ke dalam ladang terpencil di United Kingdom. Dalam tempoh ini dia bertemu dengan ahli ekonomi terkenal John Keynes. Keynes menghargai beberapa karyanya dan memperoleh pembebasannya. Dengan cara ini Schumacher dapat menyumbang kepada pemulihan ekonomi dan kewangan kerajaan British. Hasilnya, Schumacher mendapat jawatan yang baik di Universiti Oxford.

THE SCALE OF BEING
According to Ernst Schumacher

	**Inanimate matter**	**M**
	**Plant**	**M + x**
	**Animalss**	**M + x + y**
	**Man**	**M + x + y + z**

M = Matter
X= Life
Y = Consciousness, perception
Z = Self-reflection, person

"Tangga kewujudan".
Menurut Ernst Schumacher.

Rajah 5 - Menurut Ernst Schumacher, seorang ahli falsafah dan ahli ekonomi Jerman yang berpengaruh, setiap tahap realiti membayangkan kewujudan tahap yang lebih tinggi.

Setiap peringkat atas merangkumi semua peringkat bawah. Pada masa yang sama, tahap yang lebih tinggi menambah sifat yang lebih tinggi kepada tahap yang lebih rendah.

Pada hujung terbawah skala kita dapati jirim pepejal tidak bernyawa.

Naik tangga, anda bertemu tumbuhan dan haiwan.

Schumacher meletakkan manusia pada tahap tertinggi.

Ernst Schumacher mula berminat dengan masalah perlombongan arang batu, dan terkenal kerana kritikannya terhadap ekonomi Barat dan cadangannya mengenai penggunaan teknologi perindustrian yang lebih berperikemanusiaan.

Pada tahun 1977 beliau menerbitkan "A guide for the perplexed". Dalam esei ini beliau mengkritik materialisme saintifik dan mendalami penerokaan sifat dan organisasi pengetahuan makhluk. Dalam "panduan hidup di dunia" kecil ini, Schumacher meninggalkan paradigma sains klasik.

Schumacher menjemput pembaca untuk merujuk kepada dirinya sendiri dan mendapatkan semula pemilikan hidupnya dan erti kewujudan.

Sebagai tambahan kepada ekonomi dan falsafah, minatnya yang besar adalah berkebun yang dia mengabdikan dirinya dengan penuh semangat. Dia meninggal dunia pada tahun 1977 semasa melancong di Switzerland.

Dia memindahkan sebahagian daripada penyelidikan falsafahnya ke dalam skema penjelasan. Ini menunjukkan latihannya sebagai ahli ekonomi. Sesungguhnya, Schumacher menyatakan ideanya tentang tahap kesedaran dan pengetahuan yang berbeza dengan cara yang luar biasa yang lebih mengingatkan formula matematik dan bukannya konsep falsafah. Tidak dinafikan, kaedah ini memberikan kejelasan yang besar kepada konsep.

Ahli psikologi dan ahli falsafah William James (presiden Persatuan Penyelidikan Psikik dari 1894 hingga 1895) terkenal dengan kenyataannya:

> "Apa yang kita tahu hanyalah setitik kecil di lautan kejahilan yang besar."

Pemerhatian ini berusia dua abad, tetapi ia masih kekal benar dan terkini, terutamanya hari ini. Pada tahun 1835 Auguste Comte, seorang ahli falsafah Perancis yang dianggap sebagai bapa positivisme, dengan tegas menyatakan bahawa kita tidak boleh sama sekali mengkaji komposisi kimia bintang-bintang. Hari ini ini dilakukan seperti biasa.

Dalam bidang saintifik, hari ini lebih daripada semalam, agak jelas bahawa kita tahu sangat sedikit. Hanya beberapa dekad yang lalu dipercayai bahawa atom adalah bahagian terkecil jirim dan ini tidak boleh dibahagikan lagi; sebaliknya, hari ini, zarah baharu terus ditemui dalam pemecut dan fizik kuantum menimbulkan keraguan yang serius tentang zarah itu, sehingga membuat hipotesis bahawa ia tidak wujud sama sekali tetapi hanya terdiri daripada tenaga bergetar.

Cakrawala pengetahuan manusia semakin jauh: teori relativiti baru sahaja mengganggu kepastian kita tentang ketetapan masa dan ruang. Hari ini kami sedang mengesahkan bagaimana alam semesta itu, yang kami fikir kami sangat tahu, tidak diketahui oleh kami untuk sekurang-kurangnya 90% daripada komposisinya.

Malah, 90% alam semesta terdiri daripada "jirim gelap". Sehingga kini kita tidak tahu apa itu jirim gelap.

Setiap hari kita menakluki ruang kecil pengetahuan, untuk kemudian menyedari bahawa ruang itu adalah tingkap terbuka di wilayah baru yang besar dan tidak diketahui. Sains hari ini mempunyai ratusan jika tidak beribu-ribu tingkap yang terbuka pada panorama yang hanya kewujudannya yang pasti manakala kandungannya masih tidak diketahui sama sekali.

Kita tahu bahawa kita diciptakan daripada jirim. Kami adalah agregat molekul, yang seterusnya terdiri daripada agregat atom, yang seterusnya terdiri daripada agregat zarah asas.

Namun, di manakah letaknya percikan kehidupan, di manakah ia berada? Di manakah organisasi pengagregatan jirim ini berada? Badan kita adalah kenderaan, mesin yang sangat cekap; tetapi pemandunya, di mana dia?

Adakah semuanya secara kebetulan? Kemalangan yang ajaib telah mengagregatkan bahan secara rawak ke dalam bentuk badan kita. Selepas itu, adakah satu lagi keajaiban berlaku yang memberikan kesedaran diri kepada pengumpulan bahan lengai ini?

Pada tahun 1981 dua ahli astronomi terkenal, Fred Hoyle dan Chandra Wickramasinghe, ingin mengira betapa berkemungkinan kehidupan dilahirkan begitu sahaja, secara kebetulan. Mereka menyimpulkan bahawa terdapat kebarangkalian yang sama dengan taufan yang, dengan melepaskan kuasanya pada tempat pembuangan logam dan menggerakkannya dalam angin puyuh, boleh membentuk Jet Jumbo yang sedia untuk terbang. Sempurna. Tetapi walaupun ini berlaku secara ajaib, dari manakah juruterbang yang mampu berlepas dalam penerbangan?

Di sebalik usaha terbaik golongan materialis, adalah jelas bahawa jirim sahaja tidak boleh melampaui had tertentu. Di sebalik kesempurnaan alam semesta pasti ada kecerdasan, kesedaran unggul yang membimbing segalanya.

Umat manusia sedang menunggu sains untuk akhirnya menetapkan matlamat untuk melepaskan materialisme dan mencari tahap bukan material. Tahap ini akan menjadi "Kesedaran Sejagat" bebas daripada masa dan ruang, "Bidang Tenaga dan Maklumat".

Tugas sains adalah untuk mengenal pasti di mana "Projek", "Buku Kecil Arahan".

Kami bercakap tentang tempat di mana semua kebijaksanaan alam semesta berada. Hati nurani kita mengambil dari kebijaksanaan sejagat, secara tidak sedar. Ini berlaku sekarang.

Kesedaran individu kita adalah sebahagian daripada kesedaran yang lebih besar, dari mana ia menarik maklumat dan kebijaksanaan.

Hati saya mungkin tidak tahu bahawa ia adalah sebahagian daripada keseluruhan yang lebih besar, iaitu, ia adalah sebahagian daripada badan saya. Begitu juga, saya juga sebahagian daripada keseluruhan yang lebih besar, tanpa mengetahuinya. Walau bagaimanapun, sebahagian besar daripada saya mengenali saya, dan mengambil berat tentang saya.

Dalam pengertian ini Schumacher mencadangkan dalam skemanya peringkat yang berbeza di mana sebahagian daripada alam semesta adalah sebahagian daripada keseluruhan yang lebih besar, walaupun tanpa mengetahuinya; keseluruhan yang lebih besar, seterusnya, merangkumi bahagian yang lebih bawah skala dan menambah sesuatu yang lebih (rajah 5).

Aras terendah (M) ialah jirim lengai yang boleh ditimbang pada skala dan diukur dalam dimensinya. Ia adalah sebahagian daripada peringkat yang lebih tinggi, iaitu dunia sayuran. Tahap ini termasuk "M" tetapi menambah "x", yang bermaksud hayat.

Oleh itu, jika aras mineral hanya M (jirim) aras seterusnya, aras sayuran, ialah M+x, iaitu jirim + hayat. Tetapi tahap ini pula sebahagian daripada tahap yang lebih tinggi, tahap ketiga.

Tahap ketiga, yang berkaitan dengan alam haiwan, termasuk inferior (M+x) tetapi menambah "y", iaitu kesedaran dan keupayaan untuk melihat. Jadi, tahap ketiga menjadi M+x+y.

Keseluruhan peringkat ketiga adalah sebahagian daripada peringkat keempat, iaitu peringkat yang berkaitan dengan manusia. Tahap keempat menambah "z", iaitu kesedaran diri "Diri" seseorang. Oleh itu, dalam "darjah kewujudan" manusia ialah M+x+y+z.

Schumacher menghentikan tangganya di sini. Tetapi jika setiap langkah secara semula jadi tergolong dalam langkah yang lebih tinggi, maka peringkat keempat, iaitu manusia, mesti juga mempunyai tahap yang lebih tinggi.

Adakah tahap yang lebih tinggi daripada manusia?

Kenapa tidak? Mengapa tidak boleh ada tahap yang lebih tinggi, termasuk M, x, y, z tetapi juga "sesuatu yang lebih"?

Jawapan yang paling semula jadi ialah: ya, tahap ini wujud. Terdapat tahap kelima, iaitu "Kesedaran Sejagat", yang menambah nilai lain.

Tidak tahu bagaimana untuk menentukan nilai ini, kami memanggilnya "tak terhingga". Simbolnya ialah ∞.

The fifth level of the scale would become M + x + y + z + ∞.

Tahap kelima skala akan menjadi M+x+y+z+∞.

Skala darjah makhluk, dengan itu selesai, menjadikan manusia sebahagian daripada Kesedaran sejagat yang merangkumi seluruh alam semesta: Jirim, kehidupan, kesedaran, kesedaran diri, tenaga dan maklumat yang tidak terhingga.

Dengan cara ini bahagian bukan material diri kita, juruterbang peribadi kita, bersatu dengan juruterbang sejagat yang hebat, yang daripadanya dia menerima lesen penerbangannya. Hati nurani peribadi kita sentiasa dalam dialog berterusan dengan Kesedaran sejagat. Jika ini berlaku, kita akhirnya akan tahu dari mana intuisi kita yang mendalam, pengetahuan apriori kita, perasaan kita yang paling mulia berasal.

Oleh itu, kita akan tahu dari mana bahagian kita yang benar-benar luar daripada haiwan itu berasal. Kita akan keluar dari keadaan haiwan semata-mata di mana materialisme ingin memaksa kita.

Benar, sepanjang sejarah manusia manusia sentiasa secara intuitif mempercayai sesuatu yang lebih tinggi. Manusia telah memanggil realiti yang lebih tinggi ini menggunakan nama-nama dewa yang tidak terhingga.

Sudah tentu terdapat Kecerdasan Kosmik, yang melebihi pemahaman kita. Kami sentiasa dipengaruhi oleh Perisikan ini.

Nampaknya manusia mempunyai keperluan semula jadi untuk mempercayai sesuatu yang lebih besar. Lagipun, walaupun keyakinan bahawa tidak ada yang lebih besar tetap kepercayaan, perbuatan iman.

Mimpi mencadangkan ciptaan dan kejayaan.

Penegasan bahawa mesej yang berguna untuk pembangunan individu tunggal atau bahkan kemanusiaan berasal dari Kesedaran Sejagat disahkan oleh ramai tokoh terkenal dalam seni dan sains. Watak-watak ini mendakwa telah menerima inspirasi untuk ciptaan mereka dalam mimpi. Kisahnya penuh dengan masalah yang diselesaikan di waktu subuh. Sebagai contoh, Friedrich Kekulé, seorang ahli kimia Jerman yang namanya dikaitkan dengan definisi struktur benzena dan sebatian aromatik, bermimpi seekor ular menggigit ekornya sendiri dan apabila bangun dia faham bahawa molekul benzena adalah heksagon.

Jadual Berkala Mendeleev.

Dalam kalangan saintifik Rusia dikatakan bahawa Dmitry Ivanovich Mendeleev datang untuk menentukan komposisi Jadual Unsur terima kasih kepada mimpi. Ahli kimia terkenal (1834–1907) ingin menyusun 65 unsur kimia yang diketahui pada zamannya dengan cara yang rasional. Dia telah merasakan bahawa corak organisasi mesti berkaitan dengan berat atom, tetapi dia tidak dapat menentukan hubungan yang tepat. Menurut ahli kimia Rusia B.M. Kedrov, Mendeleev menyatakan:

> "Dalam mimpi saya melihat permukaan yang rata, di mana semua elemen disusun mengikut susunan yang diperlukan. Selepas bangun, saya segera melukis susunan itu di atas helaian kertas".

Maka lahirlah jadual berkala yang masih kita ketahui hari ini. Mendeleev menyedari bahawa susunan yang dilihat dalam mimpi itu sangat tepat sehingga mendedahkan bahawa beberapa elemen sebelum ini telah diukur dengan tidak tepat.

Enjin carian Google.

Larry Page, pengasas bersama Google, mengatakan bahawa idea enjin carian dengan ciri-ciri Google datang kepadanya semasa mimpi "jelas". Selepas bercakap mengenainya dengan rakannya Sergey Brin, mereka mencipta Backrub bersama-sama, pelopor Google hari ini.

Paul McCartney dan "Yesterday".

Paul McCartney memberitahu penulis biografinya Barry Miles bahawa pada suatu pagi pada tahun 1965 dia bangun dengan muzik di kepalanya. Dia bangun dan memainkan lagu yang akan menjadi "Semalam" pada piano. Hari ini lagu yang dilahirkan dalam mimpi ini berada dalam Buku Guinness sebagai lagu yang paling banyak dirakam.

Penghantaran isyarat dalam otak.

Pada awal 1900-an, saintis tersilap percaya bahawa penghantaran isyarat dalam otak adalah elektrik. Sebaliknya, mimpi Otto Loewi mencadangkan teori yang betul. Loewi adalah pensyarah di Universiti Graz di Austria, tetapi berpindah ke Amerika Syarikat semasa rejim Nazi. Di sini dia mengajar di Universiti New York, bandar di mana dia meninggal dunia pada tahun 1961. Kajiannya tertumpu pada farmakologi bahan yang bertindak ke atas sistem saraf autonomi, kedua-dua pada simpatetik dan parasimpatetik, mendapati bahawa mediator aktif dalam berfungsi. daripada saraf dan otot adalah daripada jenis kimia, dan bukan daripada jenis elektrik.

Loewi datang kepada penemuan ini selepas mimpi. Dia bangun dan menconteng beberapa nota pada sehelai kertas. Apabila terjaga, dia menyedari bahawa dia telah menulis asas teori yang akan mengubah sejarah perubatan: maklumat itu dihantar secara kimia, melalui mediator kimia aktif. Terima kasih kepada penemuan ini, pada tahun 1936 Otto Loewi memenangi Hadiah Nobel untuk fisiologi.

Niels Bohr dan atom

Dalam artikel yang ditulis di Massachusetts Institute of Technology (MIT) oleh Edwina Portocarrero bersama beberapa rakannya, kami membaca perkara berikut:

> «Niels Bohr (1885–1962) membangunkan model atom berdasarkan impiannya. Dalam mimpi itu, Bohr duduk di atas matahari sementara semua planet, mengelilingi sekeliling, mengeluarkan bunyi mendesis dan bergerak seperti pada tali».

Malah, model atom semasa terdiri daripada nukleus pusat dan satu siri elektron yang berputar di sekelilingnya. Artikel Portocarrero didedikasikan tepat untuk mimpi dan bertajuk "Pelajaran di atas bantal: antara muka terputus untuk mengingat dan menghasilkan semula mimpi".

Mary Shelley dan Frankenstein

Pada Mei 1816, sekumpulan penulis tinggal di sebuah hotel di Geneva. Antara penulis ini ialah Lord Byron, perempuan simpanannya Claire Clairmont bersama kakaknya Mary Shelley, dan pencinta sastera yang lain. Hari itu hujan, dan mereka memutuskan untuk mengatasi kebosanan dengan membaca cerita hantu. Byron kemudian mencadangkan bahawa mereka mengarang cerita hantu sendiri: semua orang menerima. Mary Shelley tidak tahu di mana untuk bermula, tetapi pada waktu malam dia melihat dalam mimpi saat saintis gila mencipta Frankenstein. Keesokan paginya dia mula bekerja menulis sekuel yang menyeramkan, dan buku itu berjaya seperti yang kita ketahui. Apa jadinya sastera seram hari ini tanpa Frankenstein?

Mesin jahit Elias Howe

Penciptaan mesin jahit dikaitkan dengan Elias Howe (1819–1867), yang mempunyai merit menambah baik beberapa reka bentuk sedia ada dan mematenkan versinya yang telah ditambah baik. Untuk masa yang lama Howe terperangkap dengan projeknya: sebenarnya, Howe tidak tahu di mana hendak meletakkan mata jarum.

Kerana masalah ini kerjanya dihentikan dan dia hampir jatuh miskin. Idea asalnya adalah mengikut tradisi dan meletakkan mata jarum di hujung atas jarum. Walau bagaimanapun, dengan berbuat demikian, benang sentiasa berselirat. Dia tidak pernah terfikir untuk meletakkan mata jarum berhampiran hujung jarum.

Pada tahun 1845 Howe mempunyai mimpi yang aneh. Beberapa kanibal telah menangkapnya dan menikamnya dengan lembing mereka. Matanya yang berlatih menyedari bahawa lembing itu mempunyai lubang berhampiran hujung runcingnya. Setelah berkata demikian, dia menggunakan idea ini pada ciptaannya dan mesin jahit itu dilahirkan.

Impian Wolfgang Pauli

Ahli fizik yang memenangi hadiah Nobel Wolfgang Pauli berulang kali mendakwa telah menerima ilham dalam mimpi, berguna untuk perumusan teori saintifiknya.

Salah satu impian yang Pauli ingat sepanjang hayatnya ialah apa yang dipanggilnya "Jam Dunia". Dalam mimpi itu Pauli melihat dua roda sepusat yang berputar ke arah yang tidak harmoni. Malangnya, roda disambungkan oleh paksi pusat yang mustahil. Semasa Pauli bermimpi, dia sedang menjalani analisis psikologi di studio Jung, dan dia memahami bahawa imej itu mengandungi mesej untuk diubah ke dalam penyelidikan saintifiknya. Bagi Pauli, dua roda mewakili jiwa dan jirim, yang perlu disatukan dalam teori saintifik. Malangnya, walaupun mengejar matlamat ini sebagai misi sepanjang hayat, Pauli gagal mencari jalan untuk menyelaraskan materialisme saintifik dengan kerohanian. Sesungguhnya, sains moden menolak sebarang rujukan kepada jiwa atau roh seolah-olah ia adalah kusta.

Dari Plato ke Berkeley.

Dalam mitos gua Plato mencadangkan bahawa semua perkara, seperti yang kita lihat, tidak lebih daripada ilusi gergasi, tetapi tidak pergi setakat mengisytiharkan secara eksplisit bahawa perkara itu tidak wujud. Konsep ini, walau bagaimanapun, dinyatakan beberapa kali dalam pemikiran manusia, dan menjadi tunjang kepada falsafah George Berkeley (rajah 6). Berkeley adalah seorang ahli teologi Ireland dan uskup Anglikan. Bersama John Locke dan David Hume, Berkeley adalah salah seorang daripada tiga ahli empiris British yang hebat. Menurut Berkeley, satu-satunya objek pengetahuan manusia ialah idea.

Apa yang kita takrifkan sebagai sesuatu tidak lain hanyalah sekumpulan idea. Sebagai contoh, epal tidak lain adalah gabungan warna tertentu, rasa tertentu, bau tertentu, bentuk tertentu, ketekalan tertentu.

Semua objek yang kita percaya wujud (kerana deria membuatkan kita percaya ia wujud) sebenarnya tidak wujud sama sekali: ia tidak mempunyai konsistensi, ia tidak mempunyai badan, ia hanyalah idea yang, disampaikan oleh deria ke otak, kita konfigurasikan dengan mengaitkan kepada mereka tanggapan palsu tentang materialiti.

Kita tidak tahu objek sama sekali: kita hanya tahu idea objek yang dihantar oleh deria ke otak kita. Kita hidup seolah-olah dalam mimpi, seperti tahanan gua Platonik yang memerhati bayang-bayang, mempercayainya adalah nyata. Kami mempunyai persepsi ruang-masa yang berkaitan dengan objek yang dianggap tidak wujud.

Berkeley dan pokok tumbangtree.

Adalah berguna untuk mencadangkan semula soalan purba: jika pokok tumbang di dalam hutan dan tiada sesiapa di sekeliling, adakah ia membuat bunyi? Soalan ini ditanya oleh George Berkeley.

Berkeley dilahirkan di Kilkenny, Ireland, pada 12 Mac 1685 dan meninggal dunia di Oxford pada 14 Januari 1753. Beliau menamatkan pengajian pada 1707, setelah menamatkan pengajian universitinya dalam matematik, logik, sastera klasik, teologi dan falsafah di Kolej Trinity, Dublin. Dia segera mendalami pengetahuannya tentang pemikir besar pada zamannya dengan membaca karya Locke, Gassendi, Newton, Descartes, Hobbes dan lain-lain, dengan itu memberi bentuk dan arah kepada evolusi pemikirannya, seperti dapat melafazkan kardinal. prinsip falsafahnya: imaterialisme.

Rajah 6 - George Berkeley ialah seorang ahli falsafah Ireland, ahli teologi dan uskup Anglikan. Dia mendakwa bahawa satu-satunya objek pengetahuan manusia ialah idea; perkara dengan sendirinya tidak wujud, ia hanyalah satu set idea.

Pada tahun 1709 beliau menerbitkan buku "Essay on a new theory of vision" dan pada tahun berikutnya buku "Treatise on the principles of human knowledge". Pada tahun 1713 beliau juga menulis "Dialogues Between Hylas and Philonous".

Pada tahun 1728 dia berkahwin dengan Anne Forster, anak perempuan sulung John Forster, Speaker Dewan Rakyat Ireland. Setelah mendapat manfaat daripada warisan yang besar, semangat keagamaannya yang kuat mendorongnya untuk meninggalkan, bersama isterinya, ke tanah baru Amerika di mana dia berhasrat untuk menjalankan aktiviti dakwah dengan mengasaskan kolej agama di Kepulauan Bermuda.

Sementara menunggu untuk menerima dana yang dijanjikan, Berkeley berpindah ke Amerika dan menetap di Rhode Island, tempat Henry, anak pertamanya, dilahirkan. Malangnya, maka ahli falsafah itu terpaksa meninggalkan inisiatif itu. Malangnya, Ratu tidak menepati janji awalnya tentang pembiayaan. Kembali ke Ireland, beliau dilantik sebagai Uskup Cloyne (untuk Gereja Ireland).

Pemikiran falsafah Berkley semuanya tertumpu kepada idealisme yang sangat ditentangnya dengan "Pencerahan" yang mengintip antara penghujung 1600-an dan awal 1800-an. Berkeley menolak materialisme yang merosot menjadi skeptisisme dan ateisme. Mengenai topik ini dia mengarang "Alcifrone", dialog polemik terhadap pemikir bebas pada masa itu.

Berkeley berhujah bahawa objek wujud hanya seperti yang dilihat. Oleh itu, jika sebatang pokok tumbang di dalam hutan di mana tiada siapa yang menyaksikan kejatuhan itu, ia tidak mengeluarkan bunyi.

Dari sudut akal fikiran kita boleh membantah bahawa jelas pokok yang tumbang itu pasti menghasilkan bunyi, kerana patahnya serat kayu dan perlanggaran dengan dahan pokok lain menyebabkan pergerakan udara yang tipikal gelombang bunyi.

Nampaknya, bagaimanapun, sains sendiri campur tangan dengan menyatakan pendapat yang menggalakkan kepada Berkeley. Malah, salah satu majalah sains popular yang tertua dan paling berprestij, "Scientific American", yang diasaskan oleh Rufus Porter pada tahun 1845, mengambil bidang mengenai perkara ini pada tahun 1884. Dengan artikel yang didokumentasikan dengan baik dia secara rasional menunjukkan bahawa pokok yang tumbang tidak bising jika tiada orang yang dapat mendengar bunyi jatuh.

Dalam amalan, majalah itu mendakwa, adalah benar bahawa kejatuhan pokok itu menghasilkan getaran di udara, tetapi ini hanya boleh dikesan dengan sistem pendengaran yang, melalui bahagian dalaman telinga, boleh menterjemahkannya ke dalam bunyi. Oleh itu, jika tiada sistem pendengaran yang mampu mengesan bunyi, ini tidak ada. Penjelasan yang sempurna.

Dengan cara ini kami menyelesaikan soalan yang kadangkala tersilap dikaitkan dengan falsafah Zen: jika pokok itu tumbang apabila tiada sesiapa di sekeliling untuk mendengarnya, ia tidak membuat bising.

Kembali ke Berkeley, untuk mengukuhkan tesisnya, dia mencipta pepatah "Esse est percipi" (To be means to be perceived). Keseluruhan makhluk objek terdiri daripada persepsi, dan tidak ada yang lain. Ia adalah ringkasan teori imaterialnya, yang menurutnya perkara tidak lebih daripada satu siri idea, dan hanya wujud apabila ia dilihat.

Ini bukanlah pendedahan yang sangat mengejutkan untuk ahli fizik kuantum. Seperti yang akan kita lihat, pada tahap zarah asas, ini mengubah tingkah laku mereka sama ada ada seseorang yang memerhatikannya, atau tidak: lebih-lebih lagi, bergantung pada cara ia diperhatikan, mereka boleh mengubah bentuk di mana ia muncul.

Selepas berabad-abad ketawa ironis, teori Berkeley mula mengambil konsistensi yang kukuh dengan realiti.

Jenis yang sama seperti pokok yang tumbang adalah dilema yang lebih teknologi: jika kita menghidupkan mentol di dalam bilik kosong, di mana tiada siapa yang dapat memerhatikannya, adakah ia memancarkan cahaya? Biasanya seseorang akan menjawab ya; kecuali itu, cahaya tidak lebih daripada persepsi sistem saraf, oleh itu jika tidak ada sistem di dalam bilik yang mampu melihat cahaya, iaitu mata, tidak ada cahaya. Cahaya mula wujud apabila seseorang dapat melihatnya: ia tidak mempunyai kewujudannya sendiri, ia hanya penghuraian sistem visual. Sebenarnya, dengan menutup suis, satu bentuk tenaga mengalir dan berubah menjadi bentuk tenaga lain, yang bagaimanapun kita tidak tahu. Ia mengambil rupa cahaya hanya apabila seseorang memerhatikannya.

Begitu juga kami akan berkata: bagaimanakah rasa hidangan menggoda yang dihidangkan kepada anda? Tiada siapa. Makanan akan mula terasa apabila anda menyerahkannya ke selera anda. Dengan sendirinya, rasa adalah kualiti yang tidak berkaitan sama sekali dengan makanan yang anda makan.

Pada ketika ini nampaknya munasabah untuk bertanya kepada diri sendiri sama ada kita yang menyesuaikan diri dengan realiti, atau sama ada realiti yang menyesuaikan diri dengan kita.

Alam semesta wujud kerana kita melihatnya.

Mari kita kembali kepada tema cahaya. Jika benar mentol di dalam bilik tertutup tidak memancarkan cahaya kerana tiada siapa yang dapat melihatnya, dengan cara yang sama kita boleh mengatakan bahawa jika kita tidak berada di sana untuk melihat alam semesta, alam semesta akan menjadi gelap. Bintang-bintang tidak akan bersinar, matahari sendiri tidak akan memancarkan cahaya, jika tidak ada yang memandangnya.

Agar alam semesta menjadi seperti yang kelihatan, seseorang perlu berada di sana untuk melihatnya. Tanpa mata yang mampu mengubah foton yang dipancarkan oleh bintang kepada cahaya, alam semesta akan menjadi gelap.

Dalam ayat kedua Alkitab (Kejadian 1, 2) penulis memulakan kisah penciptaan dengan kata-kata ini:

> "Berfirmanlah Allah: "Jadilah terang," lalu terang itu jadi. Dan Allah melihat bahwa terang itu baik, lalu memisahkan terang itu dari gelap.... "

Tuhan melihat cahaya itu baik. Selepas menciptanya, melihatnya dia mengakui bahawa ia adalah perkara yang baik. Cahaya menjadi sesuatu yang baik apabila Allah melihatnya. Bukan itu sahaja, apabila Tuhan menciptakan manusia, Dia menciptakannya "menurut gambar dan rupa Tuhan". Dengan cara ini, manusia juga boleh melihat cahaya supaya penciptaan kekal sebagai "perkara yang baik" kerana ia adalah sesuatu yang dikagumi pada hakikatnya.

Bantahan utama untuk ini harus datang dari teori evolusi, yang menurutnya semua makhluk hidup berasal dari satu organisma nenek moyang yang darinya semua kepelbagaian biologi semasa berkembang. Bagi setiap makhluk hidup, organ yang paling sesuai akan dibangunkan untuk menjamin kemandiriannya. Semua organ (tangan, kaki, ekor, bulu, telinga, kulit, dan sebagainya) adalah hasil daripada peningkatan progresif organ sedia ada, atau dalam apa jua keadaan yang dibangunkan oleh nenek moyang.

Oleh itu, sirip boleh berubah menjadi kaki untuk mengiringi laluan ikan ke haiwan darat: iaitu, organ yang dibangunkan dalam keadaan tertentu sebagai berguna untuk kelangsungan hidup dalam keadaan itu boleh berkembang menjadi organ yang berbeza untuk berguna dalam keadaan yang berbeza . Teori ini boleh dipercayai untuk hampir semua organ, tetapi tidak untuk mata.

Percanggahan evolusi mata.

Jika ada satu masalah yang menghantui para Darwinis, ia adalah masalah evolusi mata. Darwin sendiri, dalam karyanya "The Origin of Species" sebenarnya menyatakan:

> "Untuk mengandaikan bahawa mata, dengan semua mekanisme yang tidak dapat ditiru boleh dibentuk melalui pemilihan semula jadi, nampaknya tidak masuk akal."

Percubaan pertama yang nampaknya berkesan untuk menerangkan perkembangan mata secara beransur-ansur bermula pada tahun 1994: ia adalah karya terkenal oleh Nilsson dan Pelger "Anggaran pesimis tentang masa yang diperlukan untuk mata untuk berkembang". Menurut sarjana ini, mata akan berkembang daripada lapisan awal sel sensitif cahaya, terima kasih kepada organisma primordial akan dapat mengarahkan dirinya ke arah sumber cahaya. Ini mengesahkan, dalam apa jua keadaan, bahawa keperluan untuk melihat sudah wujud dalam organisma pertama.

Selepas itu proses evolusi akan menyebabkan pengumpulan sel fotosensitif ini dalam sejenis perigi hemisfera; apabila kokpit menjadi cukup dalam, diafragma yang mampu mengecut muncul di tepi. Akhirnya, kawasan yang lebih padat yang mampu bertindak sebagai kanta akan terbentuk di dalam rongga yang telah dipenuhi dengan bahan lutsinar.

Malangnya, rantaian evolusi yang diterangkan dalam petikan ini sama sekali bukan evolusi yang beransur-ansur dan berterusan, dan tidak sepadan dengan apa yang sepatutnya menjadi pengubahsuaian minimum berturut-turut dengan ciri yang sama, kerana ia termasuk penambahan struktur organik bebas sepenuhnya yang lain. "Murid proto-primitif" dan "proto-lensa mata primitif" diperlukan.

Malah, mata tidak mewakili evolusi organisma primordial tunggal tetapi memerlukan penambahan bahagian yang berbeza dan canggih, seperti kanta, otot pengawalseliaan, sel deria dan pemuliharaan. Kanta tanpa retina, serta retina tanpa kanta, tidak berfungsi. Namun, retina dan kanta bukanlah sebahagian daripada proses evolusi yang sama kerana ia mempunyai kualiti tisu yang berbeza yang membayangkan asal-usul yang berbeza dalam perkembangan embriogenik dan dalam evolusi.

Ini sudah pasti mengesahkan bahawa mata adalah hasil daripada penumpuan evolusi bahagian yang berbeza dalam satu fungsi bersepadu: oleh itu, jika kita ingin bercakap tentang rawak, ia akan menjadi rawak yang dinaikkan kepada kuasa ke-n.

Kesimpulannya, tidak dapat dibayangkan bahawa peranti sekhusus mata boleh timbul daripada perkembangan rawak, semuanya pada mulanya tanpa kelebihan evolusi tertentu, yang kemudiannya disepadukan secara ajaib ke dalam fungsi visual.

Kita boleh membayangkan perkembangan mata primordial, tanpa retina dan kristal, hanya jika kita memahaminya sebagai langkah wajib ke arah fungsi masa depan: iaitu, sebagai sebahagian daripada projek yang sudah meramalkan penggunaannya pada era kemudian. Sudah tentu bukan evolusi buta, tetapi projek yang dipandu dan dibantu oleh kecerdasan sejagat.

Apabila keadaan tidak seperti yang kelihatan.

Manusia adalah sebahagian daripada keseluruhan yang kita panggil "alam semesta", bahagian yang terhad dalam masa dan ruang. Dia mengalami dirinya, pemikiran dan sensasi sebagai sesuatu yang terpisah daripada yang lain, dalam apa yang merupakan sejenis ilusi optik kesedaran.

Ilusi ini adalah sejenis penjara yang menghadkan kita kepada keinginan peribadi dan kasih sayang kepada beberapa orang yang paling rapat dengan kita. Tugas kita adalah untuk membebaskan diri kita dari penjara ini dengan membesarkan belas kasihan kita di pusat-pusat sepusat untuk memeluk semua makhluk hidup dan semua alam dalam keindahannya.

(Albert Einstein, ahli fizik, Hadiah Nobel)

Kes pelik dua presiden.

Sejak kebelakangan ini ia sangat bergaya, dalam akhbar gosip, untuk mencari kebetulan aneh yang menyatukan selebriti. Khususnya, pencarian fakta, peristiwa dan keadaan yang melibatkan Kate Middleton dan Charlene dari Monaco menjadi gila.

Kebetulan adalah banyak, tetapi ia tidak kelihatan begitu ketara. Sebagai contoh, sangat ditekankan bahawa Kate dan Charlene tidak mempunyai darah biru. Kedua-dua wanita itu dilahirkan pada Januari, Kate pada 9 dan Charlene pada 25. Masih mengenai tarikh, Kate dan Charlene telah berkahwin pada 2011.

Dari sudut pandangan yang lebih peribadi, kedua-dua wanita bangsawan itu adalah ahli sukan dan suka menghadiri semua jenis pertandingan, mencuba tangan mereka dalam pelbagai disiplin. Tambahan pula, mereka berdua perlu berhadapan dengan dua ibu mertua yang agak "menyusahkan", Lady Diana untuk Kate dan Grace Kelly untuk Charlene.

Pastinya, penceritaan tentang kebetulan yang menghubungkan dua presiden Amerika Syarikat yang paling terkenal adalah lebih menarik. Mari kita bercakap tentang John Fitgerald Kennedy (rajah 7) dan Abraham Lincoln (rajah 8). Kebetulan yang paling relevan adalah berkaitan dengan modaliti kematian mereka. Malah, kedua-dua presiden terbunuh dalam keadaan yang hampir sama, Lincoln pada 14 April 1865 dan Kennedy pada 22 November 1963. Berikut adalah beberapa kebetulan yang lebih terkenal di sekitar pembunuhan mereka:

- Kedua-duanya terbunuh pada hari Jumaat, dengan tembakan di kepala.

Rajah 7 - Satu siri kebetulan yang luar biasa menghubungkan dua presiden Amerika Syarikat yang paling terkenal, Abraham Lincoln dan John Fitgerald Kennedy, kedua-duanya mangsa serangan.

- Kedua-dua mereka mempunyai isteri mereka di sebelah mereka, yang tidak dipukul.
- Kennedy terbunuh semasa berada dalam limosin Ford Lincoln Continental; Lincoln menghadiri "Our American Cousins" di Teater Ford di Washington.
- Pada masa serangan, kedua-dua Lincoln dan Kennedy ditemani oleh pasangan: dalam kedua-dua kes lelaki itu, yang berada di sebelah presiden, telah cedera.
- Kedua-dua pembunuh (John Wilkes Booth untuk Lincoln, dan Lee Harvey Oswald untuk Kennedy) mempunyai tiga nama untuk jumlah lima belas huruf.
- Kedua-dua pembunuh mati dalam keadaan tidak jelas sebelum dibicarakan. Kematian mereka berlaku kira-kira pada "masa yang sama" di mana mangsa mereka telah meninggal dunia. Kedua-duanya meninggal dunia akibat luka tembak.

Kemudian terdapat kebetulan mengenai kehidupan peribadi atau kerjaya politik.

- Kedua-duanya mempunyai nama keluarga yang terdiri daripada tujuh huruf, dan telah dibaptiskan dengan nama yang sama dengan datuk dan nenek masing-masing. Tambahan pula, kedua-duanya adalah anak kedua dalam keluarga mereka sendiri.
- Kedua-duanya pernah bertempur dalam peperangan; Lincoln dalam Perang Black Hawk, dan Kennedy dalam Perang Dunia II.
- Kedua-duanya kehilangan seorang anak lelaki semasa penggal presiden mereka. Lincoln kehilangan William Wallace, dan Kennedy kehilangan Patrick Buovier.
- Kedua-duanya mempunyai empat anak pada masa kematian mereka.
- Kedua-duanya dipilih ke Kongres buat kali pertama pada tahun 1946; begitu juga pada tahun 1956 mereka adalah calon untuk jawatan naib presiden, tetapi tidak dipilih kerana parti mereka kalah dalam pilihan raya.
- Kedua-duanya terlibat dalam mempertahankan hak penduduk kulit hitam, Lincoln berhubung pemansuhan perhambaan dan Kennedy dalam mempromosikan hak sivil.

- Kedua-duanya digantikan oleh naib presiden bernama Johnson: Andrew Johnson untuk Lincoln dan Lyndon Johnson untuk Kennedy.

Jika itu tidak mencukupi, sesiapa yang mahu akan dapat mencari ratusan kebetulan lain yang menghubungkan kehidupan kedua-dua presiden, dengan merujuk tapak (dalam bahasa Inggeris): https://www.near-death.com/The explanations of the skeptics.

While half of the world strives to study cases like these to add other coincidences to the list, the other half does their utmost to demonstrate that some of the coincidences presented would be false and would try to use some inaccuracy to deny it all.

Penjelasan para skeptik

Walaupun separuh daripada dunia berusaha untuk mengkaji kes seperti ini untuk menambah lebih banyak kebetulan pada senarai, separuh lagi berusaha untuk menunjukkan bahawa beberapa kebetulan yang dikemukakan adalah palsu. Ramai menggunakan beberapa hujah yang tidak tepat untuk menafikan semuanya.

Kemudian terdapat beberapa bantahan umum yang baik untuk sebarang keadaan, seperti yang tidak begitu sukar untuk mencari kebetulan antara dua fakta yang dipilih secara rawak, jika seseorang pergi untuk memeriksa semua butiran.

Mengikut undang-undang bilangan besar, jika kehidupan dan kerja dua orang terkenal dinilai secara terperinci, tidak sukar untuk membina senarai kebetulan. Jika, sebagai contoh, kami merujuk kepada Masaniello dan General Lamarmora, kemungkinan besar kedua-duanya menyukai piza.

Rajah 8 - Abraham Lincoln, mangsa percubaan pembunuhan pada 14 April 1865. Banyak keadaan hidup dan matinya sangat bertepatan dengan yang serupa yang melibatkan Presiden John Kennedy.

Neapolitan dan kedua-duanya memakai saiz 44 kaki, tetapi saya tidak tahu apakah kebetulan lain yang benar-benar penting yang boleh ditemui

Apabila pancaindera sedang menipu.

Tetapi mengapa sains menentang begitu banyak penentangan terhadap paranormal? Malah, sains Barat telah menghabiskan beberapa abad hidupnya untuk tidak mempercayainya. Hari ini, retakan mula muncul dalam kepastian granit ini, dan ramai saintis membiarkan diri mereka terbawa-bawa oleh oportunisme. Sesungguhnya, sukar untuk melepaskan kemudahan, kedudukan yang disatukan, kerjaya yang dibina atas pengesahan materialisme.

Lebih-lebih lagi, kita sendiri, yang merupakan air di mana kapal sains meluncur, terlalu ketagih dengan kedudukan ini sehingga kita mengambil mudah, walaupun pada hakikatnya setiap hari kita perlu berhadapan dengan paranormal atau dengan persepsi luar deria. Kita kini terbiasa percaya hanya pada apa yang boleh disentuh, ditimbang dalam neraca dan diukur, jadi bukti pun tidak dapat menghapuskan dogma materialisme dari mentaliti kita.

Kebimbangan mendorong kita untuk memberi kepentingan hanya kepada yang nyata. Kita lupa bahawa, dalam kebanyakan kes, perkara yang paling penting tidak boleh dipegang untuk mengubahnya menjadi wang.

Sumber utama kesejahteraan kita adalah pemikiran, perasaan positif, perasaan dan semua aktiviti yang berkaitan dengan semangat atau jiwa yang berjaya memberi makna dan motivasi yang mendalam kepada kewujudan kita atau, sebaliknya, berjaya menjadikannya kelihatan tidak berguna dan tanpa masa hadapan.

Fakta yang berlaku di sekeliling kita dibentuk oleh cara kita mentafsirkannya, oleh keyakinan kita atau pesimisme kita, oleh harapan kita atau keputusasaan. Tidak ada realiti objektif di sekeliling kita, perkara tidak bergerak, tetapi berubah mengikut kunci tafsiran kita, iaitu melalui penapisan hati nurani dan akal fikiran kita.

Dalam pengertian ini, apa yang kita anggap dengan lima deria, iaitu realiti deria, sentiasa hasil pemprosesan ekstrasensori.

Walau bagaimanapun, kita sentiasa mengalami kebolehan ekstrasensori yang tidak boleh diukur dan ditimbang tetapi pasti ada, seperti keberanian, visi masa depan yang optimistik, kesedaran bahawa hidup terdiri daripada pasang surut. Selepas setiap rendah, selalu ada yang tinggi. Percaya kepada diri sendiri dan pada jiran kita, belas kasihan dan kebaikan, keupayaan untuk membantu dan dibantu, semua ini menjadikan keyakinan kita kukuh. Mana-mana angin boleh bertiup sekeras-kerasnya, tanpa pernah dapat mencabut kepercayaan ini.

Apa yang kita anggap dengan pancaindera kita, dalam tempoh ribut dan tenang, sentiasa merupakan kebenaran yang ditengahkan. Ini sah bukan sahaja pada tahap psikologi, tetapi juga pada tahap praktikal. Deria kita, yang kelihatan sangat sempurna bagi kita, direka untuk penjimatan maksimum. Mereka hanya berfungsi untuk memberi kita bantuan yang diperlukan untuk bergerak dan beroperasi di alam sekitar tanpa mengalami kerosakan.

Sebagai contoh, pendengaran kita mampu menangkap bunyi yang sangat rendah (kira-kira 30 Hertz dalam kekerapan) sehingga yang sangat tinggi, kira-kira 10-15,000 Hertz dalam kekerapan. Walau bagaimanapun, terdapat pelbagai bunyi yang tidak terhingga di luar julat ini. Malangnya, telinga kita tidak dapat melihat bunyi ini. Contohnya, ultrasound, yang biasa didengari oleh kebanyakan haiwan peliharaan kita. Mengapakah kita hanya mendengar frekuensi dari 30 hingga 15,000 Hertz, dan bukan yang lebih tinggi atau lebih rendah? Mudah, kerana ia tidak akan berguna untuk kelangsungan hidup kita.

Frekuensi boleh didengar yang lebih rendah boleh memberi isyarat bunyi runtuhan salji yang menghampiri, dan frekuensi boleh didengar yang lebih tinggi boleh menandakan desisan ular. Kami tidak memerlukan apa-apa lagi untuk terus hidup.

Dipaksa oleh had pendengaran, kami meletakkan semua ketuhanan seni seperti muzik dalam julat frekuensi ini, dan kami tidak membayangkan simfoni apa yang boleh kami dengar jika julatnya lebih luas. Bagi kami, semua muzik terhad kepada kesempitan yang menyedihkan dari apa yang dirasakan telinga kita, dari 30 hingga 15,000 hertz. Kami tidak membayangkan kewujudan harmoni yang lebih rumit dan menarik. Bagi kita, tidak ada muzik lain selain daripada apa yang boleh didengari oleh telinga kita.

Kita tidak tahu konsert kayu yang sedang tumbuh, minuet bunga yang mekar, atau simfoni gelap batu yang mengerang selama bertahun-tahun kerana ia akan berpisah dari lereng gunung.

Kami menebus kekurangan ini dengan melekatkan runut bunyi palsu dalam dokumentari yang difilemkan, sesuai untuk julat pendengaran kami. Sudah tentu, itu bukan bunyi sebenar.

Kemudian apabila mereka memberitahu kami tentang ahli sihir dan dukun yang berjaya mengembara di dunia ini dan mendengar bunyi-bunyi ini, suara-suara alam yang tersembunyi ini, kami tidak percaya mereka yang memberitahu kami dan kami menilai mereka gila.

Deria kita tidak dibuat untuk membawa kita lebih dekat dengan alam semesta tetapi, lebih prosaik, untuk menghalang kita daripada menghentakkan jari kaki kita pada suatu sudut apabila kita berjalan. Ia berguna untuk menghalang kita daripada memasukkan makanan terlalu panas ke dalam mulut apabila kita makan. Deria dan gerak hati juga membantu kita mengelakkan racun beberapa makhluk kecil yang terlalu berwarna-warni atau terlalu diliputi duri berduri.

Deria kita masih seperti Manusia Neanderthal, sementara kita kini telah berkembang jauh melebihi peringkat "Sapiens sapiens", kita kini "Homo ciberneticus". Kita perlu membangunkan deria baru, disesuaikan dengan peringkat evolusi baharu kita.

Objektiviti dan subjektiviti.

Apa yang kita percayai menentukan kualiti hidup kita.

Kita boleh memilih antara objektiviti dan subjektiviti.

Objektiviti semestinya membayangkan ketidakmungkinan kita untuk campur tangan terhadap perkara-perkara yang mengelilingi kita. Benda macam ni, suka atau tidak. Dari sudut pandangan objektif, segala-galanya terbentuk dan berlaku di luar diri kita dan tidak memberi kita peluang untuk melarikan diri. Kami adalah mainan mekanikal. Kami terus mengulangi tugas yang telah diprogramkan dengan berarak dan memukul rebana seperti askar mainan di bawah matahari dan hujan, sementara tidak dapat dielakkan matahari memudar warna kami dan hujan berkarat gear kami.

Sebaliknya, subjektiviti menjadikan kita mampu memahami dan menerima sesuatu dengan mengantaranya. Subjektiviti ialah web yang kami tenun dan melaluinya kami menapis realiti. Subjektiviti menyediakan alat yang berkuasa dan berkesan untuk menentang atau menyokong apa yang ditawarkan oleh kehidupan kepada kita.

Menghadapi kehidupan dari sudut subjektif bermakna membebaskan diri daripada tekanan takdir yang besar-besaran dan membina takdir peribadi yang dimediasi, diwarnai oleh peluang yang berbeza untuk setiap satu.

Kehidupan yang dijalani secara subjektif tidak lagi boleh diukur dan ditimbang di makmal, kerana ukuran standard tidak lagi sah; masing-masing menetapkan nilainya sendiri yang oleh itu terlepas daripada pengesahan pemerhati luar. Mereka tidak lagi boleh disahkan dalam makmal, tetapi nyata untuk semua orang dalam hati mereka, dalam darah mereka, dalam perut mereka, pada kulit mereka dan lebih-lebih lagi dalam jiwa mereka.

Cinta, kesetiaan, kemurahan hati, persahabatan, kepercayaan pada diri sendiri dan orang lain adalah semua realiti bukan objektif yang menjadi contoh kehidupan kita.

Oleh itu, terdapat realiti yang melampaui lima deria, dan membolehkan kita meninggalkan dimensi mesin untuk menjadi manusia, seperti kita.

Kemenangan subjektiviti mewakili kekalahan materialisme dan pengecilan lima deria yang bukan lagi penunjuk kebenaran mutlak, tetapi bantuan mudah yang berguna untuk meletakkan kewujudan kita di alam semesta yang waras. Dalam alam semesta ini, fizik Newtonian, berdasarkan tiga dimensi klasik ditambah masa, lima deria membantu kita dengan cara yang benar-benar teladan. Walau bagaimanapun, apabila kita mempertimbangkan kewujudan alam semesta psikik, bebas daripada kebendaan, di mana persepsi yang berbeza berkaitan dengan pemikiran dan jiwa berlaku, maka kita menyedari bahawa lima deria tidak lagi membantu kita, sebaliknya, mereka sering menipu kita.

Dalam abad kebelakangan ini, materialisme telah mempercayakan lima deria dengan tugas mewakili secara mutlak semua pengalaman manusia yang mungkin. Sebenarnya, sains materialistik sendiri telah menemui kesukaran dalam menghadapi apa yang kini kita panggil fenomena yang berkaitan dengan jirim, seperti kemagnetan dan elektrik.

Salah satu deria yang paling menipu, apabila kita ingin menggunakannya untuk tujuan selain daripada yang telah dibangunkan, iaitu survival, adalah penglihatan. Penglihatan memproses objek dan makhluk hidup sebagai bentuk, yang dihafal untuk membolehkan kita mengenalinya semasa pertemuan berikutnya. Ini bukan hafalan yang tepat, kerana kita dapat mengenali wajah seseorang walaupun ciri-cirinya telah banyak berubah, selepas berpuluh tahun. Sebaliknya, kami dengan susah payah mengingati landskap apa yang ada di latar belakang atau apa yang kereta dan orang ramai lalui di jalan di belakangnya. Namun, mata kita juga telah melihat butiran tersebut.

Rajah 9 - Angka Rubin yang diterbitkan semula di atas boleh mempunyai dua makna yang berbeza, mengikut tafsiran subjektif pemerhati.

"Psikologi Bentuk".

Antara abad ke-19 dan ke-20, psikologi eksperimen menumpukan banyak tenaga untuk menyiasat mekanisme yang kita kaitkan dengan realiti luaran.

Asas penyelidikan biasanya bermula dari pertimbangan bahawa semua yang kita anggap dengan deria tidak menganggap kepentingan yang sama dalam penghuraian yang kita lakukan mengenainya. Mendengar perbualan biasanya kami menapis semua bunyi latar belakang. Memerhati adegan kita menumpukan pada fakta penting sementara kita mengabaikan kontur.

Dalam erti kata lain, kita dapat menetapkan hierarki kepada peristiwa yang diperhatikan, iaitu, untuk menetapkan apa yang menarik minat kita dan apa yang tidak, untuk mengukuhkan pemahaman hanya satu bahagian gambar yang diperhatikan sambil mengabaikan yang lain

Persepsi kita tentang apa yang berlaku di sekeliling kita bukanlah pembiakan realiti yang tepat. Ini bermakna bahawa pengetahuan kita tentang dunia tidak pernah menjadi penting, kerana kita tidak dengan setia mendaftarkan semua yang berlaku dalam fikiran kita, tetapi hanya apa yang menarik minat kita.

Semua rangsangan yang dirasakan segera dibahagikan kepada "menarik" atau tidak, supaya kebanyakannya dibuang dan hilang selama-lamanya.

Imej Rubin, yang dicadangkan dalam rajah 9, boleh ditafsirkan dalam dua cara. Ia adalah mungkin untuk melihat, di tengah, bentuk cawan, atau, di sisi, dua profil manusia. Melalui pemerhatian pantas, deria kita mendaftarkan salah satu daripada dua makna, tetapi adakah ia akan menjadi yang sepadan dengan realiti? Berapa banyak lagi bingkai "samar" yang kita anggap dengan pandangan dari realiti yang mengelilingi kita?

Persoalannya ialah: siapa yang memutuskan apa yang menarik minat kita, dan siapa yang memutuskan apa yang perlu dibuang dan apa, sebaliknya, untuk disimpan?

Merujuk kepada aspek persepsi manusia ini, beberapa penyelidik seperti ahli psikologi Czech Max Wertheimer dan orang Jerman Wolfgang Köhler dan Kurt Koffka memulakan barisan kajian yang mereka beri nama Psikologi Bentuk (Gestaltpsychologie).

Kajian-kajian ini bertujuan untuk memahami prinsip-prinsip yang menurutnya beberapa unsur yang dianggap akan membentuk satu "bentuk" yang muncul di latar belakang, mengabaikan unsur-unsur lain. Unsur-unsur ini, walaupun terdapat dalam persepsi, dianggap berlebihan, seolah-olah ia juga bukan sebahagian daripada jumlah yang dirasakan. Jika begini, ternyata pancaindera itu tidak membantu kita, sebaliknya sering menipu kita.

Koffka berhujah bahawa ada benda dan "bukan benda": benda diletakkan dalam senario "bukan benda". Imej Mona Lisa muncul dengan latar belakang landskap yang kebanyakannya hanya menarik minat pengkritik seni. Sebaliknya, berjuta-juta orang yang telah memerhati lukisan itu, selepas tempoh tertentu, samar-samar mengingati paling banyak kehadiran jambatan (atau adakah ia sebuah menara?). Biasanya tiada siapa yang ingat dengan tepat berapa banyak cypress yang kelihatan di latar belakang.

Pada hakikatnya, tabiat berhubung dengan dunia luar melalui lima deria membawa kita untuk mengubah semua realiti menjadi perkara: bukan untuk apa-apa yang kita gunakan untuk mengatakan dengan cara yang sama apabila berhadapan

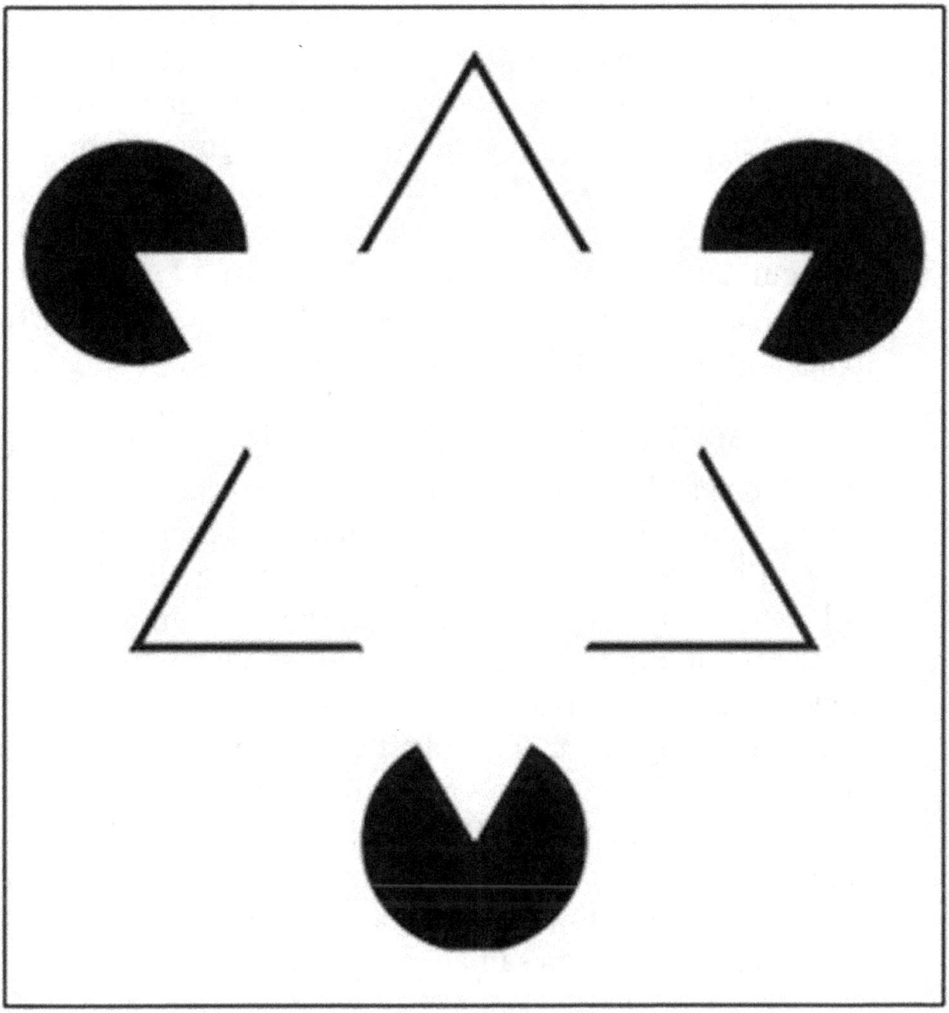

Rajah 10 - Dalam rajah Kanizsa yang ditunjukkan di atas, segitiga putih kelihatan sempurna di tengah. Ini, bagaimanapun, tidak dilukis dalam apa-apa cara, dan hanya boleh dibayangkan dengan mempertimbangkan kerumitan lukisan itu.

dengan objek atau fakta yang kita lakukan. tidak faham: Apakah ini?

Untuk diterima oleh deria kita, benda mesti mempunyai saiz dan berat, dan ia mesti diletakkan dengan sewajarnya berhubung dengan benda lain di sekelilingnya. Kerusi yang diletakkan di sebelah meja adalah sesuatu yang tidak membimbangkan kami. Kita mungkin bimbang jika kerusi itu muncul dan hilang atau berpusing di udara.

Ini adalah benar selagi kita memerhatikan adegan menganalisisnya dengan teliti secara terperinci, iaitu, mengenakan analisis lengkap situasi ke atas diri kita sendiri.

Ini tidak selalunya berlaku. Deria kita jauh lebih cepat, dan mereka mesti kerana pemandangan seperti sungai yang mengalir, ia boleh berubah dalam susunan pecahan sesaat.

Oleh itu, deria tidak pernah sepenuhnya menganalisis keseluruhan keadaan tetapi hanya mengeluarkan unsur-unsur penting dan ini, dalam kebanyakan kes, adalah menipu serta sewenang-wenangnya.

Contoh yang sering disebut ialah menangani tiga belas kad dalam permainan "Scalaforty". Jika seorang pemain menerima kesemua tiga belas hati, daripada Ace hingga King, ia akan menjadi satu keajaiban. Malah, hanya ada satu peluang daripada 635 bilion bahawa seorang pemain akan diberikan tiga belas kad dengan saman yang sama.

Tetapi jika kita fikirkan, sebarang gabungan tiga belas kad hanya boleh berlaku sekali daripada 635 bilion kali, jadi sebarang pengedaran kad mewakili satu keajaiban kecil.

Fakta bahawa seorang pemain diberikan tiga belas kad dengan saman yang sama adalah penting dan mengejutkan kami, tetapi pada hakikatnya ini adalah kejadian biasa. Hanya kita yang mengaitkan makna yang luar biasa kepada fakta yang, dengan sendirinya, benar-benar biasa.

Bagi psikologi Gestalt, peristiwa jenis ini tidak penting kerana ia jarang berlaku secara statistik, tetapi kerana ia sangat menonjol dengan latar belakang ribuan pengedaran kad kurang linear yang lain.

Contoh yang terkenal diwakili oleh tokoh Kanizsa.

Gaetano Kanizsa, dilahirkan di Trieste pada tahun 1913 dan meninggal dunia di bandar yang sama pada tahun 1993 adalah seorang ahli psikologi dan pelukis Itali. Bapanya adalah seorang Yahudi Hungary, ibunya seorang Katolik Slovenia. Selepas sekolah menengah dia mendaftar di fakulti falsafah Universiti Padua, di mana Cesare Musatti memperkenalkannya kepada psikologi. Disebabkan undang-undang perkauman, dia telah dilucutkan kewarganegaraan Itali. Selepas gencatan senjata Cassibile dia melarikan diri ke Rom, di mana dia diberi jawatan sebagai penyelidik di Institut Psikologi CNR.

Rajah 10 jelas menunjukkan sebuah segi tiga putih. Ini, bagaimanapun, tidak dilukis dalam apa-apa cara, dan hanya boleh dibayangkan dengan mempertimbangkan kerumitan lukisan itu. Walaupun ia tidak ada, ia menarik perhatian lebih daripada angka geometri lain. Bukan itu sahaja, bahagian dalamannya kelihatan "lebih putih" kepada kami daripada putih yang mengandungi seluruh imej. Imej itu mengesahkan bagaimana deria kita mampu membuat kita melihat perkara yang tidak wujud.

Rajah 11 boleh dihuraikan dengan kesukaran yang lebih besar, dan menunjukkan wajah seorang wanita muda atau, sebagai alternatif, profil seorang wanita tua. Sangat sukar untuk memahami kedua-dua makna tanpa mengetahui kewujudannya. Tetapi deria kita tidak berwayar untuk menganalisis dengan tepat pengeboman berterusan rangsangan yang mereka terima.

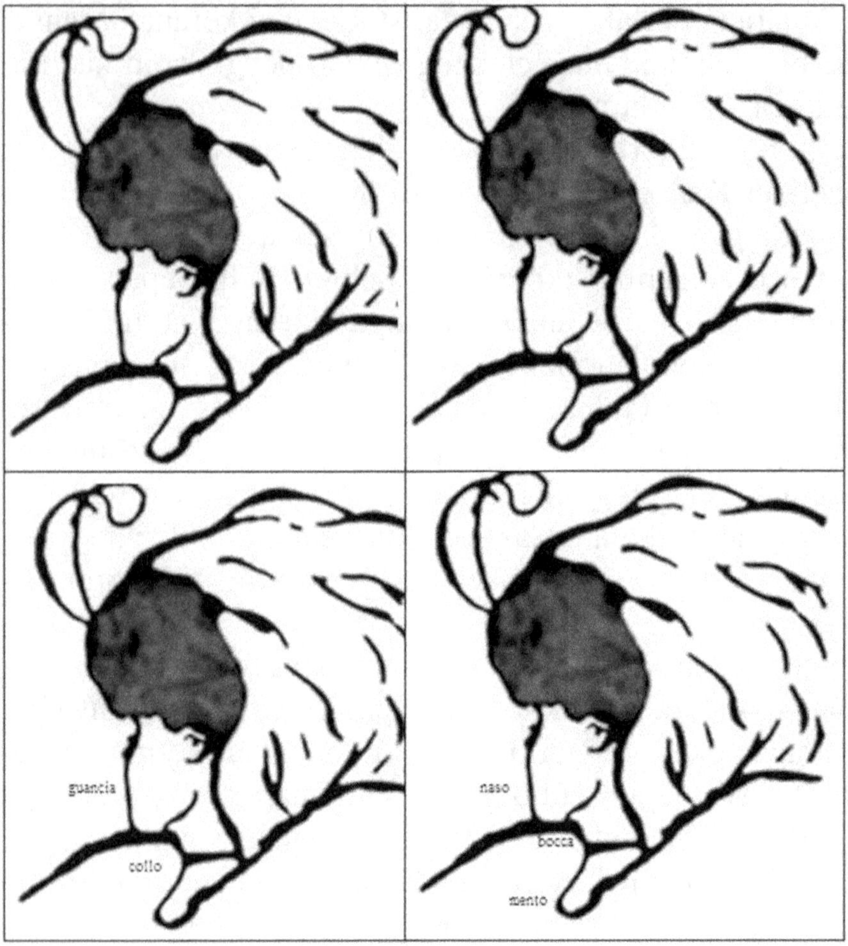

Rajah 11 - Angka ini boleh dihuraikan dengan kesukaran yang lebih besar, dan menunjukkan wajah seorang wanita muda atau, sebagai alternatif, profil seorang wanita tua.

Oleh itu, deria akan mendaftarkan salah satu daripada dua makna angka, mengabaikan kewujudan yang lain. Tetapi adakah kita pasti mereka akan merekodkan yang paling sesuai dengan realiti? Dalam 50% kes, berhadapan dengan perwakilan jenis ini, deria kita akan menipu kita. Mereka mungkin akan mendaftarkan makna yang paling hampir dengan apa yang kita jangkakan, iaitu, mereka akan "mematuhi" dengan bagasi budaya yang kita perolehi. Ini bermakna, lazimnya, sebarang rangsangan intelek akan diketepikan demi pemuliharaan dan pengukuhan yang sedia ada.

Andaian psikologi Gestalt ialah deria kita melihat dan mengatur persepsi di sepanjang beberapa barisan istimewa, misteri tetapi beroperasi dengan kukuh.

Kajian Koffka telah mengenal pasti prinsip organisasi persepsi.Antaranya yang utama ialah persamaan, simetri, kedekatan atau jarak, dan lain-lain.

Contohnya, satu siri bip pantas ditafsirkan sebagai isyarat bahaya; dua anjing gembala dalam kawanan biri-biri dipilih sebagai sepasang yang berbeza daripada angka yang lain; satu siri tiga bintik hitam jarak rapat, ditambah tiga yang lain berdekatan antara satu sama lain tetapi agak jauh dari yang pertama, tidak ditafsirkan sebagai satu set enam bintik tetapi sebagai dua set tiga.

Prinsip yang sangat menarik ialah kedekatan temporal. Kita cenderung untuk mengatur persepsi dan isyarat yang kita terima dari luar juga mengikut hubungan temporal yang menyatukan mereka. Satu lagi kriteria penting ialah rasa. Terdapat persepsi yang melompat ke mata kita seperti suar di malam hari, untuk bagaimana ia diedarkan dari masa ke masa dan untuk rasa, makna bahawa ia memberi inspirasi kepada kita.

Tetapi di sini kita memasuki bidang lain, iaitu kebetulan yang ketara.

Kebetulan, bawah sedar kolektif, sinkroni.

"Apa yang kita tahu tentang diri kita hanyalah seba-hagian,
dan mungkin sebahagian kecil, dari apa yang kita ada tanpa pengetahuan kita."
(Luigi Pirandello, penulis drama, penulis dan penyair Itali).

Lebih berkuasa daripada komputer yang paling berkuasa.

Dalam bab sebelumnya kita melihat bagaimana deria kita mengimbas sejumlah besar data, yang tidak mencapai kesedaran kita kerana ia dikesan. Data menjalani pemprosesan mengikut prosedur yang mampu mengekstrak daripada jisim yang paling menarik minat kami. Seterusnya, data yang menarik disimpan mengikut skema dengan kandungan simbolik yang tinggi. Ini membolehkan kita mengenali wajah bertahun-tahun selepas kali terakhir kita melihatnya. Dalam praktiknya, kita tidak menghafal wajah sebagaimana adanya, tetapi lebih kepada bentuk wajah, beberapa rujukan yang, bertahun-tahun kemudian, dapat dikesan kembali ke asalnya.

Seolah-olah perisian tertentu, yang berada dalam kesedaran kita, memanipulasi realiti telanjang seperti yang dilihat oleh deria, mengubahnya menjadi bentuk atau konsep yang benar-benar fleksibel, yang boleh disesuaikan dan digunakan semula mengikut keperluan. Ini memungkinkan untuk mengkategorikan sebagai "kerusi" mana-mana objek yang dilengkapi dengan satu atau lebih kaki dan permukaan mendatar yang sesuai untuk menampung bahagian bawah punggung.

Pengecaman bau adalah fungsi yang sangat berkuasa. Selepas beberapa dekad, kami dapat mengenali satu dan segera membina semula adegan di mana kami melihatnya buat kali pertama. Sebagai contoh, bau rumpai laut pantai serta-merta membawa kita kembali ke perjalanan sekolah yang dibuat oleh kanak-kanak lelaki ke bandar tepi laut.

Pengecaman muka ialah salah satu fungsi keistimewaan perisian peribadi kami. Walau apa pun panorama pelik yang kita hadapi, kita serta merta dapat mengenal pasti kemungkinan bentuk wajah dalam susunan objek dan unsur. Kami mudah mengenali wajah dalam pembentukan awan, atau di taji berbatu atau bahkan di tempat lembap di dinding purba.

Dalam amalan, setiap rangsangan yang datang terus daripada deria diproses oleh perisian yang berada dalam kesedaran kita dan diubah untuk menjadikannya boleh digunakan dalam situasi seterusnya; Oleh itu ia adalah perisian pembelajaran dan hafalan, yang ciri utamanya ialah ia dilengkapi dengan algoritma pemulihan yang berkuasa.

Pada zaman awal sains komputer, setiap pelajar yang ingin menulis program kecil menghadapi masalah menyimpan dan mendapatkan semula data. Sebagai contoh, ingin menulis program kecil yang mampu menunjukkan ibu negara, pelajar mencipta fail dua lajur yang mengandungi pasangan negara dan modal (Itali - Rom, Perancis - Paris, Sepanyol - Madrid, dan sebagainya) .

Jika anda memberi komputer nama sebuah negara, contohnya Sepanyol, mesin itu menatal fail sehingga ia menemui pasangan yang mengandungi Sepanyol dan mencetak hasilnya pada skrin: Madrid.

Ini dipanggil akses berurutan, dan ia boleh berfungsi sehingga terdapat hanya beberapa ribu pasangan data, selepas itu sistem menjadi terlalu lambat untuk menjadi benar-benar berguna.

Hari ini kita hidup dalam era enjin carian, mampu memeriksa berbilion data. Sudah tentu, carian tidak lagi berurutan. Enjin carian mempunyai algoritma yang sangat canggih yang mampu mengekstrak maklumat dalam masa dalam julat dalam urutan milisaat.

Anda boleh menaip "kuantum entanglement" ke dalam baris carian Google, dan anda akan melihat bahawa dalam 0.36

saat ia akan menunjukkan bahawa terdapat kira-kira 9,700,000 hasil (dicari pada Mei 2018).

Nah, lama sebelum manusia membangunkan algoritma ini, sesuatu yang serupa jika tidak lebih canggih sudah ada dalam fikiran manusia. Algoritma mental kita mampu mengekstrak maklumat yang berguna untuk kehidupan seharian kita dalam milisaat dengan menggunakan jisim berbilion bilion megabait yang diperoleh selama bertahun-tahun oleh deria kita. Tetapi mereka tidak hanya menunjukkan bilangan rujukan yang wujud: mereka akan segera memilih yang paling berguna untuk kita pada masa itu.

Ia adalah sebuah organisasi yang hebat dan sangat berkesan. Adakah mungkin ini tidak lebih daripada buah daripada pelbagai percubaan, kegagalan dan percubaan semula evolusi, seperti yang ingin dipertikaikan oleh tesis materialistik? Keraguan adalah sah.

Adakah ia hanya berfungsi dengan rangsangan mudah?

Pada ketika ini kita perlu bertanya kepada diri sendiri sama ada perisian kita hanya berfungsi seperti yang kita lihat sehingga sekarang, memproses tanpa pengetahuan kita rangsangan yang diterima daripada deria, membuang atau memilih mengikut kriteria misteri bentuk yang menarik untuk disimpan dan menguruskan jisim ini. data tanpa sebarang campur tangan daripada pihak kami. Atau jika kita tidak boleh membuat hipotesis kemungkinan penglibatan aktif kita.

Kita harus bermula dari andaian. Jika perisian kami mampu membezakan apa yang boleh berguna dan apa yang tidak, ia semestinya mesti dikurniakan bukan sahaja dengan kecerdasan, tetapi juga dengan keupayaan untuk melihat ramalan. Iaitu, dia mesti tahu apa yang akan berguna kepada kita pada masa hadapan, oleh itu dia mesti mempunyai visi tentang kewujudan kita yang melampaui pengalaman masa lalu dan masa kini, tetapi juga meluas ke masa depan, ke dalam keadaan dan peristiwa yang akan timbul pada masa hadapan. Oleh itu, perisian kami harus mengetahui masa depan kami untuk memproses maklumat semasa dengan cara yang berguna.

Jika ini benar, dan memang benar, maka kita boleh meninggalkan konsep perisian, kerana perisian tidak lebih daripada program yang dibina untuk melakukan tindakan tertentu. Walau bagaimanapun pintar sesuatu perisian, ia tidak akan pernah lebih pintar daripada pengaturcara yang menciptanya.

Perisian yang mampu mengetahui masa lalu dan masa depan melangkaui kemampuan manusia. Apa yang beroperasi dalam hati nurani kita bukanlah perisian pintar, mahupun perisian yang dibangunkan secara kebetulan semasa perubahan evolusi spesies. Ia adalah Kepintaran, atau lebih tepatnya Kebijaksanaan yang sedia ada, yang boleh kita takrifkan sebagai Kepintaran Sejagat.

Kecerdasan Sejagat mengetahui masa lalu, masa kini dan masa depan kita kerana ia wujud dalam dimensi yang berbeza daripada yang kita biasa hidup, terdiri daripada jirim yang tertakluk kepada peraturan fizik Newtonian (graviti, masa, dan sebagainya).

Tahap Kecerdasan Sejagat mestilah semata-mata psikik; ia adalah tahap yang diperbuat daripada tenaga dan maklumat, di mana jirim tiada.

Adakah mungkin tahap sedemikian wujud? Sudah tentu ya, seperti yang akan kita lihat dalam bab-bab berikut. Fizik kuantum telah mendedahkan dan secara eksperimen mengesahkan kewujudan tahap ini.

Fizik kuantum pastinya tidak mengesahkan kewujudan Kecerdasan Sejagat dalam apa cara sekalipun, tetapi kami suka membayangkan bahawa ada, jika tidak, keseluruhan siri fenomena tidak dapat dijelaskan dalam apa cara sekalipun, termasuk perkara yang telah dikatakan mengenai penyimpanan pintar bentuk. diolah semula daripada persepsi mentah deria kita.

Keistimewaan Kecerdasan ini ialah keupayaannya untuk mewujudkan sejenis interaktiviti dengan hati nurani kita. Sebagai tambahan kepada peranan secara automatik untuk membina dan menghafal borang yang berguna untuk kelangsungan hidup kita, Perisikan membina arahan dan arahan kehidupan. Tambahan pula, Kepintaran Universal membina cadangan yang bertujuan untuk perubahan, pembetulan, selalunya semata-mata untuk memperbaiki hubungan kita dengan realiti. Cadangan ini adalah bentuk komunikasi yang telah dikaji selama beberapa dekad oleh ahli psikologi Switzerland Carl Jung. Dia memanggilnya secara kebetulan, atau sinkronik.

Prinsip penyusunan persepsi kita, yang diuruskan oleh apa yang kita namakan Kecerdasan Sejagat, tidak terpakai hanya pada realiti yang dirasakan serta-merta dengan segera, difahami sebagai penggantian fenomena yang berbeza, tetapi juga kepada persepsi fakta, fenomena dan kebetulan yang biasanya kelihatan. tanpa sebarang hubungan atau pertalian antara mereka. Kadang-kadang persepsi ini. muncul sepenuhnya secara spontan, dalam kesedaran kita Kita melihat sambungan logik dan intuisi muncul yang memberi makna kepada kebetulan ini dan menjadikannya penting untuk pemahaman kita.

Kita boleh mengatakan bahawa Kecerdasan membina sinkronik untuk kita dan menjadikan kita mampu memahami mesej yang tersembunyi di sana. Ini boleh dilakukan apabila kita menghargai kemungkinan dan kehadiran sinkronik, mengelak daripada mempertimbangkan kejadian yang tidak diingini semata-mata.

Jam yang berhenti pada saat kematian pemiliknya merupakan satu kebetulan yang ketara, untuk serentak kedua-dua peristiwa; ini tidak akan berlaku jika jam telah berhenti dua hari kemudian atau lebih awal.

Begitu juga, bertemu seorang kenalan dari masa lalu, selepas bermimpi tentangnya pada malam sebelumnya, dianggap sebagai kebetulan yang ketara.

Carl Gustav Jung

Carl Gustav Jung ialah salah seorang tokoh intelek utama pemikiran psikologi dan psikoanalisis, pakar psikiatri, psikoanalisis, ahli antropologi dan ahli falsafah Switzerland (rajah 12).

Beliau dilahirkan pada 26 Julai 1875 di Kesswil, Switzerland, kepada Paul Achilles Jung, seorang paderi dan ahli teologi Protestan, dan Emilie Preiswerk. Dia lulus dalam bidang perubatan dan pada tahun 1900 pergi bekerja di hospital psikiatri di Zurich.

Pada mulanya dia hampir dengan pemikiran Sigmund Freud, bersetuju dengan tafsirannya tentang fenomena psikik. Kedua-duanya bertemu di Vienna pada tahun 1907, dan pada kesempatan itu mereka bercakap selama tiga belas jam.

Hasil daripada kerjasama ini Jung mula dipanggil "lumba-lumba" psikoanalisis, dan dijangka bahawa dia akan menggantikan Freud di teraju pergerakan psikoanalisis.

Perpecahan dan putus dengan Sigmund Freud.

Sebaliknya, selepas hanya beberapa tahun terdapat tanda-tanda pertama ketidaksepakatan mereka, dari mana dua orientasi sejarah utama psikoanalisis dilahirkan, difahami oleh Freud sebagai terapi dan oleh Jung sebagai cara memahami jiwa.

Penglihatan dwi ini dengan cepat memantapkan dirinya, sehinggakan, pada tahun 1909, Universiti Clark, setelah merancang kitaran persidangan di Amerika Syarikat, menjemput kedua-duanya.

Semasa perjalanan dengan kapal, kedua-dua saintis memutuskan untuk berlatih menganalisis impian masing-masing. Walau bagaimanapun, Jung tidak berpuas hati dengan kerjasama Freud kerana, pada pendapatnya, Freid cuba menyembunyikan beberapa aspek kehidupan peribadinya yang amat diperlukan untuk analisis yang lebih baik.

Apabila Jung menyatakan kebingungan ini, Freud tidak menafikan tetapi menegaskan bahawa sebab pendiamnya terletak pada fakta bahawa dia tidak dapat mendedahkan aspek keperibadiannya sendiri. Freud percaya bahawa butiran tertentu boleh membahayakan kuasanya. Sejak saat itu, penghargaan Jung terhadap Freud mula pudar dan begitu juga penghargaannya terhadap teorinya.

Ini ditambah dengan mendalami jadual perjalanan pembezaan konsep yang agak terseksa. Laluan ini mencapai kemuncaknya apabila, pada tahun 1912, Jung memutuskan untuk menerbitkan karyanya (Libido. Simbol dan transformasi) di mana dia mendedahkan semua perselisihan pendapatnya berkenaan dengan teori Freud.

Dalam buku ini Jung menunjukkan orientasinya, bertujuan untuk memperluaskan penyelidikan analitikal dari kisah individu kepada globaliti kemanusiaan: sebenarnya, menurut Jung, sebagai tambahan kepada bawah sedar individu terdapat alam bawah sedar kolektif, yang menunjukkan kehadiran dan tindakannya. melalui arketaip.

Dalam visi ini, kehidupan individu menjadi jalan yang melaluinya kesedaran Diri peribadi berlaku. Jung memanggil proses ini sebagai "proses penemuan".

Selepas penerbitan buku ini, hubungannya dengan Freud terputus. Mengulas tentang pemikiran Freud, Jung berkata: "Otak dilihat sebagai pelengkap alat kelamin."

Mengenai kandungan kedua-dua tafsiran, dan pembezaan mereka, kita mesti mengakui bahawa Jung pada mulanya berkongsi dengan Freud penghakiman mengenai penyakit mental. Menurut hipotesis ini, pemahaman tentang penyakit memerlukan pengetahuan tentang sejarah individu pesakit dan tentang "proses penindasan" yang berkaitan dengan kandungan yang bersifat eksklusif secara seksual.

Walau bagaimanapun, kemudiannya, Jung merumuskan hipotesis bahawa fenomena jiwa bukanlah yang digambarkan oleh Freud. Menurut teori baru Jung, fenomena tersebut adalah manifestasi tenaga yang terdapat dalam alam semula jadi, yang ditakrifkannya sebagai "tenaga naluri" atau "libido".

Rajah 12 - Carl Gustav Jung. Pemikirannya menyatakan bahawa, sebagai tambahan kepada "separa sedar individu", terdapat "bawah sedar kolektif" yang menyatakan dirinya melalui arketaip. Kehidupan individu dilihat sebagai satu jalan, dipanggil "proses individu".

Tenaga naluri (libido) dan simbol.

Tenaga naluri adalah sejenis dorongan penting, dorongan yang secara dinamik bertujuan untuk kehidupan dan pemuliharaan spesies.

Oleh itu, dalam terapi psikologi tidak perlu diingat hanya komponen biologi. Ini akan menjadi pendekatan yang pesimis. Sebaliknya, komponen rohani juga perlu diingat. Komponen ini memberikan individu ketegangan yang sihat bertujuan untuk merealisasikan penambahbaikan.

Menurut Jung, pemacu tenaga naluri juga boleh dialihkan kepada konsep dan cita-cita yang tidak material dan oleh itu boleh menjana evolusi rohani. Penyakit mental berlaku apabila proses evolusi ini disekat; di bawah keadaan ini neurosis timbul. Tenaga naluri berfungsi dengan menghasilkan simbol. Terima kasih kepada ini, manusia primitif dapat memindahkan impuls segeranya dengan mengarahkan mereka ke arah kreativiti, dengan itu memulakan peralihan dari peringkat haiwan naluri kepada budaya.

Simbol tenaga naluri mempunyai kandungan yang melampaui kesedaran individu, dan boleh menyumbang kepada perubahan sifat manusia.

Sebahagian daripada simbol ini adalah universal, biasa dan dikongsi oleh semua individu. Jung memanggil mereka archetypes, istilah yang berasal dari bahasa Yunani. Maksud "archetype" boleh dibuat lebih mudah difahami jika kita mentakrifkannya sebagai "imej asal", "model", "imej maya", "perwakilan yang mungkin".

Arketip sesuai dengan pengalaman yang diperoleh oleh manusia sepanjang sejarah evolusinya, sambil mengembangkan kesedaran. Mereka adalah ingatan manusia, dan tertutup dalam ruang yang Jung panggil "bawah sedar kolektif".

Bawah sedar ini adalah kolektif kerana ia bukan individu tetapi dikongsi, boleh diakses oleh semua manusia dan oleh setiap manusia.

Arketaip yang tinggal di bawah sedar kolektif mempunyai kuasa untuk campur tangan dalam kehidupan individu bujang dengan menjana episod yang Jung panggil sinkronik.

Dalam membina teori ini, Carl Jung mendapat sokongan budaya dan sokongan moral daripada ahli fizik Hadiah Nobel terkenal Wolfgang Pauli, (Rajah 13) yang menggalakkannya membuat kesimpulannya secara eksplisit walaupun Jung telah teragak-agak selama bertahun-tahun untuk berbuat demikian. Pauli memujuk Jung untuk menerbitkan bersama, pada tahun 1952, sebuah buku yang mengandungi teori sinkronisitas dalam bentuk esei bertajuk "Synchronicity as a Principle of Acasual Connections"

Simbol itu menurut Jung.

Watak simbolik arketaip menghasilkan akibat bahawa walaupun sinkronik yang dihasilkan oleh mereka mempunyai aspek simbolik. Ini disokong oleh pengalaman, dan sesetengah penganalisis Jung tidak teragak-agak untuk mentakrifkan sinkronik sebagai "mimpi yang jelas dan terjaga".

Sebenarnya impian adalah benar-benar bebas daripada kehendak kita dan kita hampir tidak boleh campur tangan untuk memandu mereka dalam kehidupan biasa kita. Begitu juga, sinkronik adalah satu-satunya peristiwa yang muncul dalam kehidupan kita untuk menimbulkan kebingungan dan keajaiban. Sinkronisitas sentiasa dikelilingi oleh aura misteri kerana bentuk simboliknya.

Rajah 13 - Wolfgang Pauli, pelajar yang sangat muda di Gimnasium Döblinger di Vienna. Ketika dewasa dia bertemu Jung untuk rawatan terapeutik yang tidak lama kemudian menghasilkan persahabatan yang kukuh dan pertukaran surat yang berlangsung selama suku abad.

Kebetulan aneh yang kadangkala kita sebagai protagonis juga mempunyai nilai simbolik, tetapi pengulangannya boleh membimbing kita ke arah mentafsir simbol dan memahami mesej. Ini, apabila ia berlaku, mengikut prosedur misteri. Kadang-kadang ia berlaku: semata-mata kesedaran kita terungkap di depan mata kita makna simbol, walaupun kita tidak dapat membina semula prosedur mengikut mana ini boleh berlaku.

Menurut pengertian umum, simbol adalah sesuatu yang berdiri "di tempat sesuatu yang lain". Selalunya makna tersembunyi simbol itu terlepas daripada kita. Walaupun kita seolah-olah memilikinya "di hujung lidah", ia berdengung di sekeliling kita tanpa kita dapat memahaminya.

Dalam pengertian ini, simbol menjana ketegangan antara apa yang muncul dan apa yang terlepas daripada pemahaman, ia mengandungi sebahagian daripada yang diketahui dan sebahagian daripada yang tidak diketahui. Ia mewakili cabaran kepada hati nurani, manakala hati nurani menderita daripada kegelisahan masalah yang tidak dapat diselesaikan, soalan yang tidak terjawab, bidak yang tidak mempunyai tempat.

Tidak mustahil untuk memenangi cabaran. Sesungguhnya, sinkronik mempunyai fungsi menyampaikan mesej dari alam bawah sedar kolektif, menggunakan bawah sedar individu kita.

Mesej misteri mengalir dari alam bawah sedar kolektif, ditulis dalam bahasa dan dengan simbol yang dibina berdasarkan evolusi yang dialami oleh semua manusia dan oleh itu tidak dapat ditafsirkan ke tahap maksimum untuk penglihatan yang dibenarkan oleh pengalaman kami yang sangat terhad. Katakan hati nurani kita tidak mempunyai mata yang cukup besar untuk dapat membayangkan dan memahami makna keseluruhan mesej itu.

Apabila ia melalui bawah sedar individu kita, mesej itu cuba membuat dirinya dapat difahami oleh hati nurani kita.

Ditengahkan oleh alam bawah sedar individu, simbol itu berpakaian dalam perkara-perkara yang telah berlaku yang kita tidak ingat lagi, atau yang kita mahu lupakan.

Simbol itu menyelongkar di dalam gudang runtuhan dan serpihan bangunan yang musnah yang, walau bagaimanapun, pada satu masa tertentu, sudah biasa kepada kami, dan menggunakannya untuk menyatakan dirinya dengan cara yang lebih sesuai dengan pengalaman kami. Sambil mengekalkan sifat samarnya, ia menjadi lebih mudah difahami.

Jika ia tidak disambungkan kepada alam bawah sedar kolektif, alam bawah sedar individu kita akan menjadi perkara yang tidak berguna yang menyedihkan, kuburan pengalaman yang terkubur.

Terima kasih kepada alam bawah sedar kolektif, bawah sedar individu kita menjadi alat yang berharga, dan diubah menjadi medium detik kehidupan yang menggembirakan, lamunan yang boleh membimbing kita ke arah evolusi rohani dan kehidupan yang lebih baik.

Arketiip, idea, konsep.

Perkataan archetype berasal dari bahasa Yunani kuno dan boleh mempunyai makna asal, model, jenama. Menurut sesetengah orang ia juga boleh bermaksud "permulaan". Ia pertama kali digunakan oleh Philo dari Alexandria, ahli falsafah Yunani kuno yang juga dikenali sebagai Philo the Jew, yang tinggal di Alexandria di Mesir dan sezaman dengan Jesus. Kemudian istilah ini telah diambil oleh ahli falsafah Yunani lain seperti Dionysius dari Halicarnassus dan Lucian. daripada Samosata.

Walau bagaimanapun, perkembangan tema archetypes boleh diselitkan dalam tradisi Platonik, di mana ia muncul sebagai idea, iaitu, model asli realiti yang masuk akal. Beberapa ahli Neoplatonis seperti Plotinus menganggap mereka sebagai idea-idea yang sedia ada dalam minda ketuhanan dan model benda yang dicipta.

Dalam tradisi ini Jung menganggap archetypes sebagai imej primordial yang membentuk alam bawah sedar kolektif, atau bahkan bentuk primitif yang menjadi asas mitos dan agama.

Dalam psikologi analitik, archetype memperoleh nilai etika dan afektif untuk subjek, dan mengkondisikannya secara lebih kurang sedar sepanjang kewujudannya.

Sesungguhnya, arketaip, seperti yang diilhamkan oleh Jung, telah dibandingkan oleh banyak pengarang dengan struktur mitos dan cerita dongeng yang popular. Malah, mereka akan mendedahkan banyak persamaan makna dengan cerita dongeng dan mitos. Secara timbal balik, terdapat topik asas dalam mitos dan agama yang boleh dianggap sebagai archetypes. Dalam bukunya "Jenis Psikologi" Jung menyatakan: "Motif mitologi utama sepanjang zaman dan semua kaum mungkin jenis ini (serupa dengan archetypes)."

Pengecualian unsur keempat.

Jung adalah seorang pensyarah yang mahir, menguruskan dalam apa jua keadaan untuk menarik minat penonton walaupun ia bukan terdiri daripada orang yang diperkenalkan kepada persekitaran saintifik. Bertentangan dengan prosa Freudian, tanpa hiasan dan diukur, Jung tahu bagaimana untuk menyatakan keperibadiannya yang kaya dan berbudaya walaupun dalam karya yang paling teknikal atau sistematik. Dalam bab ini saya merujuk terutamanya kepada tiga esei beliau, yang dibentangkan dalam bentuk syarahan. Yang pertama, "The archetypes of the collective unconscious", telah ditulis pada tahun 1934 dan disemak pada tahun 1954. Yang kedua, "The concept of collective unconscious", telah ditulis pada tahun 1936.

Karya ketiga, "Synchronicity as a principle of non-casual connections", yang diterbitkan pada tahun 1952, hampir merupakan ringkasan daripada yang pertama dan merupakan karya di mana beliau menyatakan sepenuhnya teori sinkronisitasnya.

Jung sangat keberatan untuk menerbitkan esei ini, dan hanya pada tahun 1952 rakannya dan wartawan Wolfgang Pauli memujuknya untuk berbuat demikian.

Kedua-duanya telah bekerjasama selama lebih daripada dua puluh tahun melalui pertukaran idea yang sengit, tepat mengenai isu-isu ini.

Malah, walaupun menjadi salah seorang bapa pengasas fizik kuantum, pemenang Hadiah Nobel untuk Fizik pada tahun 1945, Pauli sangat berkongsi idea Jung. Dia ingin persekitaran saintifik dapat mengatasi ketidakpercayaan, keraguan dan cemuhan dengan mengambil kira kemungkinan laluan selari dan bahasa yang sama antara sains dan jiwa, yang boleh membolehkan pemahaman yang lebih besar.

Konfrontasi intelektual antara Jung dan Pauli menghasilkan penyelidikan yang dikenali sebagai "elemen terkecuali keempat". Malah, objek kajian mereka cenderung untuk menyelesaikan banyak keraguan yang ditimbulkan oleh fizik kuantum mengenai kesempurnaan model triad fizik klasik:

masa, ruang, sebab; Jung dan Pauli membayangkan "elemen keempat yang dikecualikan" yang diberi nama sinkronisitas.

Pauli terpesona dengan kemungkinan menambah elemen keempat kepada triad.

Jung, bagi pihaknya, terpesona dengan kajian pertama zarah subatom yang mula mendedahkan sifat-sifat yang luar biasa. Sebagai contoh, zarah-zarah ini boleh bertukar menjadi getaran, atau ia boleh hilang dan muncul semula di titik terpencil di alam semesta. Zarah asas boleh berkomunikasi dalam jarak yang jauh melalui sambungan bukan fizikal yang misteri. Jung i melihat fizik kuantum yang baru lahir, dan juga teori relativiti Einstein, sebagai pengesahan saintifik yang mungkin tentang konsep psikologinya tentang sinkronisitas dan paranormal.

Pauli memiliki intuisi yang mendalam (yang katanya banyak diperoleh daripada impiannya) dan keupayaan luar biasa untuk berfikir.

Pada usia yang sangat muda, beliau menerbitkan artikel mengenai teori relativiti yang diterbitkan oleh '"Enzyklopadie der mathematischen Wissenschaften". Apabila Einstein, bapa teori, membacanya, dia mengulas seperti berikut:

> "Sesiapa yang mengkaji karya ini tidak akan percaya bahawa ia ditulis oleh seorang lelaki muda yang hanya berumur dua puluh satu tahun. Saya tidak tahu apa yang lebih dikagumi: pemahaman psikologi tentang evolusi idea, ketepatan potongan matematik, intuisi yang mendalam, keupayaan untuk membentangkan kerja dengan kejelasan sistematik, kesempurnaan fakta atau kemaksuman kritikal."

Malangnya, Jung, seperti semua jenius, sentiasa menghadapi kedinginan dan ketidakfahaman terhadap idea-ideanya yang paling asli daripada rakan sekerjanya dan persekitaran kerjanya. Penyesalannya, dan mungkin penderitaannya kerana tidak pernah dapat melibatkan orang yang paling dekat dalam intuisinya, terbukti dari halaman "Kenangan, mimpi, renungan". Buku ini adalah sejenis diari-pengakuan, diamanahkan kepada pena Aniela Jaffè. Oleh itu, apabila dia semakin matang, Jung secara naluri telah mengambil sikap enggan untuk mendedahkan teorinya yang paling maju kepada umum.

Pauli sendiri yang mengatasi sikap pendiamnya dengan meyakinkannya untuk menerbitkan buku bersama-sama, di mana dua esei muncul; satu oleh Pauli sendiri bertajuk "The influence of archetypes on Kepler's scientific theories" dan yang kedua, ditandatangani oleh Jung, "Synchronicity as a principle of non-casual connections".

Arketiip sebagai "imej primordial".

Buku yang diterbitkan bersama Pauli mewakili sintesis kerja berdekad-dekad. Kali pertama Jung menggunakan istilah archetype bermula pada tahun 1919, sempena simposium yang diadakan di London.

> "Dalam tidak sedar kita juga mendapati ciri-ciri yang tidak diperoleh secara individu, tetapi diwarisi, iaitu naluri yang difahami sebagai dorongan kepada aktiviti yang datang, tanpa motivasi sedar, daripada paksaan dalaman. Kepada ini ditambah bentuk-bentuk intuisi kongenital, iaitu arketip persepsi dan pemahaman, (...) Naluri membawa manusia kepada tingkah laku manusia yang khusus. Begitu juga, archetypes menyesuaikan persepsi

dan intuisi terhadap aspek manusia secara khusus. Naluri dan arketaip gerak hati membentuk ketidaksadaran kolektif."

Jung tidak lama kemudian mengembangkan kepercayaan bahawa archetypes adalah idea di luar kesedaran individu, sentiasa wujud dan berkait rapat dengan mitos primordial. Peristiwa yang membawanya untuk meyakinkan tesis hubungan dengan mitos diceritakan oleh dirinya sendiri dalam esei "Konsep ketidaksadaran kolektif" yang ditulis pada tahun 1936.

“Kira-kira tahun 1906 saya terjumpa satu khayalan yang aneh, hadir dalam seorang skizofrenia paranoid yang telah dimasukkan ke hospital selama bertahun-tahun. Pesakit menderita dari usia muda dan tidak dapat diubati. Dia pernah belajar di sekolah negeri dan pernah bekerja sebagai kerani di pejabat. Dia tidak mempunyai kecenderungan tertentu dan saya sendiri tidak tahu apa-apa tentang mitologi atau arkeologi pada masa itu. Pada suatu hari saya menjumpai pesakit di tepi tingkap, melemparkan kepalanya dan mengedipkan mata memandang matahari. Dia menyuruh saya melakukan perkara yang sama untuk melihat sesuatu yang sangat menarik. Apabila saya bertanya kepadanya apa yang dia lihat dia kagum kerana saya tidak dapat melihat apa-apa: “Anda pasti melihat zakar matahari… apabila saya menggerakkan kepala saya ke depan dan ke belakang, zakar juga bergerak. Dari pergerakan ini datang angin." Sudah tentu saya tidak memahami idea aneh ini, tetapi saya menghafalnya.

Kemudian kira-kira empat tahun kemudian, dalam perjalanan kajian mitologi saya, saya terjumpa sebuah buku oleh mendiang Albrecht Dieterich, ahli filologi terkenal. Buku itu memberi penerangan tentang fantasi ini. Karya yang diterbitkan pada tahun 1910, berkaitan dengan papirus Yunani dari Perpustakaan Negara di Paris. Dieterich menyangka dia telah menemui ritual Mithraic dalam satu bahagian teks. Teks itu tidak diragukan lagi merupakan preskripsi agama mengenai kerja mantra tertentu di mana Mithra dinamakan. (…) Petunjuk berikut boleh dibaca dalam teks:

"Sedut dari sinaran, tarik nafas tiga kali sebanyak yang anda boleh dan anda akan rasa diri anda terangkat dan berjalan ke atas dan anda akan kelihatan berada di tengah-tengah kawasan udara... Anda akan melihat jalan para dewa yang kelihatan melalui cakera matahari, iaitu Tuhan ayahku. Begitu juga anda akan melihat apa yang dipanggil paip, yang merupakan asal usul angin kasihan. Kerana anda akan melihat sesuatu seperti tiub tergantung dari cakera matahari. Anda akan melihat ini ke arah kawasan barat, tidak terhingga seperti angin yang bertiup dari timur."

(…) Sekarang, adalah mustahil bahawa pesakit boleh mempunyai pengetahuan tentang papirus Yunani yang diterbitkan empat tahun kemudian".

Jung menganggap episod ini sebagai bukti pertama hubungan rapat antara archetypes yang wujud dalam minda manusia dan simbol mitologi kuno.

Alam bawah sedar kolektif.

Alam bawah sedar kolektif adalah konsep dari psikologi analisis Jung. Berbeza dengan alam bawah sedar peribadi yang bersifat individu, alam bawah sedar kolektif dikongsi oleh semua manusia dan berasal daripada nenek moyang yang sama bagi semua manusia. Dalam pengertian ini ia mewakili wadah psikik universal, iaitu, sebahagian daripada alam bawah sedar biasa yang dikongsi oleh semua manusia. Ia mengandungi archetypes, iaitu bentuk dan simbol yang tipikal bagi semua orang dari semua budaya (rajah 14).

Adalah penting untuk diperhatikan bahawa arketaip tidak berasal dari pengalaman individu, ia wujud a priori, kerana ia adalah warisan pengalaman semua manusia. Sesetengah sarjana membahagikan bawah sedar kolektif mengikut stratifikasi yang berbeza: yang paling dalam berasal dari akar kuno masa lalu; stratifikasi pertengahan mengandungi nilai-nilai dan adat sosial semasa kita hidup, dan stratifikasi ketiga mengandungi potensi dan kemungkinan evolusi masa depan manusia.

Jung membentangkan dan mempertahankan teorinya dalam esei "The concept of the collective unconscious", yang diterbitkan pada tahun 1936.

Beliau memperkenalkan konsep dengan menyatakan bahawa alam bawah sedar peribadi berhutang kewujudannya kepada pengalaman peribadi dan pada asasnya terdiri daripada kandungan yang telah disedari, walaupun ia mungkin telah dilupakan atau dikeluarkan selepas itu.

Sebaliknya, kandungan bawah sedar kolektif tidak pernah berada dalam kesedaran individu dan oleh itu tidak pernah diperoleh secara individu. Kandungan ini berhutang kewujudannya secara eksklusif kepada warisan primitif.

Akibatnya, dia membezakan dua jenis alam bawah sedar dengan merujuk kepada kandungannya: alam bawah sedar individu mengandungi di atas semua kompleks, alam bawah sedar kolektif, sebaliknya, pada dasarnya dibentuk oleh archetype psikik primordial.

Jung mempertahankan ideanya tentang archetype sebagai bentuk sedia ada, memetik penyelidik lain seperti Lévy-Bruhl yang dalam kajiannya mengenai psikologi primitif mentakrifkan archetypes sebagai "perwakilan kolektif". Jung juga memetik Hubert dan Mauss, yang dalam kajian mereka tentang perbandingan agama mentakrifkan archetypes sebagai "kategori imaginasi". Dia juga memetik Adolf Bastian yang dalam kajian etnologinya mentakrifkan archetypes sebagai "pemikiran asas" atau "pemikiran primordial".

Dikuatkan oleh konvergensi saintifik ini, Jung membentangkan tesisnya, mengikut mana:

> "Selain kesedaran segera kita, yang sepenuhnya bersifat peribadi dan yang kita anggap sebagai satu-satunya jiwa empirikal (walaupun kita menambah alam bawah sedar peribadi sebagai tambahan) terdapat sistem psikik kedua. Sistem ini adalah kolektif, universal dan tidak peribadi, dan adalah sama dalam semua individu. Bawah sedar kolektif ini tidak berkembang secara individu, tetapi diwarisi. Ia terdiri daripada bentuk sedia ada, archetypes, yang hanya boleh menjadi sedar pada masa kemudian dan memberikan bentuk tertentu kepada kandungan psikik tertentu".

Jung kemudian meneruskan untuk menggambarkan maksud alam bawah sedar kolektif dan bermula dengan merujuk kepada psikologi terapeutik dalam visi Sigmund Freud dan Alfred Adler, yang secara eksklusif bersifat peribadi dan menafikan sebarang sumbangan atau hubungan luaran kepada individu.

Jung menonjolkan percanggahan kerana fakta bahawa, walau bagaimanapun individu, visi Sigmund Freud dan Alfred Adler juga merujuk kepada faktor-faktor yang bukan semata-mata individu, seperti, sebagai contoh, naluri seksual atau dorongan untuk pengesahan diri.

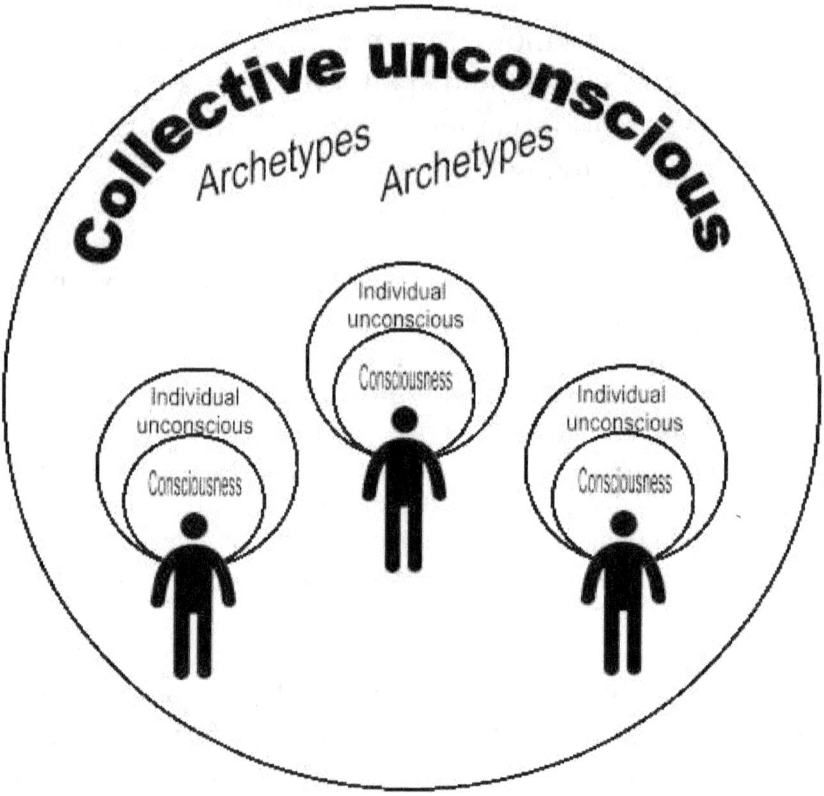

Rajah 14 - Tahap kesedaran menurut Carl Jung.
1. Alam bawah sedar kolektif adalah perkara biasa kepada semua manusia
2 Arketiip berasal dari alam bawah sedar kolektif.
3 -4 Setiap individu mempunyai alam bawah sedar dan kesedaran individu.

Malah Freud atau Adler tidak dapat menafikan kewujudan naluri yang wujud secara priori dan terdapat pada lelaki dan haiwan. Naluri sememangnya bukan peribadi tetapi komponen universal dan diwarisi dari jiwa, dan sering beroperasi di atas kesedaran. Dalam pengertian ini, naluri menunjukkan analogi yang sangat dekat dengan archetypes.

Akibatnya, menurut Jung, hipotesis kewujudan alam bawah sedar kolektif tidak lebih berani daripada yang mencadangkan kewujudan naluri. Berdasarkan alasan ini, dia mempertahankan dirinya daripada tuduhan mistik yang dilemparkan terhadap teorinya tentang alam bawah sedar kolektif. Sama seperti naluri dapat mempengaruhi pemikiran, kesedaran dan tindakan individu dengan cara yang sepenuhnya mistik, arketaip bawah sedar kolektif boleh melakukan perkara yang sama.

Proses individuasi Jung.

Dalam bab pertama karyanya "Aspek drama kontemporari" Jung menulis seperti berikut:

> “Archetypes adalah seperti dasar sungai yang ditinggalkan oleh air, yang bagaimanapun boleh menerima air semula selepas masa tertentu. Arketip adalah serupa dengan gaung gunung di mana air (arus kehidupan) telah lama dicurahkan. Semakin banyak air menggali katil ini, semakin ia mengekalkan arah ini, semakin besar kemungkinan ia akan kembali kepadanya, lambat laun.

Jiwa pada dasarnya terdiri daripada bahagian sedar (kesedaran) dan bahagian bawah sedar, di mana kita boleh membezakan bawah sedar individu dan bawah sedar kolektif.

Dinamik antara dua bahagian (sedar - bawah sedar) dianggap oleh Jung sebagai enjin yang membolehkan individu itu menghadapi perjalanan yang jauh bertujuan untuk merealisasikan personaliti dirinya.

Interaksi antara sedar dan bawah sedar menjana satu proses yang Jung panggil "individuasi". Dalam laluan ini individu bertemu dan menghadapi aspek tidak sedarkan diri (dipanggil: archetypes) keperibadiannya sendiri: dengan menghadapinya dia boleh meluaskan kesedarannya sendiri.

Proses individuasi mewakili jalan integrasi dan penyatuan kompleks yang membentuk keperibadian, iaitu pendekatan progresif "Ego" dengan "Diri", melalui jalan yang membawa kepada kesedaran tentang Diri dan kepada pembebasan Ego daripada konflik dalaman.

Jung percaya bahawa tugas psikoanalisis adalah untuk mewujudkan hubungan hierarki antara "Diri" dan "Ego", dengan tepat memandangkan yang pertama adalah keseluruhan manakala yang kedua hanya sebahagian. Hubungan ini sepatutnya membenarkan penyambungan semula hubungan harmoni antara kedua-duanya, apabila ini telah ditangkap oleh neurosis akibat daripada pengerasan tuntutan "Ego" berkenaan dengan keperluan individu "Diri" (oleh itu dinamakan : proses individuasi).

Pendekatan itu berlaku melalui pentafsiran makna simbol-simbol yang ditemui individu semasa hidupnya. Simbol-simbol itu boleh ditemui di dunia dalaman, melalui pergerakan libido yang regresif dan progresif, dan di dunia luaran, terima kasih kepada episod sinkronisitas. Oleh itu, sinkronik adalah bantuan yang sah dalam pembangunan proses individuasi.

Di bawah cahaya ini, individuasi adalah buah daripada kerjasama berterusan antara Kesedaran, Bawah Sedar, Ego dan Diri. Proses individuasi mewakili perjalanan rohani ke arah kesedaran diri yang lebih tinggi. Kemajuan dalam perjalanan dapat dikenali melalui pencapaiannya.

Peringkat pertama: archetype Shadow.

Peringkat pertama dicirikan oleh archetype Shadow, iaitu semua aspek yang tidak diketahui atau ingin disembunyikan oleh individu tentang dirinya, serta semua yang telah dikeluarkan berikutan kompromi akibat pendidikan dan pengaruh persekitaran.

Bayangan mewakili bahagian jiwa yang paling tidak menyenangkan dan negatif; ia bertepatan dengan impuls naluri yang paling rendah, yang biasanya kita cenderung untuk menindas. Ia juga mewakili maksiat dan kecenderungan yang individu cenderung untuk menafikan menjadi miliknya, tetapi yang, walaupun ini, mempengaruhi tingkah lakunya dan menampakkan diri mereka dengan sisi yang menjijikkan dalam watak atau dengan "godaan" yang cuba diabaikan oleh bahagian sedar.

Archetype ini boleh nyata dalam mimpi dan simbol dengan tokoh iblis, raksasa dan pengejaran, mimpi buruk hidup dalam kegelapan.

Jenis dasar yang sering disebut bersama dengan Shadow ialah "Persona".

"Persona" (dari bahasa Latin, "topeng pelakon") ialah arketaip yang menunjukkan peranan yang dimainkan oleh subjek dalam konteks sosial di mana dia bertindak. Orang sebenarnya ialah topeng, identiti penutup yang menjadi dasar kita bertindak, dan berkat itu kita adalah apa yang orang lain inginkan kita dan apa yang kita percayai.

Peringkat kedua: archetype Anima atau Animus.

Peringkat kedua dicirikan oleh pertemuan dengan archetype Anima (untuk lelaki) dan Animus (untuk perempuan). Walaupun nama yang mengingatkan jiwa, ia tidak merujuk kepada mana-mana konsep agama atau dogmatik.

Imej anima ditayangkan oleh lelaki kepada wanita, manakala pada wanita ia adalah archetype yang sepadan, animus, yang ditayangkan kepada lelaki.

Jiwa mewakili hubungan dengan aspek psikik dan mental, iaitu pendekatan pertama individu dengan psikologinya, hampir satu upacara permulaan. Ia adalah pintu yang membolehkan akses kepada dunia transenden.

Ia adalah arketip komunikasi yang hebat kerana ia membentangkan banyak imej tidak sedarkan diri, mencipta salah faham, membina ilusi dan akibatnya juga krisis.

Dalam pengertian ini, konfrontasi dengan jiwa adalah lebih menuntut daripada itu dengan Bayang; ia melibatkan memasuki wilayah di mana terdapat risiko dihancurkan. Segala sesuatu yang disentuh Jiwa menjadi numinous, iaitu, mutlak, berbahaya, tertakluk kepada tabu, ajaib.

Animus (komponen lelaki wanita) biasanya mewakili aspek praktikal dan konkrit, rasional dan sebenar. Ia diwakili dalam mimpi dengan perang, tukang besi dan simbol yang serupa. Ia mempunyai kandungan reflekstiviti, kawalan, analisis, pemberat, rasional, pengiraan, keputusan, pengaturcaraan, perbezaan.

Kedua-dua arketaip ini memberi kita pandangan yang luas tentang bagaimana dua jiwa boleh menjadi.

Menurut Jung, setiap archetype mengandungi aspek kehidupan dan sebaliknya, difahami bahawa kedua-duanya mempunyai nilai dan tempat mereka sendiri. Sebaliknya, pemikiran Freud berpusat pada konflik dan perjuangan untuk menghapuskan salah satu daripada keduanya.

Menurut Jung, dualitas jiwa menyediakan penyerahan yang mengatasi penderaan dan cinta yang mengatasi kebencian. Juga mesti ada kerjasama yang harmoni antara sedar dan tidak sedar.

Dualiti Jung juga kekal sah berkenaan dengan kepelbagaian jantina, kerana jiwa mempunyai tenaga maskulin dan feminin di dalamnya, dan setiap lelaki mempunyai sisi feminin, sama seperti setiap wanita mempunyai sisi maskulin. Jelas sekali bahawa setiap orang mempunyai tenaga yang dominan, tetapi tetap menjadi tuan rumah, walaupun di latar belakang, juga sebaliknya.

Dalam relief kuil India, maskulin dan feminin diwakili sebagai lelaki dan wanita berpelukan; secara kiasan mereka adalah dua tokoh universal. Kesatuan awal kedua-dua genre juga muncul dari naratif agama atau mitos, di mana kita membaca bahawa Hawa dilahirkan dari tulang rusuk Adam dan Athena keluar dari kepala (atau anak lembu) Zeus.

Peringkat ketiga: pola dasar "orang tua yang bijak".

Peringkat ketiga sepadan dengan pertemuan dengan archetype "orang tua yang bijak", yang boleh difahami sebagai sosok bapa lelaki, mencerminkan archetype dari Grance Madre. Keseluruhan pengalaman individu itu disertakan dalam Orang Bijak Tua, dan dengan itu semua keupayaannya untuk menaakul dan meramalkan. Ia mewakili matlamat transformatif yang dicapai seseorang selepas berhadapan dengan arketaip fasa sebelumnya. Dalam keadaan ini seseorang dapat menilai masa lalu, masa kini dan masa depan. Orang tua yang bijak itu digambarkan sebagai seorang ahli falsafah yang mampu memberi kaunseling.

"Ibu Hebat" mewakili matlamat utama psikologi wanita. Dalam psikologi Jung, ia adalah arketip kuasa besar dan ambivalen, pada masa yang sama pemusnah dan penyelamat, yang memberi makan dan memakan. Ia berpakaian dalam kesucian, seperti menjadi salah satu kuasa besar alam bawah sadar.

Peringkat keempat: archetype Diri.

Arketip Diri adalah sebab terakhir untuk proses individuasi, iaitu, sebab individu untuk wujud, yang mendedahkan dirinya kepadanya dan terbuka di hadapannya seperti bunga yang mekar.

Ia digambarkan sebagai cahaya, kuatern, pusat perkara. Simbolnya boleh menjadi mandala, tokoh yang dalam tradisi agama Buddha dan Hindu mewakili kosmos dan dilukis pada kain atau lukisan dinding di dinding kuil.

Diri mewakili individu itu sendiri, dengan semua pengalaman dan pengetahuan yang telah dia kumpulkan dalam laluan individuasinya. Apabila individu itu bertemu dengan Diri, ia bermakna bahawa neurosis dikalahkan dan keharmonian dalaman telah dicapai.

Oleh itu, Diri adalah matlamat, kemuncak realisasi keperibadian, puncak di mana semua aspek sedar dan tidak sedar individu berkumpul dan bersatu.

Arketiip klasik lain mewakili imej sejagat yang pada masa yang sama menyatakan positif atau negatif: Air, Nombor, Wira, Ahli Sihir, Pemberontak, Berdaulat, Tidak Berdosa, Apollo, banyak tokoh agama, dsb.

Apabila arketaip merujuk kepada tokoh mitos, agama atau legenda, mereka dipanggil oleh Jung "kuasa numinous", mengambil istilah yang telah dicipta oleh Rudolf Otto, ahli teologi dan ahli sejarah agama Jerman.

Jung dan alkimia: individuasi dan "Opus alchemicum".

Buku terakhir yang ditulis oleh Jung pada tahun 1956 bertajuk "Mysterium Coniunctionis" dan berkaitan dengan arketip homonim, yang merujuk kepada perkahwinan suci atau "alkimia" antara Matahari dan Bulan. Jung memberi tumpuan kepada alkimia dalam banyak karyanya, cuba menyerlahkan maksud "Opus alchemicum" (Kerja Alkimia) sebagai pencarian rohani.

Penyelidikannya bertujuan untuk menemui analogi yang wujud antara proses alkimia dan yang berkaitan dengan sfera psikik. Secara khususnya, beliau menganalisis fasa di mana kerja alkimia akan berlaku, iaitu prosedur untuk mendapatkan batu ahli falsafah. Prosedur ini melibatkan beberapa peringkat, yang pada asalnya empat:

- "Nigredo" atau kehitaman, dikaitkan dengan unsur bumi.
- "Albedo" atau pelunturan, dikaitkan dengan unsur air.
- "Citrinitas" atau kekuningan, dikaitkan dengan unsur udara.
- "Rubedo" atau kemerahan, dikaitkan dengan unsur api.

Empat peringkat ini sepadan dengan proses psikik individuasi.

Khususnya, peringkat pertama pengenalan, iaitu perbandingan dengan archetype Shadow, akan menemui surat-menyurat dalam fasa proses alkimia yang dipanggil "nigredo".

"Nigredo" ialah istilah Latin yang bermaksud "warna hitam" atau "kehitaman". Ia menandakan "Fasa ke Hitam" Opus, permulaan proses penciptaan batu ahli falsafah. Dan peringkat pembusukan dan penguraian. Ini adalah saat yang paling halus, dilambangkan dengan burung gagak hitam. Dalam fasa ini adalah perlu untuk membiarkan semua bahan mati, memerah dan memasaknya untuk masa yang lama sehingga jisim gelap terbentuk.

Peringkat kedua, iaitu, pertemuan dengan Anima atau Animus, akan menemui surat-menyurat dalam fasa Opus "albedo", istilah Latin yang bermaksud "keputihan". Fasa ini dilambangkan dengan angsa putih dan dipanggil "Opera al Bianco". Ia terdiri daripada pemurnian jisim tidak berbentuk yang terhasil daripada "nigredo", untuk membasuh kekotoran dan menyediakannya untuk fasa seterusnya. Dalam bahasa kimia ia sepadan dengan penyulingan. Secara metafora, dengan petikan ini jiwa dibebaskan daripada ikatan duniawi.

Peringkat ketiga, iaitu pertemuan dengan lelaki tua yang bijak, akan sesuai dengan fasa proses alkimia yang dipanggil "Citrinitas".

"Citrinitas" ialah fasa menguning atau membakar bahan Opus. Warnanya kuning citrine, simbol kehendak dan hati nurani yang dinamik. Daripada pembusukan awal sebatian suling diperolehi, bertujuan untuk pemejalwapan.

Peringkat keempat, individuasi, iaitu pertemuan dengan archetype Diri, akan menemui surat-menyurat dalam peringkat Opus yang dikenali sebagai "Rubedo".

Istilah Latin rubedo boleh diterjemahkan sebagai "kemerahan". Ia mewakili "Fasa Merah" dan merupakan penyempurnaan transmutasi kimia, yang sepatutnya bertepatan dengan realisasi batu ahli falsafah yang mampu menukar logam asas kepada emas. "Rubedo" berlaku disebabkan oleh kesan api, iaitu Roh. Simbolnya ialah burung phoenix, mawar merah, telur, raja bermahkota.

Rubedo juga mempunyai nilai simbolik lain, dikaitkan dengan fakta bahawa merah dalam tradisi alkimia mewakili warna perantaraan antara hitam dan putih. Oleh itu, ia mewakili konjungsi yang bertentangan dan penyatuan antara roh dan jirim atau antara maskulin dan feminin.

Akhirnya, sama seperti "nigredo" sepadan dengan badan fizikal ahli alkimia, dan "albedo" dengan jiwanya, "rubedo" sepadan dengan rohnya, iaitu, bahagian tertinggi dari tiga unsur penyusun manusia.

Kesegerakan Carl Jung.

Ia adalah di kawasan hati bahawa pengiktirafan spontan sambungan berlaku yang minda sering hanya memahami kemudian. Hubungan mental ini hampir tidak dapat dijelaskan pada mulanya. Walau bagaimanapun, selepas itu, mereka dilihat dengan kejelasan mutlak. Dalam kes ini ia dipanggil sinkronik, atau kebetulan yang luar biasa, atau hanya keajaiban.
(Ruediger Schache, Nasihat dari Hati)

Jung menerangkan sepenuhnya teori sinkronisitasnya dalam esei "Synchronicity as a Principle of Acausal Connections". Dia memulakan penaakulannya dengan mentakrifkan konsep sebab - sebab.

Jung memulakan eksposisinya dengan menekankan bagaimana konsep yang mendasari undang-undang alam ialah setiap kejadian adalah disebabkan oleh sebab. Walau bagaimanapun, ini tidak selalu benar; terdapat peristiwa dalam alam semula jadi yang tidak dikaitkan antara satu sama lain oleh hubungan sebab-akibat dan oleh itu mesti ditafsirkan secara berbeza.

Ia akan menjadi usaha yang sia-sia untuk mencari peristiwa-peristiwa ini dalam dunia makrofizikal, jika hanya kerana mustahil untuk menjelaskannya. Mari kita bayangkan bola biliard bergerak tanpa sebarang tolakan. Bola belum menerima impak bola lain, tolakan angin, ia tidak berada di atas satah condong. Fakta sebegitu tidak boleh dipercayai. tidak walaupun ramai saksi memberitahunya.

Ini adalah pengesahan konsep fizikal "determinisme", mengikut mana setiap fenomena atau kejadian fizikal semestinya ditentukan oleh fenomena atau peristiwa lain yang berlaku sebelum ini.

Untuk mengambil kira sesuatu fenomena, satu kesaksian tidak mencukupi, banyak diperlukan. Walaupun begitu, walaupun terdapat banyak testimoni, fenomena itu akan terus dinafikan jika tiada kebolehulangan, iaitu kemungkinan menghasilkan semula secara normal. Kebolehulangan mesti boleh dilakukan di bawah sebarang keadaan yang serupa. Walau bagaimanapun, kadangkala, fenomena yang jarang berlaku boleh diambil kira, seperti yang berlaku dalam biologi, di mana satu spesimen spesies yang tidak diketahui menjadikan kewujudan keseluruhan spesies boleh dipercayai.

Persoalan yang Jung tanyakan pada dirinya sendiri ialah: adakah, secara umum, kemungkinan untuk mendapatkan pengesahan peristiwa tanpa sebab? Adakah terdapat peristiwa tanpa sebab yang menentukan?

Jawapan dia positif. Jung merujuk kepada dunia "peluang", di mana peristiwa nampaknya tidak dikaitkan dengan hubungan sebab akibat dengan peristiwa lain.

Apabila kita bercakap tentang peluang, adalah kebiasaan untuk berhujah bahawa peristiwa yang ditakrifkan sebagai "rawak" atau "kebetulan" boleh dijelaskan. Apabila peristiwa ini tidak boleh dikaitkan dengan sebab, ia hanya bergantung kepada fakta bahawa kita tidak mengetahuinya. .

Tetapi, Jung meneruskan, prinsip mengikut mana setiap peristiwa mesti mempunyai sebab adalah relatif, iaitu, ia hanya terpakai kepada konteks realiti makrofizikal, yang kita hidup. Akibatnya, sambil mengakui bahawa sebahagian besar peristiwa mesti mempunyai sebab, ini tidak mengecualikan bahawa sesetengah peristiwa mungkin tidak mempunyai sebab.

Di antara sebahagian besar peristiwa yang berkaitan dengan sebab, kes yang jarang berlaku di mana tiada punca wujud boleh ditemui di mana, apabila diteliti dengan teliti, hubungan sebab-akibat nampaknya tidak dapat difikirkan. Di sini Jung memberikan contoh:

> “Saya perlu ambil perhatian bahawa tiket trem saya mempunyai nombor yang sama dengan tiket teater yang saya beli sertamerta selepas itu. Pada petang yang sama saya menerima panggilan telefon di mana nombor yang sama disebut. Pada kesempatan ini, hubungan sebab akibat nampaknya sangat mustahil, dan

imaginasi yang paling liar tidak akan membenarkan saya berfikir bahawa hubungan boleh wujud, walaupun setiap kes yang diambil dengan sendirinya jelas mempunyai puncanya.

Adalah jelas bahawa semua kebetulan boleh menjadi seperti sasaran yang dilanggar secara kebetulan, tetapi teori ini boleh sah selagi ia tidak melebihi tahap kebarangkalian yang munasabah. Apabila ambang ini melebihi, adalah jelas bahawa kompleks kebetulan menjadi tidak dapat dijelaskan dan tidak boleh dirujuk kepada sebarang sebab.

Jung mengakui kemungkinan bahawa, bagaimanapun, kumpulan kebetulan mungkin disebabkan oleh kebetulan semata-mata.

Walau bagaimanapun, mungkin terdapat kumpulan "kebetulan aneh" yang mengambil nilai yang berbeza dan sangat penting untuk protagonis. Ini adalah kes di mana orang yang terlibat berjaya menghubungkan kebetulan, memberi mereka makna.

Kejadian kumpulan kebetulan ini mengandungi komponen numinous, iaitu misteri, suci, yang menjadikannya penting, dan apabila ini berlaku Jung memberikan nama sinkronisitas kepada kumpulan itu.

Dalam menggambarkan kebetulan yang ketara Jung mengelompokkannya kepada tiga kategori.

Yang pertama memperuntukkan bahawa terdapat hubungan antara keadaan psikik subjek dan peristiwa kontemporari dan objektif, yang sepadan dengan keadaan psikik. Contohnya ialah episod yang diceritakan oleh Jung sendiri: semasa seorang pesakit memberitahunya bahawa dia telah bermimpi tentang kumbang yang serupa dengan kumbang, seekor serangga jenis itu menghempas ke tingkap kajian.

Kategori kedua bagi kebetulan yang ketara menyatakan bahawa terdapat hubungan antara keadaan psikik subjek dan peristiwa luaran, yang berlaku di tempat lain tetapi boleh disahkan kemudian. Kesaksian mimpi yang tidak terkira banyaknya yang mengumumkan kematian seseorang, yang kemudiannya didapati berlaku pada masa yang sama dengan mimpi, boleh dijadikan contoh.

Kategori ketiga memperuntukkan bahawa terdapat hubungan antara keadaan psikik subjek dan peristiwa yang belum berlaku, tetapi yang akan berlaku pada masa hadapan. Sebagai contoh, mungkin berlaku bahawa anda tiba-tiba teringat seseorang yang anda telah terputus hubungan dan bertemu dengan mereka pada keesokan harinya.

Dalam ketiga-tiga kes, keperluan untuk kewujudan keadaan psikik adalah jelas yang membolehkan subjek memintas isyarat yang menandakan peristiwa itu, mengaitkan makna kepada mereka dan memotivasikan dalam dirinya bahawa tuduhan jangkaan yang akan bertepatan dengan kejadian peristiwa itu. sendiri.

Malangnya, isyarat yang boleh kita takrifkan sebagai premonitor sering diabaikan, walau bagaimanapun banyaknya, kerana kita secara semula jadi terbiasa melihat dunia mengikut parameter fizik deterministik dan tanpa sedar mempertimbangkan kejadian luar biasa dan kebetulan yang aneh, yang kita turunkan kepada kes yang tidak penting.

Kelahiran satu sinkroni.

Dalam tulisannya "Synchronicity as a Principle of Acausal Connections" yang diterbitkan pada tahun 1952, Jung memetik contoh sinkronisitas:

> "Untuk menyebut satu contoh di antara banyak, saya telah mencatatkan kes berikut bertarikh 1 April 1949. Hari ini hari Jumaat. Kami mempunyai ikan untuk makan tengah hari. Semua orang ingat en passant penggunaan "ikan April". Pada waktu pagi saya telah menulis catatan: "Est homo totus medius piscis ab imo". Pada sebelah petang, bekas pesakit yang saya tidak berjumpa selama berbulan-bulan menunjukkan kepada saya beberapa gambar ikan yang tidak senonoh, yang dia lukis sementara itu. Pada waktu petang mereka menunjukkan kepada saya sulaman yang mewakili raksasa laut dalam bentuk ikan. Pada awal pagi pada 2 April, seorang bekas pesakit yang sudah beberapa tahun saya tidak berjumpa memberitahu saya mimpi di mana, ketika berada di pinggir tasik, dia melihat seekor ikan besar berenang dengan pantas ke arahnya. Pada satu ketika dia melihat ikan yang sama "terbang" di hadapan kakinya. Dalam tempoh ini saya sibuk dengan penyelidikan yang temanya adalah simbol sejarah ikan. Hanya seorang daripada orang yang dinamakan di atas yang mengetahui perkara ini. Adalah jelas syak wasangka bahawa dalam kes ini ia boleh menjadi satu kebetulan yang ketara, hubungan biasa. Saya harus mengakui bahawa kepekatan ini mengagumkan saya. Bagi saya ia mempunyai watak numinous tertentu. Dalam kes sedemikian, ia terkenal berkata: "Ia tidak boleh menjadi peluang murni!". Ikan sering muncul sebagai simbol kandungan tidak sedarkan diri."

Dalam bahasa psikologi bentuk, kepentingan ialah kualiti yang membezakan 'benda' daripada 'bukan benda', adegan pusat dari latar belakang, tindakan yang berkaitan menyusun bentuk dan kontur yang tidak relevan.

Kami boleh membahagikan persepsi kepada gambar dan video, untuk mencadangkan bahawa terdapat bukan sahaja persepsi serta-merta, setanding dengan foto. Kami sering melihat beberapa situasi yang lebih tersusun, dengan masa pembangunan mereka sendiri, peristiwa kompleks yang menonjol dengan latar belakang peristiwa lain, seperti yang berlaku dalam filem di mana tindakan pusat menangkap semua perhatian dengan mengorbankan garis besar.

Dalam kes ini kita bercakap tentang peristiwa, keadaan, kebetulan yang ketara, masing-masing mempunyai kepentingannya sendiri. Semua bersama-sama mereka menyumbang untuk membina bentuk yang lebih kompleks, terdiri daripada klip filem, masing-masing bebas daripada yang lain, tetapi secara keseluruhannya dikurniakan dengan simbolisme yang berkaitan dengan peristiwa dan keperluan hidup kita. Dalam kes ini kita bercakap tentang sinkroni.

Mungkin kaedah paling mudah untuk menjelaskan apa itu sinkronisitas adalah untuk mensimulasikan proses yang ia dibina, iaitu, ia terbentuk dalam kesedaran seseorang individu.

Oleh itu, kami akan membayangkan membina semula petikan yang melaluinya sinkronisitas boleh muncul dan menjadi berkesan dalam hati nurani seorang kawan, yang kami berikan nama konvensional Philip.

Rajah 15 - Mari kita bayangkan bahawa segi empat sama bertitik melampirkan tempoh kehidupan seseorang, yang kita nyatakan sebagai Philip. Sehari, seminggu atau lebih. Setiap titik mewakili satu daripada banyak peristiwa yang berlaku dalam tempoh ini.

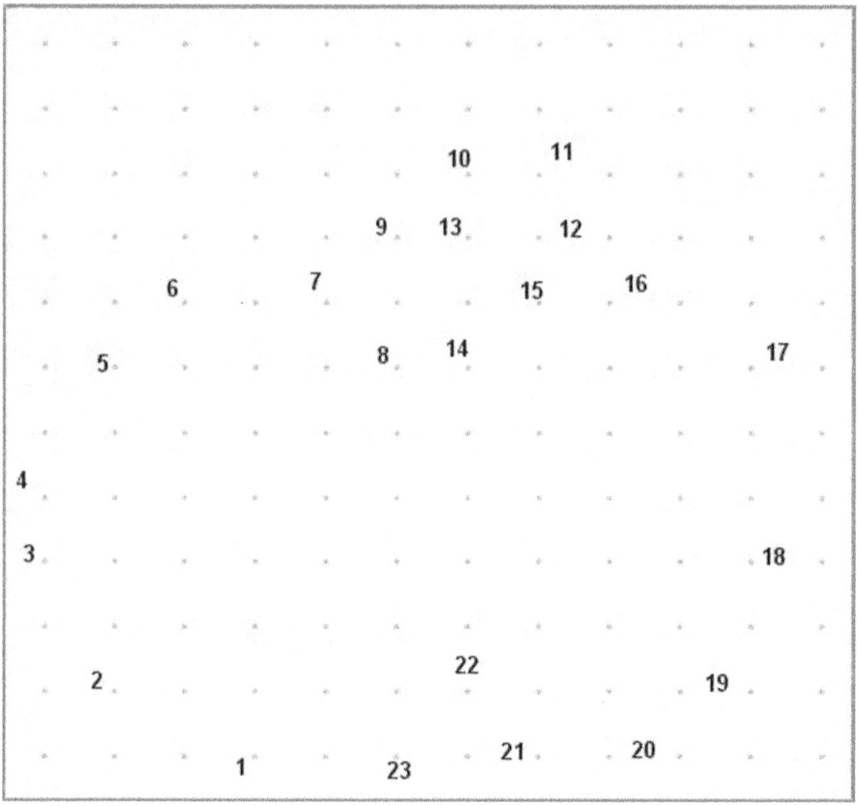

Rajah 16 - Sememangnya, beberapa episod lebih relevan daripada yang lain. Kemudian terdapat beberapa (yang diserlahkan dalam huruf tebal) yang mengambil nilai yang sangat penting untuk Philip, walaupun dia sendiri tidak dapat menjelaskan sebabnya.

Philip dan perkahwinannya.

Rajah 15 secara simbolik melampirkan dalam kawasan yang dibataskan (persegi) satu tempoh masa dalam kehidupan Philip, secara munasabah seminggu. Setiap titik yang dilampirkan di kawasan itu mewakili salah satu peristiwa yang tidak terkira banyaknya yang melibatkannya dalam tempoh ini, daripada mengikat kasutnya pada waktu pagi hingga mematikan lampu apabila dia tidur pada waktu malam. Setiap titik mempunyai kepentingannya, tetapi pastinya sesetengah acara lebih relevan daripada yang lain, seperti contohnya ia boleh menjadi pujian yang diterima di tempat kerja berbanding membuang keengganan ke dalam tong sampah.

Walau bagaimanapun, terdapat beberapa situasi yang kekal terpahat dalam fikiran Philip, walaupun dia tidak tahu mengapa. Ini adalah peristiwa-peristiwa yang tidak berkaitan antara satu sama lain dan tidak mempunyai sebarang kaitan dengan perjalanan biasa pada zamannya.

Ringkasnya, ia adalah pancaran cahaya yang menyilaukan minda seperti kilat menyilaukan mata. Seperti yang anda tahu, kesan denyar mengambil sedikit masa untuk membebaskan mata daripada ketidakselesaan. Begitu juga, sensasi aneh yang ditimbulkan oleh beberapa peristiwa terus berkelip di fikiran, tanpa sebab tertentu.

Dalam angka 16 dan 17 saya ingin mewakili segala-galanya seolah-olah ia adalah permainan terkenal "Sambungkan titik".

Malah, Philip mesti berusaha untuk menghubungkan fakta-fakta aneh, mimpi dan kebetulan untuk memahaminya, iaitu, untuk membina bentuk yang memberi makna umum kepada peristiwa yang nampaknya tidak mempunyai persamaan.

Pada malam antara Isnin dan Selasa Filippo mempunyai mimpi yang aneh. Ia terletak di sebuah pulau di Lautan Pasifik, dan terlibat dalam pesta yang dianjurkan oleh penduduk sebuah kampung. Ramai menari, yang lain memainkan alat muzik yang bercirikan tempat itu dan yang lain lagi menawarkan kalungan bunga, semuanya dalam suasana kegembiraan yang tenang. Seorang wanita muda mendekati Philip dan meletakkan mahkota bunga yang berwarna-warni dan wangi di atas kepalanya, yang terletak di bahunya dan turun di dadanya. Tiba-tiba, semasa mengambil bahagian dalam suasana perayaan, Filippo menundukkan pandangannya dan melihat seekor serangga kecil yang tergelincir keluar dari kelopak bunga dan mula menggigit kelopaknya. Tidak lama selepas serangga lain muncul dan menyerang semua bunga.

Bunganya layu dan cepat reput. Mimpi itu bertukar menjadi mimpi ngeri.

Filippo bangun dengan permulaan dan menyedari bahawa dia hanya mengalami pengalaman mimpi yang tidak menyenangkan, tetapi imej bunga-bunga indah yang membusuk di hadapan matanya kekal jelas dalam kesedarannya.

Keesokan harinya dia mendapati bahawa sebuah dokumentari mengenai organisasi ketenteraan Empayar Rom sedang disiarkan di saluran TV yang biasanya tidak ditontonnya. Dia sentiasa berminat dengan sejarah Rom kuno, jadi dia memutuskan untuk mengikuti pertunjukan itu. Video itu memaparkan organisasi "castrum". "Castrum" ialah kem yang perlu dibina oleh setiap legion dalam beberapa jam pada penghujung perarakan sehari. Pada mulanya, tentera menggali parit dan mendirikan palisade di dalamnya. Di dalam kem, tanah itu dibahagikan oleh "Via Principalis" dan "Via Praetoria". Dalam pelbagai sektor terdapat khemah komando, pegawai dan askar. Pada akhir pembinaan kem, komander mempersembahkan korban kepada dewa-dewa memohon perlindungan kem yang baru didirikan.

"Sungguh pelik, - fikir Philip, orang-orang ini mempersembahkan korban kepada tuhan-tuhan pada setiap kesempatan. Oleh itu, mengapa dalam padang yang tersusun dengan baik tidak mereka juga membina sebuah kuil kecil kepada dewa-dewa?".

Pemikiran ini mengejutkannya: dia tidak akan pernah membayangkan bimbang tentang membina kuil keagamaan. Filippo mahu mengetepikan pemikiran itu tetapi ia terus berputar di kepalanya.

Kebetulan aneh ketiga berlaku selepas beberapa hari, semasa dia bekerja di pejabat, dan dia mendapati dirinya berhadapan dengan penanda nilon yang tidak ditutup terlalu lama. Akibatnya, dakwat di hujungnya kering. Tak sabar dia buang dalam tong sampah. Guido, rakan sekerja, campur tangan dan memberitahunya:

"Jangan buang, berikan pada saya. Dengan sedikit kesabaran, saya akan menjana semula dan menggunakannya untuk pengumuman untuk diletakkan di papan buletin kelab ".

Guido ialah setiausaha dan factotum di kelab boling yang mereka berdua hadiri dan di mana, disebabkan sumber yang terhad, orang ramai cenderung untuk menjimatkan segala-galanya.

Filippo bingung dengan pemikiran papan buletin dan keperluan untuk menulis dengan pen yang dikitar semula.

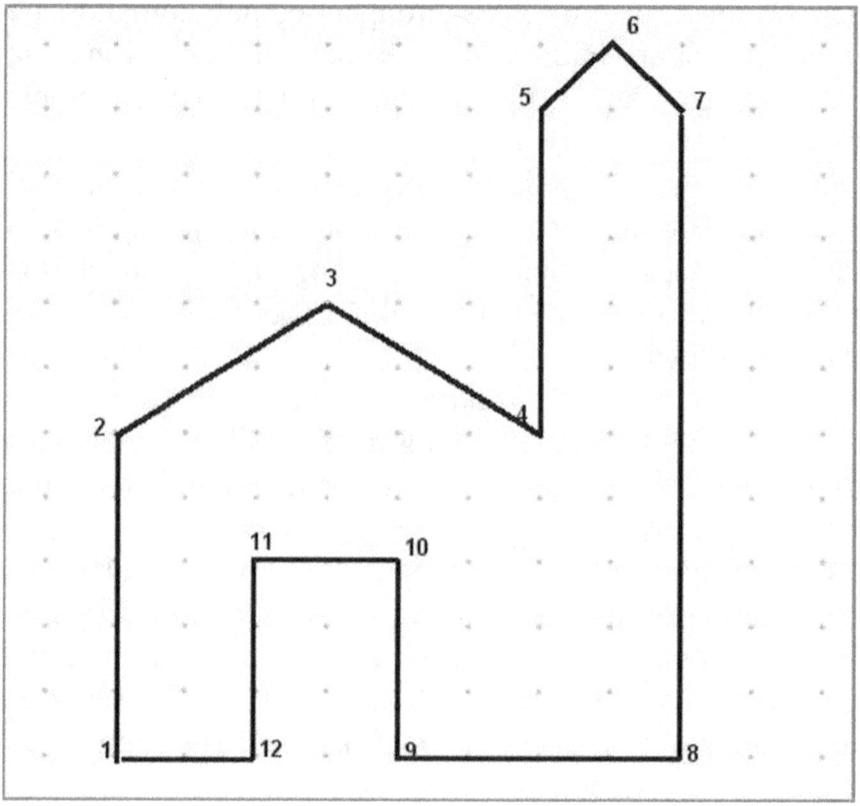

Rajah 17 - Kebetulan yang ketara membolehkan "bentuk" menjadi kenyataan dalam hati nurani Philip, seperti yang boleh berlaku dalam permainan "Sambungkan titik".

Dalam beberapa hari, secara tidak dapat difahami, Filippo tertarik dengan satu siri fakta yang ingin tahu dan tidak berkaitan sama sekali. Dia mula tertanya-tanya sama ada semuanya masuk akal.

Dia mengimpikan bunga segar dirosakkan oleh perosak. Kekurangan kuil pagan mengejutkannya. Fikirkan papan buletin yang ditulis dengan penanda dari tong sampah.

Tiba-tiba, seperti dalam kilat, sambungan biasa benar-benar meletup dalam fikiran Philip.

Penyebut biasa adalah gereja, sudah tentu. Bukan sebarang gereja, tetapi gereja kecil tempat dia berkahwin. Bunga-bunga adalah bunga upacara, kuil pagan adalah gereja perkahwinannya, papan buletin adalah yang mengandungi notis perkahwinan.

Dalam metafora kami tentang permainan "Sambungkan titik-titik", seperti yang dapat dilihat dalam rajah 17, Philip menyambungkan titik-titik itu dan memperoleh bentuk gereja, yang dia segera kenal pasti sebagai tempat dia berkahwin.

Ia masih tidak mencukupi, gereja hanyalah simbol, jumlah banyak simbol.

Philip mesti memahami mesej yang tersembunyi di sebalik simbol. bunga yang diserang serangga dan reput. Kuil tiada. Penanda nilon kehabisan stok. Semua ini berkaitan dengan gereja di mana pengembaraan perkahwinannya bermula, membuatnya memahami bahawa kehidupannya sebagai pasangan telah mengalami beberapa pengabaian. Dia faham perkahwinannya sedang melalui masa yang sukar. Kemerosotan kehidupan berumahtangga berlaku ketika dia sibuk dengan kerja dan tugas harian, justeru dia tidak perasan.

Jika Philip dapat menguraikan sinkronisitas di mana dia adalah protagonis, dia mungkin akan dapat menyelamatkan perkahwinannya.

Matthew dan kekerapan nombor 31

Contoh kedua yang saya kemukakan adalah berdasarkan kekerapan luar biasa yang nombor boleh menjadi perhatian kita. Kami akan bercakap tentang Matteo dan pertemuan berulangnya dengan nombor 31.

Pada suatu pagi musim luruh yang pucat Matteo, pengurus jualan untuk syarikatnya, sedang menjadualkan janji temu dengan beberapa pelanggan. Matteo telah meninggalkan mesyuarat paling penting untuk kali terakhir, dengan Dr. Corradini, pengurus pembelian sebuah syarikat dengan bajet yang sangat menarik. Malangnya, Corradini mempunyai perwatakan yang tidak mesra dan kadangkala tidak menyenangkan. Matteo sentiasa tidak selesa dalam pelbagai hubungan kerja yang perlu dia simpan bersamanya. Sambil mengeluh, dia mengangkat telefon bimbit dan memanggilnya. Dr. Corradini sangat mesra pada hari itu, jadi temu bual tidak lama kemudian tamat dan temu janji telah dibuat.

- Jadi doktor, bolehkah kita berjumpa pada 31hb? - Cadang Matthew.

- Mengapa pelantikan yang begitu jauh? – Bantah Corradini.

- Sudah hujung bulan, tinggal seminggu lagi.

- Tetapi lihat, Encik Matteo, anda silap. Kita berada pada bulan November, yang mempunyai 30 hari. Tetapi kalendar apa yang dia gunakan? Kalendar Aztec?

Matteo kekal keliru seketika, kemudian dia merasakan dirinya tenggelam. Alangkah silapnya! Alamak, hanya dengan Corradini! Dia menggumam beberapa alasan dan membuat temu janji pada hari ke-30.

Namun, episod itu mengejutkannya. Bagaimana mungkin dia tersilap mengira tarikh temu janji penting? Jelas sekali bahawa bulan November mempunyai 30 hari. Sajak nurseri yang terkenal juga mengatakannya: "Tiga puluh hari mempunyai November, dengan April, Jun dan September...". Dan kemudian, dia mempunyai agenda terbuka di atas meja. Bagaimana dia boleh membuat nombor terkutuk itu 31, mendedahkan dirinya kepada ironi pelanggannya?

Sepanjang hari bekerja Matteo tidak dapat menghabiskan banyak perkara, dengan nombor 31 itu menyeksanya.

Akhirnya waktu kerja tamat tiba dan Matteo turun ke jalan untuk pergi ke perhentian bas, di mana dia akan menunggu bas nombor 218 yang akan membawanya pulang. Tetapi di hentian Matteo dia menemui papan tanda: “Oleh kerana kerja sedang berjalan, bas bernombor 218 digantung sementara. Sebagai alternatif, tuan-tuan pengembara boleh menaiki bas nombor 31 yang berjalan di sepanjang Via Panoramica".

Jika dia percaya dia telah menyingkirkan nombor 31, Matteo silap. Dia mengambil kenderaan baru ini yang membawanya hampir ke rumahnya. Sebelum naik ke rumah, dia pergi ke kedai cucian kering untuk mengambil pakaian.

Signora Pina, pemilik kedai dobi, menghulurkan pakaian bersama resit itu.

- Dia berhutang saya 33 euro.

Matteo tidak kedekut, tetapi dia suka tawar-menawar harga apabila boleh.

- Begitu banyak? 33 euro? Ayuh Puan Pina, saya mengalami hari yang teruk! Biar saya bayar 30 euro.

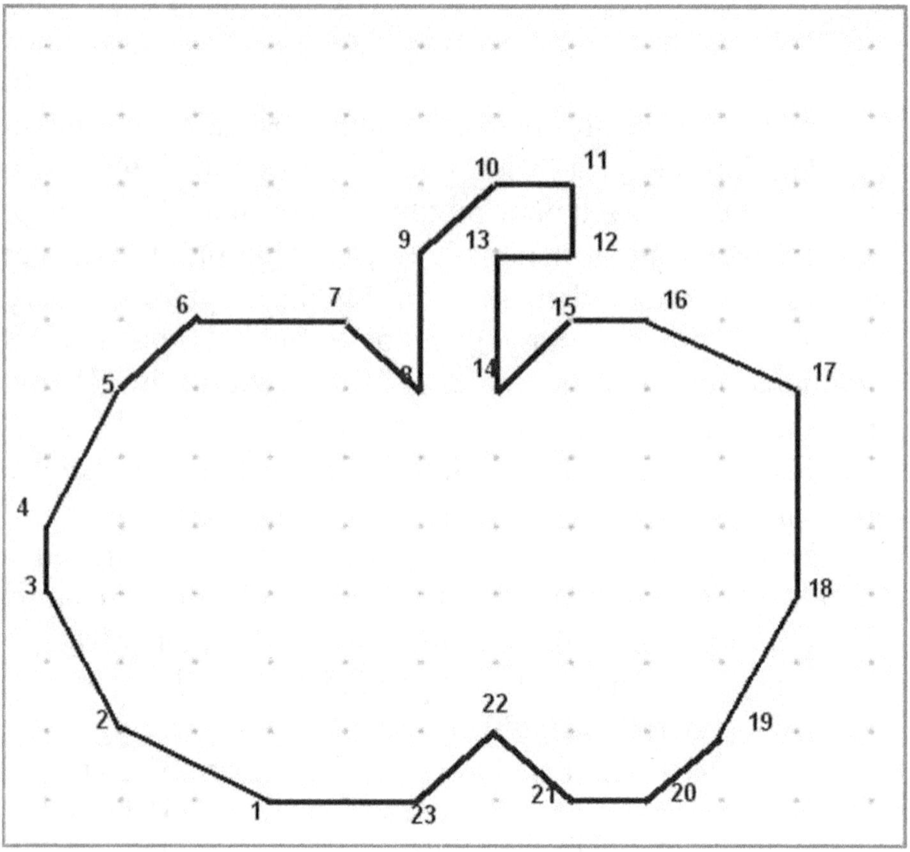

Rajah 18 - Permainan "Sambungkan titik" sebagai metafora sinkronisitas yang melibatkan Matteo dan, melalui simbol labu, membawanya menumpukan perhatiannya pada pesta Halloween pada masa mudanya.

- Adakah anda bergurau, Encik Matteo? Anda tidak melihat bil elektrik yang saya terima hari ini! Dan kemudian kerajaan mencipta cukai baru setiap hari. Lihat Encik Matteo, saya langsung tidak boleh membuat diskaun harga. Bagaimanapun, sekali ini sahaja, berikan saya 31 euro. Saya tidak boleh memberi anda harga yang lebih rendah, percayalah!

Matteo membayar dan keluar. Hanya apabila dia kembali ke jalanan, Matteo menyedari bahawa nombor 31 sekali lagi menjadi sebahagian daripada hidupnya.

Sepanjang petang dia terus memikirkan desakan nombor 31 yang sangat aneh itu. Apabila dia naik ke katil, dia sedar dia tidak boleh tidur.

Rajah 18 - Permainan "Sambungkan titik" sebagai metafora sinkronisitas yang melibatkan Matteo dan, melalui simbol labu, membawanya menumpukan perhatiannya pada pesta Halloween pada masa mudanya.

- Hei kawan, apa khabar? Awak kenal saya? Saya Matthew!

Fuluio terkedu. Dia mengalihkan kertas itu ke tepi dan meletakkan pen di hadapannya, lalu menjawab:

- Sudah tentu saya mengenali awak. Kenapa awak terfikir nak telefon saya?

- Baiklah, saya fikir sudah lama kita tidak berjumpa dan senang bertemu untuk bertukar-tukar idea. Apa yang anda fikir kawan saya, bolehkah ia dilakukan?

Fulvio merenung penerima, seolah-olah kagum. Dia tidak lagi keseorangan, seseorang telah memikirkannya, malaikat malam telah datang menghulurkan tangannya. Tiba-tiba kesendiriannya kelihatan kurang menindas. Dia mendapati dirinya berada pada titik di mana pilihan antara harapan dan putus asa masih mungkin. Ya, kaki di tepi jurang masih boleh ditarik ke belakang. Keputusan baru mungkin.

Fulvio membuat keputusan dengan sepantas kilat. Dia mengambil pistol dan meletakkannya semula ke dalam laci.
"Tentu boleh, kawan... ya, kawan, pasti boleh, jom jumpa!".
Kisah Matteo dan Fulvio berakhir di sini. Tiada siapa yang akan tahu bahawa Fulvio telah diselamatkan pada petang itu kerana satu siri kebetulan aneh yang melibatkan Matteo, semuanya dikaitkan dengan nombor 31.
Tiada siapa yang akan tahu prosedur (tentunya tidak logik) yang menyebabkan Matteo mengubah beberapa rujukan generik kepada nombor 31 menjadi tarikh penting, pesta Halloween, kemudian tiba pada keputusan untuk menghubungi rakan zaman kanak-kanaknya.
Tiada siapa yang akan tahu berapa kali cerita seperti ini berlaku.

.

Nombor, pola dasar pesanan.

"Bukan semua yang boleh dikira penting
dan tidak semua yang penting boleh dikira."
(Kertas tulisan tangan tergantung dalam kajian Einstein)

Nombor dan segerak oleh Carl Jung.

Kebetulan berangka berjaya menarik perhatian semua orang, terutamanya apabila ia berulang secara kerap dalam tempoh masa yang singkat, walaupun dalam situasi berbeza: jadual waktu yang sama, nombor jalan yang sama, nombor tempahan yang sama dan sebagainya. Ramai orang terpengaruh dengannya, tetapi tidak semua orang percaya ada makna atau berusaha untuk menemuinya.

Pengulangan nombor yang sama sering menyembunyikan mesej yang sangat peribadi, yang mesti digerakkan dengan menggali ke dalam lipatan ketidaksadaran seseorang. Makna simbolik intrinsik nombor itu sendiri boleh membantu dalam penyelidikan ini, menurut tradisi yang sangat kuno. Melalui alegori berangka kita boleh menjadi protagonis sinkronisitas yang berusaha untuk mendedahkan kandungan asal-usul misteri, mungkin ilahi.

Amalan mewujudkan kebetulan yang bermakna berdasarkan nombor adalah berakar umbi dalam sejarah terawal manusia. Seseorang boleh mengira bilangan burung dalam kawanan, bilangan batu dengan bentuk atau warna yang sama, bilangan tumbuhan dalam kawasan yang sama. Nombor itu sendiri adalah pelik dan misteri. Menurut Jung, nombor itu mempunyai makna yang sentiasa numinous, aneh, ketuhanan.

Beberapa guru matematik mengarahkan murid mereka dengan contoh yang tidak dapat disangkal. Pertimbangkan mana-mana kumpulan objek. Hapuskan setiap sifat objek ini seperti berat, bentuk, saiz dan sebagainya. Tetapi pastinya anda tidak akan dapat memadamkan kuantiti mereka, iaitu bilangan objek ini.

.

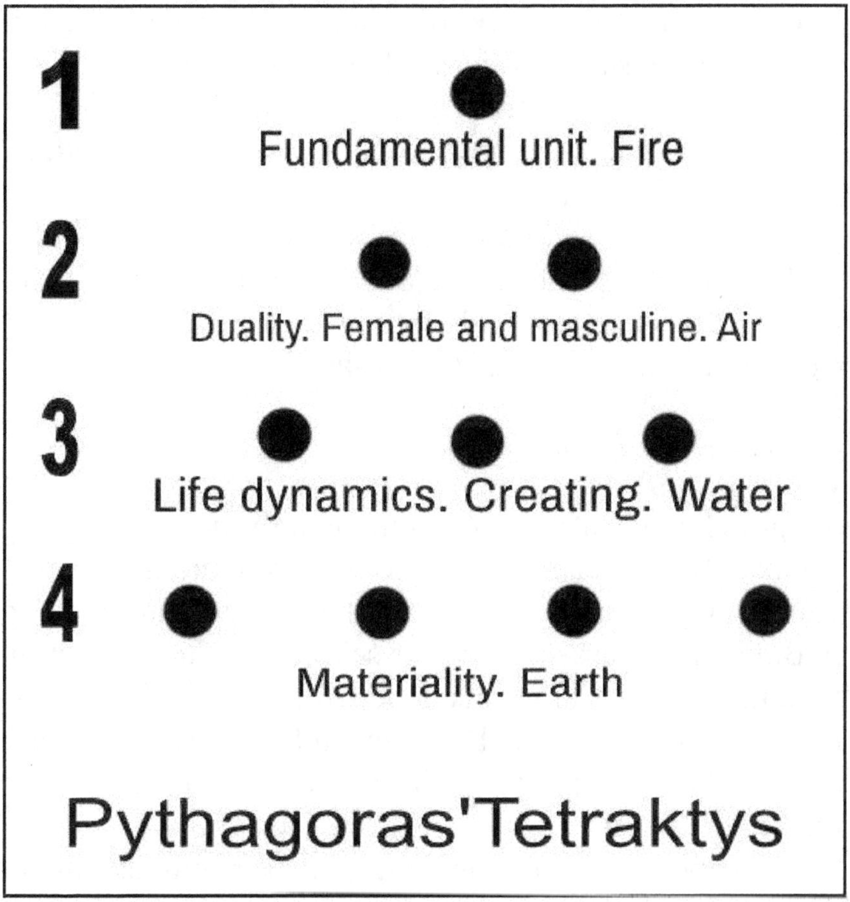

Rajah 19 - Tetraktys atau nombor kuaternari mewakili untuk Pythagorean urutan aritmetik bagi empat nombor asli pertama, atau lebih tepat integer positif.

1. Unit asas. kebakaran.
2. Simbol dualitas. Feminin dan maskulin. Udara.
3. Dinamik kehidupan. Ciptaan. Air.
4. Kebendaan. Bumi.

Terdapat hubungan rapat antara bilangan dan sinkronisitas, kerana kedua-duanya berpakaian keramat dan misteri. Nombor itu sentiasa ada dalam sebarang segerak, dalam sebarang bentuk: kuantiti, tarikh atau lain-lain; ia selalunya tersembunyi di bawah ungkapan seperti "banyak", "sedikit", "sangat besar", "tidak terhingga".

Setiap objek boleh dipertimbangkan dalam kesatuannya atau dalam kepelbagaiannya. Ia adalah nombor yang menetapkan susunan yang tepat, oleh itu ia mewujudkan hierarki, struktur, koheren, organisasi, kejelasan

Tetraktys of the Pythagoreans.

Pythagoras, ahli falsafah Yunani dan ahli matematik yang hidup pada abad keenam. B.C., memahami matematik sebagai sains yang mampu mengatur kekacauan dunia yang nyata. Beliau mengasaskan sebuah sekolah di Crotone; untuk diterima masuk, pelajar terpaksa bersumpah pada Tetractys:

"Saya bersumpah, demi Dia yang telah mewariskan kepada jiwa kita Tetractys yang di dalamnya terdapat sumber dan akar alam abadi...".

Tetraktys mewakili jujukan aritmetik bagi empat integer positif pertama (Rajah 19). Nombor-nombor ini disusun dalam bentuk geometri segi tiga sama sisi dengan sisi "empat", dengan itu membentuk piramid yang meringkaskan hubungan antara mereka dan sepuluh. Malah, menurut jumlah teosofi yang dipanggil:

$1 + 2 + 3 + 4 = 10.$

Sebaliknya, 10 merujuk kepada perpaduan dengan menambah $1 + 0 = 1$.

Empat peringkat Tetraktys sepadan dengan prinsip kosmogonik dan empat unsur alam.

Bahagian emas.

Sesetengah nombor benar-benar istimewa, seperti nombor 1.618. Nilai ini menunjukkan nisbah ideal (perhatikan sebagai contoh nisbah antara lebar dan ketinggian bingkai foto standard) dan formulanya ialah:

$$(\sqrt{5} + 1)/2 = 1.618\ldots$$

Ia biasanya ditunjukkan dengan huruf Yunani Fi Φ dan dipanggil Nombor Emas, atau Kadar Emas, atau Bahagian Emas, atau Pemalar Fidia. Plato, yang menyebutnya dalam karyanya Timaeus, menyebutnya sebagai kunci fizikal Kosmos. Pada Zaman Pertengahan nisbah emas telah diambil oleh Leonardo Fibonacci dari Pisa, yang hari ini ia dikenali terutamanya sebagai Siri Fibonacci (rajah.20).
Siri Fibonacci ialah urutan integer positif di mana setiap nombor, bermula dari nombor ketiga, adalah hasil tambah dua sebelumnya dan dua nombor pertama adalah sama dengan 1.
Jadi, siri ini diwakili oleh nombor:

1, 1, 2, 3, 5, 8, 13, 21, 34, 55, 89,144, 233, 377, 610...

dan boleh berterusan selama-lamanya. Sebenarnya, niat Fibonacci semasa menghuraikan siri ini adalah untuk mencari undang-undang matematik yang akan menggambarkan pertumbuhan populasi arnab. Dia tidak membayangkan menemui salah satu peraturan semula jadi yang indah di Kosmos.

Sesungguhnya, siri Fibonacci hadir dalam hampir semua elemen alam semula jadi dan mendedahkan projek keanggunan yang luar biasa.

Di antara panjang lengan dan lengan seorang lelaki dewasa nisbahnya adalah "emas", serta antara panjang kaki dan bahagian bawahnya. Nisbah emas yang sama juga terdapat di antara falang tengah dan jari manis.

Sifat matematik dan geometri bahagian emas yang berulang dengan keteguhan yang luar biasa dalam konteks semula jadi yang paling pelbagai adalah pengesahan kewujudan hubungan rapat antara "Entiti Kreatif" dan penciptaan. Peluang pastinya tidak akan membawa kepada kesempurnaan dan kecantikan yang teratur.

Apabila nombor itu mendedahkan kandungan seperti bahagian emas, ia terbukti menjadi instrumen dan pengantara hubungan antara keseluruhan dan bahagian, serta antara setiap bahagian yang lebih besar dan bahagian yang lebih kecil.

Tiada siapa yang menafikan kewujudan, dalam konfigurasi semula jadi ini, keindahan dan keharmonian yang ideal, yang cukup mewajarkan sebutan "Aurea" dan "Divina".

Dalam botani, mungkin contoh paling ketara kehadiran bahagian emas yang berkesan diwakili oleh susunan geometri daun dan perbungaan beberapa tumbuhan.

Menjelang pertengahan tahun 1800-an, Auguste Bravais, seorang ahli botani Perancis, dalam satu siri kajian yang dijalankan dengan saudaranya Louis, memerhatikan bahawa dalam banyak tumbuhan daun disusun pada batang mengikut lingkaran di mana sudut antara dua daun berturut-turut adalah. hampir malar dan kira-kira 137.5°, sepadan dengan sudut emas. Susunan ini menjamin akses dan penggunaan optimum setiap daun di bawah cahaya matahari.

Tetapi terdapat banyak contoh yang terdapat dalam alam semula jadi. Sebagai contoh, bilangan kelopak bunga biasanya bersamaan dengan nilai siri Fibonacci. Sebagai contoh, sangat banyak, seperti iridaceae dan teratai, mempunyai tiga. Mawar anjing mempunyai lima atau lapan, seperti buttercup dan plumeria. Banyak bunga aster mempunyai 13, jadi soalan "dia sayang saya" atau "dia tidak cintakan saya" hampir selalu berakhir dengan cara yang menghiburkan, mengesahkan "dia sayang saya". Ini juga berlaku apabila anda menggunakan "daisy padang rumput" yang mempunyai 21 kelopak. "Asteraceae", kumpulan botani yang luas yang termasuk, antara lain, bunga matahari, gerbera dan kekwa, mempunyai 34, 55 atau 89, manakala chicory biasa, yang tergolong dalam keluarga yang sama, mempunyai 21.

Mereka semua adalah nombor yang merupakan sebahagian daripada siri Fibonacci. Luar biasa bagaimana ungkapan semula jadi yang seseorang ingin dijana secara kebetulan semuanya mempunyai ciri-ciri matematik yang diilhamkan oleh satu sumber.

Sebagai tambahan kepada bentuk anatomi manusia, seperti yang telah disebutkan, juga banyak haiwan seperti bintang laut diilhamkan oleh bahagian emas; dengan cara yang benar-benar jelas makhluk berbentuk lingkaran melakukannya, seperti yang dicadangkan oleh cangkerang Nautilus. Tetapi itu masih tidak mencukupi: pada ketika ini tidak lagi mengejutkan kita bahawa bentuk Bima Sakti dan galaksi lain juga diilhamkan oleh bahagian emas.

Dalam bidang perubatan, penemuan penting telah dibuat dalam kajian pergerakan manusia. Sebagai contoh, pada tahun 2013 telah disahkan bahawa dalam berjalan hubungan antara fasa "pegangan" (sokongan) dan fasa "hayunan" (apabila kaki melangkah tanpa menyentuh tanah) adalah sama dengan nisbah emas.

Sumpahan Simfoni Kesembilan.

Malah, ramai yang mengaitkan nombor sembilan dengan kematian. Korelasi negatif ini mula mendapat kekuatan apabila Gustav Mahler meninggal dunia pada tahun 1911; dia baru sahaja menamatkan simfoni ke-9nya "Das Lied von der Erde" (Song of the Earth) dan dengan pantas bekerja pada 10hb, dengan harapan dapat melarikan diri daripada nasib Beethoven yang meninggal dunia sejurus selepas menamatkan simfoni ke-9nya (Choral Symphony).

Sumpahan Simfoni Kesembilan dilahirkan dan tersebar antara 1800 dan 1900 dan masih berterusan dengan merujuk kepada fakta bahawa ramai komposer meninggal dunia selepas mengarangnya. Antara mangsa yang paling terkenal, selain Mahler dan Beethoven, kita boleh menyebut:

- Louis Spohr, atau Ludwig Spohr (Braunschweig, 5 April 1784 - Kassel, 22 Oktober 1859) Komposer, pemain biola dan konduktor Jerman.
- Franz Schubert (Vienna, 31 Januari 1797 - Vienna, 19 November 1828) Komposer Austria dan pemain piano zaman Romantik.
- Antonín Dvořák (Nelahozeves, 8 September 1841 - Prague, 1 Mei 1904) Komposer Czech.
- Ralph Vaughan Williams (Down Ampney, 12 Oktober 1872 - London, 26 Ogos 1958) Komposer British, pengarang simfoni, muzik bilik, opera, muzik koral dan runut bunyi.

- Joseph Anton Bruckner (Ansfelden, 4 September 1824 - Vienna, 11 Oktober 1896) komposer Austria.
- Kurt Atterberg (Gothenburg, 12 Disember 1887 - Stockholm, 15 Februari 1974) Komposer, konduktor dan pengkritik muzik Sweden.
- Elie Siegmeister (New York, 15 Januari 1909 - Manhasset, 10 Mac 1991) Komposer, guru muzik dan konduktor Amerika.
- Roger Sessions (Brooklyn, 28 Disember 1896 - Princeton, 16 Mac 1985) Komposer, pengkritik muzik dan akademik Amerika.
- Egon Joseph Wellesz (Vienna, 21 Oktober 1885 - Oxford, 9 November 1974) ialah seorang ahli muzik, komposer dan guru Austria.
- Peter Mennin (Erie, Pennsylvania 17 Mei 1923 - New York 17 Jun 1983) komposer penting Amerika yang berasal dari Itali.
- Sir Malcolm Henry Arnold (Northampton, 21 Oktober 1921 - Norwich, 23 September 2006) komposer British.

Dalam esei tentang Mahler, Arnold Schoenberg menulis:

> “Seolah-olah Simfoni Kesembilan adalah sempadan. Sesiapa yang ingin mengatasinya mesti mati. Seolah-olah ada sesuatu yang disampaikan kepada kami melalui Simfoni Kesepuluh. Ia adalah sesuatu yang tidak dapat kita ketahui sekarang, atau kita tidak bersedia untuk mengetahuinya. Mereka yang menulis Simfoni Kesembilan terlalu dekat dengan apa yang kita panggil "Akhirat".

"Kelab 27".

Ungkapan Inggeris "Club 27" merujuk kepada artis, kebanyakannya penyanyi rock, yang meninggal dunia pada usia 27 tahun. Ungkapan "Kutukan J27" juga sering digunakan, merujuk kepada fakta bahawa nama atau nama keluarga mereka bermula dengan huruf J.

Kepercayaan ini timbul berikutan kematian Jimi Hendrix, Janis Joplin dan Jim Morrison. Ramai yang percaya bahawa artis pertama yang menjadi mangsa sumpahan itu ialah Robert Johnson yang menurut legenda, menjual jiwanya kepada syaitan untuk mencapai kejayaan. Yang lain menganugerahkan pingat ahli pertama Kelab kepada Alexandre Levy, yang meninggal dunia pada usia 27 tahun pada tahun 1892.

Pada tahun 2009, pada ulang tahun ke-15 kematian Kurt Cobain, Robert Smith dari National Public Radio berkata: "Kematian bintang rock ini pada usia 27 tahun telah benar-benar merevolusikan cara kita melihat rock."

Sememangnya, kematian ramai artis pada usia yang begitu muda boleh dikesan berpunca daripada penyalahgunaan alkohol atau dadah, kemalangan kereta malah membunuh diri.

Berikut ialah beberapa ahli Kelab 27:

- Jim Morrison, (8 Disember 1943 - 3 Julai 1971), penyair, pengarang dan juruwang, secara rasmi meninggal dunia akibat serangan jantung (tetapi bedah siasat tidak pernah dilakukan).

- Amy Winehouse, (14 September 1983 - 23 Julai 2011) penyanyi-penulis lagu, meninggal dunia akibat penyalahgunaan alkohol.

- Brian Jones, (28 Februari 1942 - 3 Julai 1969) pengasas Rolling Stones. Dia mati lemas di kolam renang vilanya.

- Janis Joplin, (19 Januari 1943 – 4 Oktober 1970) penyanyi utama dan penulis lagu untuk Big Brother dan The Holding Company. Meninggal dunia akibat overdosis heroin.
- Jimi Hendrix, (27 November 1942 - 18 September 1970) Perintis gitar elektrik dan virtuoso. Dia meninggal dunia akibat sesak nafas akibat muntah berikutan pengambilan alkohol dan ubat penenang.
- Kurt Cobain, (20 Februari 1967 - 5 April 1994) penyanyi utama dan gitaris Nirvana. Mati bunuh diri.
- Kim Jong-yun, (8 April 1990 – 18 Disember 2017) komposer dan penyanyi utama kumpulan K-Pop SHINee. Mati bunuh diri.
- Robert Leroy Johnson (8 Mei 1911 - 16 Ogos 1938) penyanyi-penulis lagu dan pemain gitar Amerika. Meninggal dunia atas sebab yang tidak ditentukan.
- Cecilia, Evangelina Sobredo Galanes (11 Oktober 1948 – 2 Ogos 1976), penyanyi-penulis lagu Sepanyol, khusus untuk genre pop. Dia mati dalam kemalangan jalan raya.
- Chris Bell (12 Januari 1951 - 27 Disember 1978) penyanyi dan pemain gitar. Dia mati dalam kemalangan jalan raya.
- Alexandre Levy (10 November 1864 - 17 Januari 1892) Brazil, perintis gabungan antara gubahan klasik dan irama popular Brazil. Dia dipercayai ahli pertama Kelab 27. Dia meninggal dunia atas sebab yang tidak ditentukan.

Wolfgang Pauli dan nombor 137.

Wolfgang Pauli, ahli fizik dan pemenang Nobel, mempunyai hubungan yang lama dengan Carl Jung, pada mulanya untuk tujuan terapeutik dan kemudian untuk kepentingan saintifik.

Terdapat dokumentasi pertukaran surat yang sangat panjang antara kedua-dua saintis. Pauli ingin mencipta teori psikofizikal yang akan menyatukan jirim dan jiwa. Lagipun, Pauli terus membandingkan idea-ideanya dengan impiannya, yang nampaknya menjadi panduan yang berkesan. Walaupun mentaliti saintifik ia tidak bebas daripada manifestasi ekstrasensori. Dalam persekitaran universiti di mana Paui beroperasi, apa yang dipanggil "kesan Pauli" terkenal. Dalam amalan, sebaik sahaja saintis memasuki makmal rakan-rakannya, beberapa peralatan rosak.

Sepanjang hayat saintifiknya, dia hampir taksub dengan masalah kompleks dalam fizik, pemalar struktur halus, bersamaan dengan kira-kira 1/137.

Walaupun usahanya Pauli tidak pernah berjaya mencari sebab nilai itu. Pada tahun 1958 dia dimasukkan ke hospital di Zurich, kerana dia telah diserang kanser pankreas, yang dengan cepat menyebabkan kematiannya.

Terkejutnya dia mendapati dirinya dimasukkan ke hospital di bilik 137 dan dia segera menunjukkan perkara ini kepada pembantunya Charles Enz apabila dia pergi menemuinya. Pauli memberitahu pembantu itu bahawa dia tidak akan meninggalkan bilik itu lagi, sama seperti dia gagal menyelesaikan masalah hidupnya. Dia menilai bahawa nombor 137 adalah seperti perangkap untuknya, dan sememangnya ia.

Rajah 20. Bahagian emas Leonardo Fibonacci.

Nombor 108 dalam budaya timur.

Nombor 108 dilahirkan dari 12x9 dan muncul sentiasa dalam budaya oriental. Khususnya, berikut adalah beberapa kemunculan nombor 108 atau gandaan dan subgandaannya:

- Ia adalah bilangan manik Mala atau "tasbih India", dan Akṣamālā Buddha.
- Ia adalah bilangan dosa dalam Buddhisme Tibet.
- Dewa Hindu mempunyai 108 nama yang boleh dibaca dengan mengira 108 manik Mala.
- Rig Veda mempunyai 10,800 ayat.
- Kitab suci Tibet Khagiur terdiri daripada 108 jilid.
- Dalam Śrīmad Bhāgavatam, Krishna digambarkan menari dengan 108 gadis gembala lembu dan kemudiannya mengahwini 16,108 isteri.
- Dalam Shaivism, Shiva Nataraja digambarkan mempersembahkan tarian kosmiknya dalam 108 pose.
- Di Jepun, pada penghujung tahun, loceng dibunyikan sebanyak 108 kali untuk menyambut tahun baru.
- Godaan yang harus ditentang seseorang untuk mencapai Nirvana adalah 108.
- Kuil Baalbek, di Phoenicia, mempunyai 54 tiang.
- Di kota suci Lashanmjh, Tibet, terdapat 108 kuil.
- Angkor Vat, Kemboja, mempunyai 54 menara, 108 patung yang melapisi jalan masuk, dan 540 patung dewa.
- Terdapat 108 bintang yang dianggap suci dalam astrologi Cina.
- Tempoh pemerintahan antediluvian dalam mitologi Sumeria ialah 108,000 tahun.

Sebagai rasa ingin tahu, kami menambah bahawa 108 ialah bilangan pelamar Penelope, isteri Ulysses, dalam Homer's Odyssey.

Nombor 666.

Kita tidak boleh menyelesaikan ulasan ini tentang nombor suci atau penting tanpa menyebut nombor 666. Ia muncul dalam petikan Perjanjian Baru, dalam Apocalypse of John, dan merujuk kepada "Binatang" yang muncul dari laut dan menghancurkan Bumi. Khususnya, pada zaman kontemporari, nombor itu telah menjadi simbol Syaitan.

Sebagai rasa ingin tahu, saya melaporkan cerita yang dikeluarkan oleh Associated Press pada 2 November 1996. Menurut agensi itu, 436 penduduk kota Madison telah bersetuju untuk bermain gabungan tiga nombor 666 dalam loteri tempatan yang dipanggil "Luck Devils". ". Ini berlaku sempena pesta Halloween. Sukar dipercayai tetapi benar, para pemain memenangi jumlah 1800 dolar. Dari penyebaran berita ini nampaknya ramai lagi yang telah mencuba.

Determinisme kematian.

Jika seseorang bertanya kepada ahli falsafah yang berpengalaman buku mana yang hendak dibaca, ahli falsafah itu harus menjawab:
"Falsafah apa yang kamu mahukan? Saya tahu apa yang kamu cari. Kamu mahukan doktrin falsafah yang mengesahkan kepercayaan kamu.
Apa yang kamu mahu? Tuhan atau perkara? Kebebasan atau determinisme?
Beritahu saya. Di farmasi saya, saya mempunyai semua perkara ini. Saya boleh memberi anda satu atau yang lain, mengikut kehendak anda."
(Giuseppe Rensi, ahli falsafah dan peguam Itali)

Keadilan Ilahi di Perbandaran Drynor.

Pada tahun 1836 Davy Crockett, seorang wira rakyat Amerika Far West, semasa dalam perjalanan untuk menyertai tentera Texas di San Antonio, berkhemah di sebuah hutan di tebing Honey Grove Creek, sebuah sungai kecil sepanjang 11 batu. Sungai ini melalui Daerah Fannin di Texas. Petang itu Davy menulis surat dengan penuh semangat menggambarkan tempat itu, yang dipanggil Honey Grove selepas banyak sarang lebah yang dicipta oleh lebah liar di pokok berongga.

Crockett kemudiannya mempromosikan kelahiran, di tempat itu, sebuah bandar dengan nama yang sama. Pada tahun 1842 rakannya Samuel Erwin, peneroka pertama, menetap di sana. Crockett sendiri yang melangsungkan perkahwinan Erwin. Selepas itu kawasan itu menjadi pusat berkembang kecil sehingga ia menjadi sebuah bandar pada tahun 1873; perdagangan, penanaman kapas dan aktiviti lain membolehkannya berkembang ke tahap beberapa ribu penduduk, yang menggemari kewujudan akhbar empat muka surat tempatan, "Honey Grove Signal".

Edisi 31 Mac 1905 jurnal ini memperincikan satu peristiwa yang telah menjadi klasik dalam kesusasteraan peristiwa aneh dan misteri. Peristiwa aneh ini dikenali sebagai "peluru dendam." Terdapat beberapa versi, tetapi laporan akhbar membenarkan kami membina semula versi yang paling benar.

Artikel itu muncul dalam lajur pada halaman kedua, dengan tajuk "Lebih mengejutkan daripada filem. Peluru membalas dendam seorang gadis dua puluh tahun selepas kematiannya".

Kata-kata awal artikel tersebut ("Kes hukuman yang menakjubkan di bumi untuk dosa-dosa daging telah berlaku...") menggambarkan dengan baik persekitaran budaya di mana fakta itu berlaku, dan tafsiran yang diberikan.

Artikel itu memperincikan kematian secara tidak sengaja seorang Henry Ziegland, seorang penduduk Perbandaran Drynor, sekumpulan rumah yang terletak berhampiran Honey Grove. Kronik kematiannya akan menjadi tidak menarik jika kita tidak menghubungkannya dengan latar belakang sejak dua puluh tahun sebelumnya.

Pada tahun 1885 Henry Ziegland adalah seorang lelaki muda kaya yang berdedikasi untuk semua aktiviti yang menyenangkan biasa lelaki muda sepanjang zaman, seperti pacaran gadis.

Malangnya, baginya, persekitaran dan moral semasa tidak cenderung kepada pengembaraan yang berlalu. Atas sebab ini, apabila dia meminang seorang gadis tempatan, Maysie Tinchor, dia tunduk kepada sanjungannya hanya mengikut janji perkahwinan. Malangnya Henry, setelah mendapat buah keinginannya, secara tiba-tiba menolak gadis itu.

Kesakitan dan kesedaran penipuan amat besar untuk Maysie muda. Gadis malang itu mengambil nyawanya sendiri.

Sudah tentu, ia tidak boleh berakhir seperti ini. Filford, adik lelaki Maysie, kecewa dengan bunuh diri kakaknya, memutuskan untuk berhadapan dengan Henry.

Dia bergegas ke rumah pengkhianat tetapi pertama, dengan impulsif yang berlebihan, dia membawa bersamanya senapang tentera lama yang mampu melepaskan satu peluru.

HONEY GROVE SIGNAL.

Honey Grove, Texas, Friday, March 31, 1905.

DR. PRICE'S CREAM BAKING POWDER

Greatest Aid to Cookery

Ayer's Cherry Pectoral

for Coughs, Colds

CROOK-RECORD CO.

PARIS, TEXAS.

The Fashion Event

Spring Opening

Millinery, Tailored Suits, Wraps, Skirts, Shirtwaists, Gloves, Hose, Corsets, Underw'r

Wednesday, April 5

Special Bargain Prices

Rajah 21 - Edisi 31 Mac 1905 dari Honey Grove Signal, yang melaporkan pada lajur di muka surat kedua kes kematian Henry Ziegland yang berlaku dalam keadaan aneh. Kematian Ziegalnd mengimbas kembali latar belakang sejak dua puluh tahun sebelumnya.

Dua lelaki itu saling berhadapan. Henry, yang lebih tua dan lebih gempal daripada lelaki yang lebih muda, sama sekali tidak suka berdamai. Henry bercakap kata-kata yang menyakitkan tentang Filford dan Maysie. Juga, Henry mengejek musket yang dipegang Filford di tangannya.

Dibutakan oleh kebencian dan keputusasaan Filford hilang kawalan akal, mengangkat laras senapangnya dan melepaskan satu-satunya tembakan ke arah lawannya. Sertamerta, Filford melihat semburan darah yang hebat dari kepala Henry.

Filford menyangka dia telah membunuhnya dan melarikan diri. Dia sedar bahawa dia telah merosakkan keluarganya sepenuhnya. Dalam keadaan terdesak Filford memuatkan senapang itu dengan peluru lain dan membunuh dirinya sendiri.

Walau bagaimanapun, perkara tidak hilang seperti yang dia fikirkan: peluru itu hanya meragut kuil Henry, dan telah melekat pada batang pokok di belakangnya. Henry, dengan nasib yang sering memihak kepada orang jahat, telah diselamatkan dengan mengalami luka daging yang sembuh dalam masa yang singkat.

Kita tidak tahu sama ada pada tahun-tahun berikutnya Henry datang untuk bertaubat daripada semua kejahatan yang terhasil daripada tingkah lakunya, mungkin tidak. Dia menjadikan perniagaannya makmur dan berkahwin dengan seorang janda kaya dan mempunyai seorang anak lelaki. Ini berkembang dan, dengan menjangkakan perkahwinannya, Henry memutuskan untuk mengembangkan rumah itu untuk menampung dan memastikan keluarga baharu itu berdekatan, membina sayap baharu betul-betul ke arah pokok yang terkena peluru dua puluh tahun sebelumnya. Untuk mendapatkan ruang yang diperlukan Henry memutuskan untuk menebang pokok itu. Jom ikuti kisah seperti yang dilaporkan dalam akhbar "Honey Grove Signal":

“Henry dan anak lelakinya menebang pokok yang dimasuki peluru Filford Tinchor, dan cuba membelahnya menjadi kepingan. Kayu itu sangat keras sehingga kapak dan baji tidak mempunyai kesan, jadi mereka memutuskan untuk memasukkan cas dinamit kecil ke dalam lubang semula jadi di dalam batang. Satu letupan menghancurkan batang pokok itu. Kekuatan dinamit menolak peluru lama keluar.

Dengan kekuatan yang luar biasa, peluru itu mengenai kuil kiri Henry Ziegland dan menyebabkan kematian serta-merta."

Editor yang memulakan artikel dengan kata-kata "Kes hukuman yang mengagumkan di bumi untuk dosa-dosa daging" menyimpulkan seperti berikut: "Di kubur saudara Tinchor kini hanya ada debu dan kesunyian. Bagaimanapun, peluru itu, yang dengannya Filford mahu membalas dendam kesalahan mereka, melakukan tugasnya hari ini.

Adakah terdapat keadilan ilahi?

Kronik "Honey Grove Signal" menimbulkan persoalan setua dunia. Adakah terdapat keadilan pembalasan ilahi? Patutkah kita percaya kepada "entiti atasan" yang campur tangan mengikut kriteria keadilan untuk mengimbangi semula nasib mereka yang ditindas?

Persoalannya sangat boleh dipertikaikan. Malah, walaupun institusi sedemikian beroperasi dalam pengertian ini, kita harus terlebih dahulu menetapkan apakah idea keadilan institusi ini. Adakah pendapatnya bertepatan dengan pendapat kita?

Dari sudut pandangan falsafah sains idea ini tidak masuk akal sama sekali. Peristiwa yang melibatkan kemanusiaan mesti dinilai dengan kriteria penentu.

Determinisme mengenal pasti penjelasan fizikal untuk sebarang fenomena, dengan mengandaikan bahawa rantaian sebab-akibat mesti sentiasa sah. Akibatnya ialah segala yang berlaku tidak pernah disebabkan kebetulan, tetapi ditentukan oleh undang-undang fizikal yang menguasai alam semesta. Undang-undang ini terkenal dengan nama interaksi asas. Ia adalah kuasa alam yang membolehkan kita menggambarkan fenomena fizikal, dan sehingga kini, pada asasnya empat telah dikenal pasti. Mereka adalah daya graviti, daya elektromagnet, daya nuklear lemah dan daya nuklear yang kuat.

Keadilan Ilahi tidak boleh diklasifikasikan dalam manamana empat kuasa asas, oleh itu, untuk determinisme, keadilan yang ditadbir oleh "entiti atasan" yang campur tangan untuk membalas perbuatan baik atau buruk adalah hipotesis yang tidak masuk akal sama sekali. Henry Ziegland meninggal dunia semata-mata kerana dia mempunyai idea malang untuk menggunakan dinamit, ia berikutan bahawa punca segala-galanya terletak pada ketidakhematannya. titik.

Lebih-lebih lagi, berdasarkan prinsip deterministik, jika keadilan ilahi benar-benar wujud, ia perlu campur tangan sepanjang masa, bukan sekali-sekala.

Pertimbangan ini membawa kita ke persimpangan: sama ada keadilan ilahi tidak wujud, atau prinsip deterministik adalah palsu.

Peristiwa rawak dan "tanda ghaib".

Kita boleh meneroka konsep dengan lebih baik dengan mempertimbangkan penyembuhan fizikal yang berlaku di tempat yang dianggap sebagai "pembawa keajaiban". Bertentangan dengan apa yang ramai percaya tempat-tempat ini bukan sahaja Katolik.

Sebagai contoh, masjid Jamkaran, suci bagi Syiah, terletak enam kilometer di timur kota suci Qom, di Iran. Penjaga masjid itu telah menubuhkan satu suruhanjaya sejak 1998 untuk memeriksa penyembuhan luar biasa yang berlaku di tempat suci itu dan yang disenaraikan dalam daftar khas.

Banyak tempat "kafir" juga harus disebut, seperti contohnya sejumlah besar mata air atau batu dengan sifat thaumaturgik, seperti banyak dolmen dan menhir yang mana kuasa kesuburan pendamaian masih dikaitkan hari ini.

Dalam budaya orang India Amerika terdapat roda perubatan yang tidak membangkitkan konsep penyembuhan badan seperti penyembuhan rohani dan kuasa yang diperoleh daripada pengetahuan tentang rahsia alam semesta.

Salah satu Roda Ubat tertua ditemui di Pergunungan Tanduk Besar di Wyoming, dan dipercayai telah dibuat sekitar 200 dan 500 tahun dahulu. Ia dibuat dengan batu putih yang disusun dalam bulatan dengan diameter 28 meter. Bentuk bulat melambangkan pergerakan, masa berlalu, kehidupan dan musim. Di tengah Roda terdapat salib, simbol "Roh Agung" dan "Pokok Kosmik" yang berakar di Bumi dan cabangnya menjangkau ke langit dan ke empat arah.

Kemudian terdapat tempat penyembuhan jiwa semata-mata, seperti destinasi wilayah hebat pengembaraan dukun, di mana penyembuh pergi untuk melawan kuasa yang menahan kesihatan mangsa yang terjejas oleh penyakit yang paling pelbagai.

Sudah tentu, terdapat juga banyak tempat Kristian, yang terkenal dengan penyembuhan ajaib yang berlaku di sana. Yang paling terkenal ialah tempat perlindungan Perancis Lourdes yang didedikasikan untuk Perawan Maria. Saya merujuk kepada tempat perlindungan ini kerana suruhanjaya perubatan telah ditubuhkan di sini untuk masa yang lama, juga terdiri daripada saintis yang tidak percaya, yang memperakui penyembuhan yang tidak dapat dijelaskan dengan kesederhanaan mutlak.

Banyak penyembuhan patologi yang serius atau sangat serius berlaku melalui rendaman di dalam air Grotto of Massabielle, yang mengingatkan rapat upacara pembaptisan Kristian yang, melalui kematian dan kebangkitan simbolik, seseorang dibasuh dari semua dosa dan, dengan lanjutan, dari setiap penyakit kerana, seperti yang dikatakan oleh St. Paul, kematian masuk ke dalam dunia kerana dosa.

Saya mengingatkan anda bahawa walaupun arketip air Jungian, walaupun mempunyai makna ganda, dalam aspek positifnya boleh menjadi pembawa kehidupan di kawasan bumi yang gersang dan terpencil, dan seterusnya dalam situasi penderitaan manusia fizikal dan rohani.

Lourdes boleh ditakrifkan sebagai "tempat ajaib" kerana bilangan penyembuhan disahkan yang berlaku di sana secara statistik lebih tinggi daripada yang berlaku di tempat lain. Sandro De Franciscis, presiden "Bureau des observations médicales" Lourdes sejak 2009, menyatakan bahawa dalam 150 tahun kira-kira 7,500 penyembuhan yang tidak dapat dijelaskan telah didokumenkan, walaupun hanya 70 daripada ini telah diiktiraf oleh Gereja Katolik sebagai mukjizat. Variasi statistik yang sangat sensitif antara bilangan penyembuhan yang berlaku di tempat ini berbanding dengan yang berkaitan dengan tempat yang berbeza atau "biasa" adalah jelas.

Masalahnya ialah tidak semua orang sembuh dari penyakit mereka. Walaupun begitu, penyembuhan Lourdes yang tidak dapat dijelaskan adalah mencukupi untuk menjejaskan secara serius dogma materialis determinisme: bilangan mereka yang luar biasa menunjukkan bahawa mungkin terdapat kecacatan dalam teori itu. Ramai saintis telah menimbulkan bantahan. Menurut tesis ini, mukjizat bukanlah seperti itu, tetapi merupakan akibat biasa undang-undang fizikal yang belum ditunjukkan. Tetapi bantahan ini tidak mempunyai merit. Begitu juga, orang percaya boleh mendakwa bahawa penyembuhan ajaib adalah akibat langsung dari kehendak ilahi, walaupun kewujudan Tuhan masih belum terbukti.

Sememangnya, kita mesti menyedari bahawa jika semua orang yang merendam diri mereka di dalam tab Lourdes telah sembuh dari penyakit mereka, maka kita akan jatuh ke dalam bentuk determinisme timbal balik, iaitu, kita akan akhirnya mengesahkan teori yang sebaliknya ingin kita menyangkal.

Penjelasan yang diberikan tentang pertentangan konsep ini agak mudah: penyembuhan ajaib mesti ditafsirkan sebagai tanda, iaitu, sebagai penunjuk realiti yang mengatasi determinisme tetapi tanpa menafikannya. Jika dalam realiti hariannya manusia tertakluk kepada peraturan deterministik yang menjadikan dunia berfungsi, ini tidak menghalang kewujudan tahap yang lebih tinggi yang mampu mengatasi peraturan ini. Ia adalah kuasa yang menampakkan dirinya dari semasa ke semasa, hanya cukup untuk menandakan kehadirannya kepada hati nurani manusia.

Oleh itu, penyembuhan ajaib itu bukan disebabkan oleh undang-undang fizikal yang masih tidak diketahui, mahupun kebetulan, tetapi akan menjadi tanda-tanda kehadiran "Kesedaran Universal" yang mampu mengatasi undang-undangnya sendiri. Konsep yang tidak masuk akal ini mungkin menjadi lebih biasa kepada kita apabila kita meneliti tingkah laku jirim di peringkat subatomik, mendapati bahawa pada tahap realiti itu semua undang-undang fizikal yang mendasari determinisme diabaikan. Perkara yang sama yang pada tahap makroskopik, iaitu pada tahap kewujudan kita, mematuhi kuasa asas fizik deterministik, dalam tahap yang paling intim mengabaikan, mengingkari dan memutarbelitkannya.

Oleh itu, adalah mungkin bahawa determinisme dihormati dan dilanggar pada masa yang sama. Ada kemungkinan bahawa undang-undang deterministik mengesahkan dengan pasti bahawa penyakit tertentu yang tidak boleh diubati membawa kepada kematian, dan pada masa yang sama, pada tahap yang berbeza, kuasa bukan deterministik campur tangan untuk menolak prinsip ini dengan menghasilkan penyembuhan.

Memandangkan kita hidup pada tahap undang-undang deterministik adalah wajar bahawa ini, pada tahap kita, akhirnya lebih kuat.

Terdapat undang-undang yang menentukan bahawa walaupun orang yang sembuh secara ajaib tidak dapat melarikan diri. Kita tahu betul bahawa orang yang disembuhkan secara ajaib pun akhirnya akan mati.

Hampir semua agama dan banyak falsafah, bagaimanapun, menentang determinisme kematian dengan mengkonfigurasi realiti transenden, yang mampu meletakkan kehidupan pada tahap yang berbeza dan kekal. Hari raya Kristian utama ialah Paskah, yang meraikan kematian dan kebangkitan Yesus

Kristus, ikrar kebangkitan masa depan dan kehidupan kekal yang ditakdirkan oleh semua orang percaya.

Agama lain percaya kepada penjelmaan semula, iaitu, dalam kebangkitan kitaran yang memuncak pada pencapaian kesempurnaan, keadaan di mana kematian tidak lagi wujud. Menurut konsep Buddhisme klasik apa yang penting ialah pembebasan daripada kesakitan kewujudan. Kebahagiaan, iaitu nirwana, adalah pengakhiran kelahiran semula yang berterusan, ketiadaan.

Dalam teks rabbinik, syurga digambarkan sebagai taman mawar dan myrtles, tempat rohani di tengah-tengahnya berdiri Pohon Kehidupan. Dalam Al-Quran, orang Islam yang soleh dari kedua-dua jantina memasuki taman kesenangan: iklim yang baik, air melimpah, dan begitu juga buah-buahan, daging dan madu.

Bolehkah kita percaya kepada kebangkitan?

Dalam konsep banyak agama, adalah mungkin untuk hidup semula selepas kematian dan idea ini tidaklah sepelik yang disangka. Ia telah menjadi bergaya, walaupun di kalangan saintis kurang agama, untuk mengatakan bahawa "kami adalah anak-anak bintang". Sesungguhnya, tidak ada keraguan saintifik tentang fakta bahawa badan kita terdiri daripada atom-atom yang, selepas dibentuk dalam relau bintang-bintang pertama, kemudian tersebar ke seluruh alam semesta mengkonfigurasi semula diri mereka menjadi ekspresi ciptaan yang tidak terhingga. Atom menjadi sebahagian daripada bintang lain, planet, atau mineral dan sayur-sayuran, dan juga sebagai sebahagian daripada badan makhluk hidup.

Setiap atom badan kita telah menjadi sebahagian daripada ungkapan jirim lain yang tidak terhingga. Setakat atom berkenaan, oleh itu, kita boleh bercakap tentang "keabadian" (sekurang-kurangnya selagi alam semesta masih ada) atau penjelmaan semula. Dalam erti kata yang lebih luas juga tentang kebangkitan, jika kita menganggap kematian organisma miliknya dan "kelahiran semula" sebagai sebahagian daripada organisma yang berbeza.

Sudah tentu, ini bukanlah jenis kebangkitan yang kita harapkan: kita semua ingin dibangkitkan dalam tubuh yang mengekalkan ciri-ciri dan di atas semua kesedaran tentang kehidupan yang dilalui sebelum ini. Iaitu, kami ingin memindahkan kesedaran badan sebelumnya kepada badan baru.

Ia bergantung pada bagaimana kita melihat kesedaran.

Menurut konsep materialis, kesedaran hanyalah hasil sampingan daripada aktiviti otak, fenomena yang dihasilkan oleh interaksi elektrokimia yang berlaku dalam jisim otak; akibatnya, apabila otak mati dan jatuh ke dalam kerosakan, bahkan kesedaran, yang tidak akan pernah wujud, "mati" bersamanya.

Menurut banyak tafsiran falsafah dan agama, bagaimanapun, kesedaran adalah jiwa murni yang melampaui otak. Ia bukan sahaja tidak terhad kepada kotak otak, tetapi ia meluas ke seluruh kosmos, bersambung secara bebas dan bebas dengan kesedaran lain dan dengan "kesedaran universal". Dalam pengertian ini, kesedaran juga boleh menjadi ikatan bermaklumat yang menyatukan semua atom badan kita, atau lebih tepatnya projek mengikut mana ia menjadi mungkin bagi mereka untuk mengatur dan mengambil fungsi seperti untuk mendapatkan hasil badan kita sebagaimana adanya, dengan dua tangan bukannya empat dan dengan cap jari tidak seperti manusia lain.

Jika atom-atom badan kita mengekalkan ingatan tentang kepunyaan mereka dalam projek ini, ingatan ini akan kekal abadi, hati nurani kita akan kekal dan dalam erti kata tertentu badan kita akan kekal abadi.

Masalah entropi.

Lagipun, kenapa kita mati? Semuanya bergantung kepada undang-undang yang dipanggil entropi atau, lebih teknikal, "undang kedua termodinamik". Ringkasnya, entropi bermaksud bahawa jika anda memecahkan gelas, anda boleh memecahkan setiap kepingan kepada sub-kepingan lagi, dan kemudian setiap sub-kepingan ke dalam sub-kepingan berikutnya, tetapi anda tidak boleh memulihkan kaca kepada keadaan integriti asalnya. . Begitu juga, jika anda memasak telur, anda tidak lagi mempunyai cara untuk membentuk semula telur mentah, terutamanya jika anda telah membuat telur dadar daripadanya.

Kita semua mempunyai persepsi yang sangat kuat tentang arah tuju masa, dan kita menerima bahawa ia mengalir dalam satu arah sahaja. Kami menerima arah masa "ke hadapan", tetapi sukar untuk membayangkan arah sebaliknya. Ini pastinya bergantung pada fakta bahawa arah yang lurus adalah arah di mana kausalitas beroperasi. Kami menganggap bahawa punca mendahului kesannya. Sesuatu peristiwa tidak boleh berlaku yang tidak disebabkan oleh yang lain, yang berlaku sebelum ini. Ia tidak akan berlaku bahawa seseorang boleh memetik epal tanpa seseorang yang menanam pokok itu terlebih dahulu.

Entropi dikaitkan dengan peredaran masa, dan meramalkan bahawa segala-galanya sedang menuju ke arah kemerosotan, kerana masa hanya bergerak ke satu arah dan tidak mungkin untuk "memundurkan filem" untuk kembali ke situasi awal. Terdapat peraturan yang tidak boleh diubah, tepatnya undang-undang kedua termodinamik, mengikut mana entropi sistem tertutup sentiasa meningkat. Sudah tentu, alam semesta adalah sistem tertutup.

Kembali ke kehidupan

"Kehidupan kembali" boleh berlaku dengan cara yang berbeza. Dalam beberapa kes, seperti dalam kebangkitan daging yang dianjurkan oleh agama Kristian, si mati kembali hidup dalam samaran yang sama seperti dalam kehidupan sebelumnya. Dalam kes lain dinyatakan bahawa kembali kepada kehidupan berlaku dalam tubuh makhluk hidup yang lain, walaupun dari jenis yang berbeza. Sesetengah agama meramalkan berakhirnya jasmani tetapi permulaan kehidupan baru dalam bentuk semangat murni.
Bagi orang Mesir purba, kehidupan sebenar adalah apa yang diikuti kematian; oleh itu, mayat itu dibalsem untuk memeliharanya daripada kerosakan. Amalan ini menunjukkan bahawa mereka percaya pada kebangkitan dalam badan yang sama dan bukannya penjelmaan semula dalam badan yang berbeza. Sesungguhnya, dalam mitologi Mesir Purba, dewa Osiris yang dibunuh oleh saudaranya Seth telah dibangkitkan oleh isterinya Isis dan menjadi raja dunia bawah tanah dan hakim orang mati.

Zoroastrianisme, yang merupakan agama yang paling meluas di Asia Tengah antara abad ke-6 SM. dan abad ke-10 Masihi berdasarkan ajaran nabi Zarathustra, ia mendakwa bahawa kebangkitan tubuh orang mati berlaku memandangkan Penghakiman terakhir Tuhan terhadap Baik dan Jahat. Selepas kematian, roh si mati melalui jambatan manakala amalnya, baik dan buruk, diletakkan di atas timbangan. Apabila perbuatan baik berlaku, jambatan itu kelihatan luas, jika tidak, ia menjadi nipis seperti mata pisau. Hasilnya menentukan destinasi jiwa di Garotman atau Syurga, atau di tempat yang paling teruk.

Mitologi Yunani menceritakan dalam beberapa kes watak yang bangkit daripada kematian, kadang-kadang memperoleh keabadian.

Tantalus mengoyakkan Pelops, anaknya yang masih kanak-kanak, berkeping-keping dan menetapkan meja para Dewa untuk mengesahkan sama ada mereka akan memahami bahawa itu adalah daging manusia. Apabila Demeter sudah makan bahu, Zeus menyedari penipuan itu, menyusun semula anggota badan Pelops dan membangkitkannya, menggantikan bahu yang hilang dengan gading.

Hippolytus, anak Theseus dan Hippolyta, meninggal dunia semasa memandu keretanya tetapi doktor Asclepius membangkitkannya dengan bantuan Artemis.

Selepas Zeus mengkhianati Hera dengan Semele, dan selepas kelahiran Dionysus, buah pengkhianatan, Hera membalas dendam dengan membunuh saingannya. Tetapi Dionysus, apabila dia dewasa, berjaya menjadi abadi, pergi ke Hades dan membangkitkan ibunya.

Reso, seorang raja muda Thrace yang merupakan sekutu Priam dalam Perang Trojan, telah dibunuh dalam tidurnya oleh Diomedes tetapi ibunya, Muse Euterpe, memperoleh daripada Hades dan Persephone untuk membangkitkannya dan berpuas hati.

Salah satu mitos Platonik mengisahkan seorang askar dari Pamfilia yang gugur dalam pertempuran, bernama Er, yang dibangkitkan dengan kehendak ilahi semasa mayatnya hampir dibakar di atas kayu api. Oleh itu, Er memasuki Hades walaupun belum dikuburkan lagi, dan kemudian dihidupkan semula dengan mengekalkan setiap ingatan tentang kehidupan sebelumnya.

Platonisme berpendapat bahawa jiwa-jiwa telah wujud di alam angkasa, dan menjadi tawanan dalam tubuh manusia semasa kelahirannya. Untuk membebaskan dirinya, jiwa perlu menjalani proses penyucian yang terdiri daripada penjelmaan semula berturut-turut. Pemikiran Platonik ini dipengaruhi oleh sekolah falsafah yang lebih tua. Hanya selepas abad III SM. golongan neo-Platonis mengamalkan pandangan penjelmaan semula yang diilhamkan oleh Hindu.

Agama-agama misteri meraikan irama kitaran kehidupan, kematian dan kelahiran semula yang kebanyakannya berkaitan dengan musim pertanian dan kuasa Alam. Agama-agama ini tidak mengandaikan pembebasan daripada kematian melainkan kelahiran semula yang berterusan ke dalam kehidupan baru selepas setiap kematian.

Golongan Sinis, menurut tradisi yang berasal dari Diogenes dari Sinope dan merujuk kepada Socrates dan setengah dewa Heracles, mengamalkan pemujaan misteri yang meraikan kematian dan kebangkitan.

Mani, seorang ahli falsafah Parsi yang hidup pada abad ke-3, mengasaskan agama berdasarkan prinsip yang diilhamkan oleh Kristian, Buddhisme, Mazdaisme dan Gnostik. Agama ini ingin menjelaskan asal usul, komposisi, dan masa depan alam semesta. Mengenai kehidupan selepas kematian, Manichaeisme membayangkan tiga takdir yang berbeza untuk Yang Sempurna, Yang Mendengar dan Yang Berdosa. Jiwa Orang Sempurna, selepas kematian, akan diterima oleh Yesus, dan akan disucikan oleh Matahari, Bulan, dan Bintang. "Zarah cahaya" mereka, dilepaskan, akan berubah menjadi ketuhanan untuk naik ke Manusia Pertama dan tinggal di sebelahnya.

Katarisme adalah gerakan keagamaan yang berkembang antara abad ke-12 dan ke-14 terutamanya di selatan Perancis. Teologi Cathar bersifat dualistik: dunia materi dilihat sebagai "Yang Jahat", manakala "Yang Baik" hanya boleh ditemui di syurga di sebelah Tuhan.

Oleh itu, kehidupan orang Cathar bertujuan untuk membawa jiwa, yang dianggap sebagai percikan ilahi "Baik", ke arah Syurga.

Kaum Cathar menerima idea penjelmaan semula, akibatnya mereka yang tidak mencapai pembebasan dalam satu kehidupan akan kembali dalam kehidupan baru untuk meneruskan pertempuran ke arah Kesempurnaan. Penjelmaan semula tidak semestinya diperlukan, tetapi secara amnya ya, memandangkan tidak semua orang boleh memutuskan hubungan dengan Evil dalam seumur hidup. Ini menjelaskan mengapa orang Cathar, yang dianiaya oleh Perang Salib Albigensian, secara spontan melemparkan diri mereka ke dalam api unggun dan membiarkan diri mereka dibakar menyanyi.

Saksi-Saksi Yehuwa percaya kepada kebangkitan dan ganjaran masa depan bagi orang benar, yang akan dibahagikan kepada dua kategori:

- kategori pertama terdiri daripada kawanan kecil, terdiri daripada 144,000 orang pilihan yang akan memerintah di

Syurga bersama-sama dengan Kristus tanpa tubuh jasmani, tetapi dengan tubuh rohani;

- kategori kedua termasuk semua hamba Tuhan yang lain yang akan hidup selama-lamanya, dengan tubuh baru, di Bumi yang diubah menjadi Syurga.

Orang yang tidak benar akan dibangkitkan di Firdaus ini, tetapi akan sentiasa tertakluk kepada kematian kedua.

Menurut kepercayaan Islam, manusia ditakdirkan untuk mati dan "Hari Penghakiman". Pada hari ini Allah akan memerintahkan malaikat-malaikatnya untuk meniup sangkakala yang, pada tiupan yang pertama, akan menyebabkan kemusnahan setiap makhluk. Pada tiupan sangkakala kedua semua manusia, tanpa pengecualian, akan dibangkitkan dalam tubuh, jiwa dan roh, untuk dihakimi dan diberi ganjaran Syurga atau dikutuk ke Neraka. Hari Penghakiman juga dipanggil Yawm al-qiyāma (Hari Kebangkitan).

Penjelmaan semula dalam Agama Timur.

Dalam sesetengah agama Timur, kebangkitan sering mengambil bentuk penjelmaan semula, kerana dogma mereka berpendapat bahawa setiap makhluk hidup, dari semut hingga gajah, hanya untuk menamakan beberapa, adalah pembawa roh atau jiwa si mati.

Bentuk klasik doktrin penjelmaan semula berasal dari India di mana ia dihuraikan dalam tulisan Brahman pada abad ke-9 SM.

Konsep penjelmaan semula telah diperluaskan dalam Upanishad selepas abad ke-7. Upanishad ialah teks agama dan falsafah India yang dikarang dalam bahasa Sanskrit. Penggunaan bahasa ini membolehkan teks-teks tersebut digunakan oleh agama-agama besar Timur yang lain seperti agama

Buddha. Selepas itu, penjelmaan semula telah diperkenalkan oleh Taoisme Cina, menjelang abad ke-3.

Kebangkitan dalam Perjanjian Baru

Iman kepada kebangkitan diisytiharkan dalam Injil dan ditegaskan semula dalam kitab-kitab alkitabiah yang lain, terutamanya dalam Kisah Para Rasul dan dalam Surat-surat Saint Paul, di mana ia menyatakan bahawa kematian adalah "upah dosa."

Bagi agama Kristian, kematian Yesus bukan sekadar pengorbanan seorang yang tidak bersalah, tetapi peristiwa keselamatan yang unik dan asas. Menurut kepercayaan Kristian, Yesus akan kembali tidak lama lagi dan dalam kebangkitannya semua orang percaya akan dibangkitkan:

Rajah 22 - Tao dalam bahasa Cina bermaksud "jalan". Dalam falsafah Timur, simbol tao, juga dikenali sebagai "yin dan yang", mewakili jalan, kewujudan semua perkara, yang dicapai dengan pergerakan yang berayun antara dua ekstrem.

Rajah 23 - Kebangkitan Lazarus dalam ikon Yunani kuno.

Dualisme. Entropi dan segerak.

Jika seseorang melihat dengan pandangan dingin pada bencana sejarah manusia, adalah sukar untuk mengelak kesimpulan bahawa manusia ditimpa gangguan mental semula jadi yang mendorongnya kepada kemusnahan diri. Pembunuhan ahli spesies yang sama, pada skala individu atau kolektif, adalah fenomena yang tidak diketahui di seluruh alam haiwan, selain manusia dan beberapa spesies semut dan tikus.

(Arthur Koestler, dalam majalah The Observer)

Contoh-contoh sinkroni yang dibincangkan sebelum ini mengandungi mesej yang boleh dihuraikan dari segi "bantu rakan." Filippo membawa kepada kesedaran bahawa perkahwinannya memerlukan semakan, manakala Matteo tanpa sedar menyelamatkan nyawa Fulvio. Boleh dikatakan bahawa kedua-dua sinkronik itu campur tangan sebagai pengimbang semula positif situasi negatif, atau lebih tepat lagi bahawa mereka bertindak sebagai "penimbang tara" dalam situasi yang membayangkan dua kemungkinan yang boleh dikenal pasti sebagai "baik" dan "jahat" mengikut kriteria manusia yang meluas.

Malah, pemikiran umum manusia, dari sudut teori, sentiasa memihak kepada penyelesaian yang dapat mengelakkan kesedihan dan penderitaan orang lain. Ini benar terutamanya apabila orang yang akan mendapat manfaat tidak diketahui. Sebaliknya, kadangkala kita tidak keberatan untuk mendoakan semua kemungkinan bahaya kepada ramai orang yang rapat dengan kita. Oleh itu, baik dan jahat boleh hadir secara serentak dalam penghakiman orang yang sama, selalunya dalam penghakiman yang sama.

Dari sudut pandangan umum, istilah "Baik" menunjukkan segala-galanya yang kelihatan diingini oleh individu dan sedemikian rupa sehingga ia boleh dianggap sebagai matlamat akhir yang perlu dicapai dalam kewujudan seseorang. Konsep "Jahat" biasanya bertentangan, tetapi tidak berasingan, sememangnya, wujud bersama.

Oleh itu, baik dan jahat adalah dua sisi syiling yang sama, sama sekali tidak dapat dipisahkan; mereka bukan sahaja dalam pertimbangan manusia, tetapi dalam semua penglihatan kosmologi dan hampir dalam semua falsafah dan agama, dengan penekanan kecil atau besar. Baik dan Jahat mewakili dualitas.

Dualisme.

Istilah dualisme mentakrifkan mana-mana doktrin agama, falsafah mahupun metodologi dan saintifik, yang memperuntukkan kewujudan dua prinsip yang bertentangan atau tidak boleh didamaikan.

Dalam buku ini saya telah merujuk kepada banyak prinsip dualistik, seperti falsafah Francis Herbert Bradley yang tipikal, yang berkaitan dengan rupa dan realiti. Bradley ialah seorang ahli falsafah Inggeris yang hidup dari 1846 hingga 1924. Menurut pemikirannya, kebenaran terletak pada kesatuan segala-galanya: tidak ada pemisahan atau kepelbagaian perkara. Seluruh dunia pengalaman manusia adalah rupa; hanya kesedaran mutlak yang nyata. Satu lagi jenis dualitas yang diliputi secara meluas dalam buku ini ialah yang berkaitan dengan agama dan sains, tema yang diterokai oleh William James, seorang ahli psikologi dan ahli falsafah Amerika yang berasal dari Ireland yang hidup dari 1842 hingga 1910.

Istilah "dualisme" sepatutnya dikaitkan dengan Thomas Hide, seorang orientalis Inggeris yang dilahirkan di Billingsley pada tahun 1636 dan hidup sehingga 1703.

Dalam karyanya "Historia religionis veterum persarum" (Sejarah agama Parsi purba), merujuk kepada Zoroastrianisme dan Manichaeisme, Hide mentakrifkan dualisme sebagai konsep perjuangan berterusan antara Cahaya dan Kegelapan, iaitu Baik dan Jahat.

Ini adalah dua syarat yang hadir pada masa yang sama dan bebas dan bertentangan. Setiap aspek kewujudan manusia bergantung kepada penggunaan Kebaikan dan penggunaan Kejahatan.

Pada tahun 1710 ahli falsafah Gottfried Wilhelm Leibniz menerbitkan karyanya "Theodicy" di Amsterdam mengenai kebaikan Tuhan, kebebasan manusia dan asal usul Kejahatan. Dalam karya itu, Leibniz menganalisis dualisme Baik-Jahat dalam terang kitab Ayub dalam Alkitab, menelusuri asal-usul alam semesta yang sama kembali kepada prinsip Baik dan Jahat. Di Leibniz, setiap kejadian negatif, seperti malapetaka atau kewujudan kejahatan yang tidak bermotivasi yang memberi kesan kepada orang yang tidak bersalah, mempunyai penjelasannya dalam undang-undang keharmonian yang unggul yang mengawasi ciptaan ilahi dan yang membenarkan setiap kejadian berdasarkan reka bentuk unggul yang tidak diketahui oleh manusia. .

Malah Pierre Bayle (1647-1706) dalam "Kamus Sejarah Kritikal" menunjukkan kehadiran Baik dan Jahat sebagai asal material alam semesta, walaupun dari sudut pandangan rasionalis.

Pada masa yang lebih baru, Marxisme mengimbas kembali dualisme struktur super, dan dalam bidang psikologi Jung mencadangkan dualisme sedar-tidak sedar. Salah satu dualisme yang paling diselidiki pada masa ini ialah dualisme minda-otak, yang telah saya sebutkan dalam buku ini.

Satu bentuk dualisme bukan falsafah tetapi fizikal semata-mata, yang mengambil aspek yang jelas relevan untuk tujuan buku ini, adalah yang lahir daripada eksperimen fizik kuantum yang dijalankan dalam beberapa tahun kebelakangan ini. Ini adalah dualiti gelombang-zarah, yang mendasari realiti luar biasa jalinan kuantum.

Walau bagaimanapun, terdapat satu lagi bentuk dualisme, yang mana ramai saintis yang aktif dalam fizik atau falsafah kuantum membayangkan atau dengan malu-malu membiarkan berlaku dalam karya mereka, dan ia adalah dualitas antara entropi manusia, iaitu kecenderungan manusia untuk memusnahkan diri sendiri, dan synchronicity yang, walaupun ini, membimbing manusia ke arah tahap evolusi yang semakin tinggi.

Individu "entropik".

Entropi atau undang-undang kedua termodinamik, salah satu undang-undang asas fizik, menyatakan bahawa di bawah keadaan normal sistem yang ditinggalkan kepada diri mereka sendiri cenderung menjadi tidak teratur dan rosak dalam hubungan langsung dengan peredaran masa. Segala yang bernyawa dan tidak bernyawa menjadi haus, reput dan musnah sendiri. Inilah kesudahan yang pasti, secara fizikal, semua makhluk akan hadapi; ia adalah satu proses yang tidak dapat dielakkan yang tidak mempunyai pulangan.

Dengan ketepatan masa saintifik yang kurang, kita boleh membayangkan bahawa, sebagai tambahan kepada entropi fizikal yang melibatkan semua jirim, terdapat entropi psikik yang membimbangkan manusia. Malah, setiap lelaki mempunyai kecenderungan semula jadi untuk memusnahkan diri sendiri, dan kecenderungan individu yang tersebar luas dalam masyarakat tidak dapat dielakkan menjadi kecenderungan seluruh masyarakat dan rakyat.

Manusia cenderung untuk memusnahkan diri pada tahap yang lebih besar daripada makhluk hidup yang lain. Kemusnahan ekosistem dan peperangan nuklear dan bakteriologi mewakili bahaya yang sangat besar hari ini. Ini bukan perkara baru: kerana dahulu kita masih ingat perang agama dan penaklukan, perhambaan dan sebarang teknik pembunuhan dan penindasan yang lain. Kita boleh mengatakan bahawa semuanya bermula apabila Kain mungkin menggunakan batu untuk membunuh saudaranya Habel.

Kekejaman yang tidak dimotivasi, yang disokong oleh perlumbaan persenjataan selalu menguasai tingkah laku manusia, tanpa menyedari bagaimana pemusnahan seterusnya kita bersamaan dengan pemusnahan diri kita. Untuk masa yang tidak terhingga kita telah mengambil risiko kepupusan. Kami masih mempertaruhkan akhir kemanusiaan kerana kuasa senjata semasa.

Banyak undang -undang yang ketat dan perintah agama dimaksudkan untuk membendung diri dari spesies manusia: jangan bunuh, tidak mencuri, tidak boleh dilakukan kepada orang lain apa yang anda tidak suka untuk dilakukan kepada anda. Walaupun begitu, manusia mempunyai kuman diri sendiri, dia seolah -olah mencari kematiannya dan orang lain. Walaupun menyedari risiko ini, manusia tidak boleh meminda dirinya dari entropi psikiknya.

Entropi bukanlah apa yang kelihatannya.

Pada hakikatnya, entropi juga membentangkan aspek - aspek bahawa ia tidak akan menjadi apa yang muncul pada pandangan pertama, iaitu, "masalah yang tidak dapat diperbaiki" yang diterangkan oleh Boris Yellnikoff dalam filem "Apa -apa Kerja".

"Ia dipanggil entropi; Ia seperti ketika ubat gigi keluar dari tiub dan tidak lagi boleh kembali ke dalam. "

Kami menganggap bahawa, pada tahap pengalaman deria kami, entropi berfungsi sama seperti aktiviti yang mampu disintegrasi, yang bertindak ke arah masa. Walau bagaimanapun, jika kita keluar dari tahap kita untuk pergi ke ruang angkasa dan masa yang melebihi pengalaman langsung kita, kita dapat memberikan wajah dan makna yang berbeza kepada entropi.

Mari kita ambil contoh dengan planet kita, bumi, membandingkan apa yang awalnya awal dan apa yang sekarang.

Kemunculan tanah primordial, kira -kira 4.5 bilion tahun yang lalu, sama sekali berbeza dengan yang sekarang; Permukaannya terus dikoyakkan oleh kuasa gunung berapi kuasa dan dihiasi oleh hujan yang tegas yang akan berlangsung berjuta -juta tahun, sehingga menjana lautan. Oleh itu, panorama hampir infernal yang diperbuat daripada batu gunung berapi yang diterangi oleh lavas pijar letusan baru. Sudah tentu, tempat di mana ia mustahil untuk hidup untuk sesiapa sahaja.

Suasana terestrial yang pertama, yang kebanyakannya disusun oleh hidrogen, telah disapu oleh angin matahari. Walau bagaimanapun, terdapat letusan yang banyak dan berterusan yang membentuk suasana kedua yang terdiri, antara lain, dari karbon dioksida, karbon oksida, ammonia, wap air dan metana. Persekitaran ini, dengan sumbangan radiasi kilat dan ultraviolet dari matahari, adalah buaian yang ideal untuk pembentukan molekul organik yang siap berkembang menjadi organisma yang semakin kompleks. Jadi, kehidupan tidak lama lagi muncul; Jejak yang paling lama diketahui bermula pada 3.8 - 4 bilion tahun yang lalu dan merupakan nenek moyang bakteria semasa, organisma tunggal yang sangat mudah dan primitif yang mampu, bagaimanapun, menjalankan aktiviti asas yang tipikal makhluk hidup, seperti memberi makan dan menghasilkan semula.

Tetapi bagaimanakah perkembangan makhluk purba ini mungkin bermula dari molekul organik ringkas yang terdapat di atmosfera empat bilion tahun yang lalu? Apakah yang dilakukan oleh entropi semasa ini berlaku? Kerana, jika kita jujur, kita perlu menyedari bahawa ia adalah proses membina, bukan memusnahkan.

Benar, batuan gunung berapi kelabu yang tandus dan tandus yang tertakluk kepada undang-undang entropi runtuh selama beribu tahun, dan seluruh banjaran gunung hilang apabila ia mendatar. Mana-mana pemerhati manusia boleh memperakui, dalam pengalamannya, kuasa pemusnah entropi. Tetapi jika pemerhati itu dapat membebaskan dirinya daripada kekangan masa yang terhad dalam pemerhatiannya, memanjangkannya lebih lama selama beribu tahun, dia akan melihat batu itu berubah menjadi bahagian yang lebih kecil dan lebih kecil sehingga ia menjadi tanah.

Kemudian pemerhati akan melihat bahawa tanah itu meliputi dataran yang luas dan menyediakan persekitaran yang kondusif untuk kehidupan. Pemerhati yang sama pasti akan melihat air terhakis dan mengosongkan batu. Pemerhati boleh melihat air ketika mereka mencipta laluan mereka sendiri yang memusnahkan alam sekitar yang mereka lalui. Tetapi kemudian orang ini akan melihat kelahiran sungai, mampu membawa unsur-unsur baja di tanah yang lahir dari pecahan batu. Pemerhati akan menyaksikan kelahiran herba, tumbuh-tumbuhan, bunga, serangga dan semua jenis hidupan lain, iaitu sifat yang kita takrifkan hari ini sebagai indah dan yang menjadi asas kitaran makanan dan kelangsungan hidup kita.

Mari kita hadapi: tanpa entropi kita tidak akan berada di sini hari ini. Oleh itu, di luar apa yang mungkin kelihatan pada pemerhatian sekali-sekala terhad dalam masa, tindakan terakhir entropi bukanlah merosakkan tetapi kreatif.

Sejarah evolusi secara radikal bercanggah dengan prinsip entropi. Evolusionis berpendapat bahawa gabungan spontan atom tak organik akan berlaku dalam masa yang terhad dan dalam susunan yang tepat untuk membentuk molekul yang sangat kompleks seperti protein dan kemudian DNA. Daripada pengagregatan kasual ini, berjuta-juta spesies hidup dengan struktur biologi yang kompleks akan timbul secara spontan.

Tafsiran klasik hukum entropi menafikan bahawa proses ini boleh berlaku; tetapi, sebenarnya, ia berlaku. Para saintis evolusi tertanya-tanya tentang masalah ini tanpa dapat mencadangkan penyelesaian. Sarjana evolusi Roger Lewin menyatakan, dalam artikel yang muncul dalam jurnal Science:

> "Menurut undang-undang kedua termodinamik, sistem harus reput dari semasa ke semasa, menunjukkan susunan yang lebih kecil, bukan lebih besar."

Jesse Hackley Rush, doktor dan saintis evolusi, menulis ini:

> "Dalam proses evolusinya yang kompleks, kehidupan menunjukkan kontras yang ketara berkenaan dengan kecenderungan yang dinyatakan dalam undang-undang kedua termodinamik. Walaupun undang-undang ini bercakap tentang kemajuan tidak dapat dipulihkan ke arah peningkatan entropi dan gangguan, kehidupan terus berkembang ke arah tahap yang lebih tinggi."

Jilid "The Evolution Deception" (Harun Yahya) melaporkan pendapat seorang lagi saintis evolusionis, George

Stravropoulos, yang diterbitkan dalam jurnal saintifik terkenal American Scientist:

> "Di bawah keadaan biasa, tiada molekul organik kompleks boleh terbentuk secara spontan, sebaliknya harus hancur, mengikut undang-undang kedua termodinamik.
>
> Pada hakikatnya, lebih besar kerumitan, lebih besar ketidakstabilan dan keselamatan akibat perpecahan sepatutnya."

Penyelesaian paradoks dicadangkan oleh evolusionis terkenal Jeremy Rifkin dalam eseinya "Entropi", yang diterbitkan pada tahun 1980, di mana dia bercakap tentang "kuasa ajaib" yang akan membolehkan proses evolusi tidak mengalami kesan entropi.

Malah, "kuasa ajaib" yang mampu menjinakkan entropi wujud, dan sinkronisiti. Dalam dualisme kejahatan yang baik, kedua-dua pasukan itu wujud bersama dan mewujudkan realiti kosmik yang ditakdirkan untuk melihat kemenangan kebaikan. Dengan cara yang sama, dualisme "entropi" dan "synchronicity" beroperasi di alam semesta dalam cabaran yang akan menyaksikan kemenangan "entiti" yang menjana synchronicity.

Synchronicity sebagai projek evolusi pintar.

Synchronicity adalah projek evolusi yang diketuai oleh kecerdasan, yang kita dapat menentukan sebagai "minda sejagat", yang mampu campur tangan bukan sahaja dalam kehidupan individu, seperti dalam kes -kes Filippo dan Matteo, tetapi juga dalam kehidupan kumpulan, orang dan negara -negara, di jalan seluruh umat manusia. Ini membenarkan hakikat bahawa entropi atau keegoisan manusia tidak menghalang alam semesta fizikal daripada berkembang ke arah peningkatan kesempurnaan dan bukannya kekalahan. Sejarah kemanusiaan tidak menemui penghujungnya dalam kemusnahan diri kolektif tetapi berkembang ke arah kejayaan seni, budaya dan, akhirnya, kesedaran nasib yang melampaui kematian fizikal.

Dalam buku terdahulu saya "Entanglement and Synchronicity" saya memberi tumpuan kepada keadaan yang benar - benar membingungkan yang mana spesies manusia, yang bermula berjuta -juta tahun yang lalu dengan hominid pertama kekal dalam keadaan tamadun batu untuk masa yang sangat besar. Hanya dua belas ribu tahun yang lalu spesies manusia memulakan lompatan budaya yang sangat cepat yang membawa kita hari ini, untuk melakukan perjalanan dalam sistem solar.

Semua ini tidak mungkin dalam proses evolusi secara beransur -ansur. Sesuatu yang berlaku dua belas ribu tahun yang lalu, sesuatu yang, selepas berjuta -juta tahun tidur budaya, kesedaran manusia yang tidak terkunci yang membolehkan puncak semasa dicapai.

Sering kali ia berlaku bahawa beberapa penemuan dibina secara serentak, di tempat yang berbeza di dunia, oleh dua saintis yang tidak menyedari karya bersama. Dalam kes ini kita harus membayangkan bahawa input telah diberikan oleh jiwa kolektif, biasa kepada kedua -duanya. Sebagai contoh, ini berlaku dalam ciptaan telefon oleh Antonio Meucci di New York dan Alexander Bell di Boston.

Pada 22 April 1984, "Pusat Kawalan dan Pencegahan Penyakit" mengisytiharkan secara terbuka bahawa LAV virus

Perancis telah dikenal pasti secara pasti sebagai penyebab bantuan oleh penyelidik Institut Pasteur.

Keesokan harinya Margaret Heckler, setiausaha "Kesihatan dan Perkhidmatan Manusia", mengumumkan bahawa Robert Gallo, pengarah Makmal Biologi Sel Tumor "Institut Kanser Kebangsaan", telah mengasingkan virus yang bertanggungjawab untuk AIDS dengan memanggilnya HTLV-III . Oleh itu, memulakan pertempuran undang -undang yang nyata antara dua institut penyelidikan berprestij, yang kedua -duanya menuntut pengarang penemuan itu.

Di luar persoalan bahawa banyak penemuan atau teknologi seperti memanah yang sesuai untuk membuang anak panah, pertanian, pembiakan haiwan atau pembinaan berbentuk piramid telah dibuat oleh orang -orang yang berbeza, jauh, praktikal dengan cara kontemporari. Infatt adalah peristiwa teknologi yang berlaku di GNI Luog0 dalam dua belas ribu terakhir, berbanding berjuta -juta tahun

Hari ini kebimbangan utama saintis individu dan bengkel penyelidikan adalah untuk menerbitkan hasil sebelum orang lain melakukannya; Malah, semua orang tahu, walaupun tidak mempunyai kognisi yang tepat, yang pasti orang lain, di beberapa bahagian dunia, melakukan penyelidikan mereka sendiri. Secara kebetulan, ini menghasilkan drama yang benar dalam hati nurani penyelidik, berjuang antara segera penerbitan dan ketakutan tidak mempertimbangkan beberapa aspek yang dapat mempengaruhi hasilnya.

Selain itu, kita tidak boleh gagal melihat banyak penemuan yang berlaku "secara kebetulan", seolah -olah seorang prompter misterius mahu menunjukkannya dari semasa ke semasa. Kami bercakap tentang X-ray, Super-Color, Anesthesia, Penicillin, Microwave Oven, Saccharin, Transistor,

Velcro, Teflon, Greenrame, dan banyak lagi. Coca-Cola telah "dicipta" pada 8 Mei 1886 di Atlanta, (Georgia, Amerika Syarikat) oleh ahli farmasi John Stith Pemberton yang tidak mahu mencipta minuman, tetapi ubat untuk sakit kepala, oleh itu ubat. Nama pertama yang diberikan kepada minuman itu ialah "koka wain Perancis Pemberton".

Sinkronisitas budaya.

Joseph Cambray dalam bukunya "Synchronicity. Nature and psyche in an interconnected universe" bercakap tentang "cultural synchronicities" memetik peristiwa yang merangkumi seluruh tamadun dan berjuta-juta orang, seperti kemunculan demokrasi di Greece klasik. Peristiwa yang menentukan ini berlaku dalam masa yang sangat singkat dan di bahagian yang sangat kecil di planet ini.

Saya percaya bahawa kita sedang mengalami satu lagi sinkronisitas budaya yang hebat didorong oleh perkembangan fizik kuantum, cabang sains yang lahir beberapa dekad yang lalu. Fizik kuantum mendedahkan kemungkinan yang luar biasa, seperti kewujudan tahap bukan fizikal yang menghubungkan semua jirim di alam semesta ke dalam satu rangkaian.

Ini adalah tahap di mana zarah, tidak berjisim dan dalam bentuk tenaga bergetar dan maklumat tulen, boleh membebaskan diri mereka daripada kekangan masa dan ruang yang perkara itu mesti diserahkan dalam tahap pemahaman kita.

"Skronisitas kuantum" yang kita alami seharusnya membawa kepada lonjakan budaya yang tidak dapat difikirkan: mengatasi materialisme dan kelahiran sains penyatuan alam dan jiwa, semangat dan kebendaan. Hanya melalui tahap psikik akan dapat mengatasi halangan fizikal dan memasuki

Kesedaran alam semesta, untuk mendapat manfaat daripada semua tenaga dan semua kecerdasan yang terkandung di dalamnya. Ia akan menjadi lompatan yang potensinya tidak dapat kita bayangkan dan yang akan membuka pintu "syurga" kepada manusia dengan semua yang terkandung di dalam syurga.

Prinsip antropik.

"Kami adalah penjelmaan tempatan Cosmos yang berkembang kepada kesedaran diri. Kami telah mula memahami asal usul kami: kami adalah bahan bintang yang bermeditasi pada bintang-bintang."
(Carl Sagan)

"Jika saya tidak berada di sini untuk membiarkan awak menyinari saya, maka awak, Matahari yang bersinar, apakah awak?"
(Friedrich Nietzsche, Demikian Bercakap Zarathustra)

Peranan manusia di alam semesta.

Idea yang muncul daripada membaca bab sebelumnya, yang menurutnya "Minda sejagat" akan beroperasi melalui episod keselarasan individu atau kolektif untuk pembangunan budaya umat manusia, mengandaikan bahawa manusia yang hidup di planet Bumi diberikan peranan utama . Untuk memenuhi peranan ini, manusia adalah objek perhatian, perlindungan dan bimbingan daripada "Minda" ini.

Sebaliknya, dalam kosmologi saintifik, manusia mewakili tidak lebih daripada produk evolusi jirim, sama sekali tidak relevan untuk pembangunan planet Bumi, lebih-lebih lagi untuk Alam Semesta. Sebenarnya, sehingga abad ke-16 visi budaya meletakkan manusia di tengah-tengah alam semesta. Teori yang kemudiannya dikembangkan oleh Copernicus, bahawa planet-planet beredar mengelilingi Matahari, menyebabkan Bumi menjadi planet kecil semata-mata dan bukannya pusat alam semesta, . Akibatnya, manusia juga menjadi salah satu daripada banyak makhluk yang tidak relevan ditempatkan di bahagian kecil alam semesta.

Prinsip antropik.

Pada tahun 1973, seorang saintis, Brandon Carter, menghuraikan satu rumusan baharu tentang hubungan yang menyatukan manusia dengan alam semesta. Dia memanggilnya sebagai "Prinsip Anthropic" dan menyampaikannya kepada komuniti saintifik semasa Simposium "Perbandingan Teori Kosmologi dengan Data Pemerhatian" yang diadakan di Krakow sebagai sebahagian daripada perayaan ulang tahun ke-500 kelahiran Nicolaus Copernicus.

Rajah 24 - Risalah peringatan yang dikeluarkan oleh Pejabat Pos Poland sempena sambutan ulang tahun ke-500 kelahiran Nicolaus Copernicus, di mana Brandon Carter mencipta istilah "Prinsip Anthropic".

ajah 25 - Frasa peringatan Stephen Hawking, baru-baru ini meninggal dunia, dan bukunya "The universe in a nutshell". Dalam buku itu, beliau membincangkan topik yang berkaitan dengan teori M alam semesta multidimensi dan sering merujuk kepada "prinsip keutamaan antropik" Brandon Carter.

Prinsip ini, banyak dipertikaikan dalam rumusannya yang dipanggil "kuat", membatalkan visi Copernican tentang hubungan antara manusia dan kosmos dan memulihkan pusat manusia.

Malah sebelum didedahkan, teori ini telah pun dikongsi dengan saintis lain seperti Martin Rees, Freeman Dyson, John Wheeler dan lain-lain.

Seorang saintis berkaliber Stephen Hawking pada mulanya meragukan, tetapi selepas perumusan Teori M (teori yang menyatukan segala-galanya dalam alam semesta berbilang dimensi) dia mengubah fikirannya. Hawking menjadi penyokong "prinsip keutamaan antropik", dan dia mengambil kira dalam semua kajiannya dan penerbitan seterusnya, seperti buku "The universe in a nutshell".

Brandon Carter.

Brandon Carter (rajah 26) ialah seorang ahli fizik Australia, yang terkenal dengan kajiannya tentang sifat-sifat lubang hitam dan untuk penemuan pemalar keempat gerakan, dibaptiskan, dengan merujuk kepada namanya, "Pemalar Carter". Oleh itu, dia seorang saintis yang berkaliber, dan ini menjadikannya sangat boleh dipercayai apabila dia merumuskan teori yang ditakrifkannya sebagai prinsip !antropik".

Dalam garis besarnya, prinsip ini menegaskan bahawa kesedaran manusia bukanlah hasil biasa daripada evolusi jirim, sebaliknya titik ketibaan evolusi alam semesta yang bertujuan tepat pada kelahiran kesedaran. Prinsip seperti yang dinyatakan oleh Carter di Krakow mempunyai dua rumusan, dipanggil "lemah" dan "kuat".

Prinsip antropik "lemah".

Apa yang dipanggil Prinsip Antropopik Lemah berhujah bahawa kedudukan kita dalam ruang dan masa alam semesta sememangnya mempunyai keistimewaan kerana semua pemalar yang mendasari fungsi alam semesta ditentukur kepada nilai-nilai yang sesuai dengan perkembangan jenis kehidupan kita. Dengan satu siri kebetulan yang luar biasa, undang-undang yang mengawal alam semesta adalah konsisten dengan kemungkinan wujudnya kehidupan pintar. Contohnya, jika Matahari mempunyai saiz yang berbeza sedikit, atau jika Bumi beredar mengelilingi Matahari pada jarak yang berbeza sedikit, laut akan menjadi periuk mendidih atau gunung ais. Bumi berputar dengan kesipian yang sangat kecil iaitu kira-kira 0.0167, dan kecondongan paksi putaran adalah untuk membenarkan pertukaran musim dengan cara yang tepat.

Kehidupan di Bumi adalah berasaskan karbon, yang dibuang ke planet kita berikutan letupan bintang di mana ia terbentuk. Empat daya asas yang mengawal kosmos bergantung kepada beberapa pemalar fizikal seperti, contohnya, pemalar Hubble, pemalar Planck, pemalar graviti universal, cas elektrik dan jisim elektron.

Hakikat bahawa semua pemalar ini betul-betul ditentukur pada nilai-nilai yang mampu membenarkan perkembangan kehidupan adalah sangat mengejutkan: ia akan mencukupi untuk hanya satu yang mempunyai nilai yang berbeza minimum untuk menjadikan kehidupan mustahil.

Rajah 26 - Di atas John David Barrow dan Frank Tipler, pengarang buku "The anthropic principle". Kiri bawah Brandon Carter, yang merumuskan teori itu.

Nilai kemungkinan empat interaksi asas (graviti, elektromagnet, nuklear lemah dan nuklear kuat) dan zarah subatom (proton, neutron, elektron) berpotensi tidak terhingga. Walau bagaimanapun, nilai yang sebenarnya kita ukur membolehkan kita mencipta rangkaian interaktif yang menimbulkan alam semesta yang mengandungi kehidupan. Di antara konfigurasi tak terhingga hanya terdapat satu konfigurasi, yang sangat tepat. Stephen Hawking menulis dalam bukunya "From Black Holes to the Universe":

> "Jika ketumpatan Alam Semesta satu saat selepas Letupan Besar lebih besar daripada ketumpatan kritikal oleh satu bahagian dalam seratus bilion, Alam Semesta akan runtuh selepas 10 tahun. Jika sebaliknya ia kurang daripada nilai yang sama, Alam Semesta sudah kosong selepas 10 tahun kewujudan"

Prinsip antropik "kuat".

Prinsip "kuat" menyatakan bahawa alam semesta mestilah sama seperti membenarkan perkembangan kehidupan, pada masa tertentu dalam sejarahnya, yang bertepatan dengan era yang kita hidup, iaitu kira-kira 14 bilion tahun dari latihannya. Di antara banyak alam semesta yang mungkin dilahirkan dari Big Bang, yang membolehkan kita berada di sini dilahirkan. Kebarangkalian ini berlaku adalah satu dalam beberapa bilion. Mungkinkah ini berlaku secara kebetulan?

Ini bermakna alam semesta telah direka untuk membolehkan kita berada di sini hari ini. Alam semesta mempunyai tujuan tertentu: ia mesti menjadi tuan rumah kepada manusia.

Oleh itu, manusia bukanlah tetamu yang telah berlaku, oleh kemalangan yang aneh, di alam semesta yang mengabaikannya. Manusia adalah sebab alam semesta wujud. Teori ini membayangkan bahawa alam semesta telah dibentuk dengan tujuan untuk mempromosikan kehidupan dan perkembangan kesedaran; iaitu, bahawa alam semesta telah direka sebagai kepompong, plasenta di mana kehidupan secara amnya dan kesedaran manusia khususnya boleh berasal.

Anggapan bahawa alam semesta diciptakan untuk kita sudah tentu memberikannya tujuan. Kosmos bukanlah jisim bahan mentah yang huru-hara, tetapi bertindak balas kepada projek kesedaran manusia. Perubahan kosmos tidak lagi diuruskan secara kebetulan, tetapi memerlukan kehadiran "Reka Bentuk Pintar", dan oleh itu kewujudan "Pereka".

Ini juga boleh mempunyai implikasi keagamaan yang, walau bagaimanapun, tidak ada pernyataan, sekurang-kurangnya di pihak Katolik. Bapa Gabriel Funes, seorang Jesuit, bekas pengarah "Balai Cerap Vatican", iaitu balai cerap astronomi Gereja Katolik, menyatakan dalam hal ini bahawa "Gereja tidak mempunyai pendirian pada prinsip antroposentrik Carter. Oleh itu, penghakimannya tetap terbuka mengenai apa yang akan dapat ditemui oleh sains".

John David Barrow dan Frank Tipler.

Ahli fizik J. Barrow dan F. Triple menerbitkan pada tahun 1986, di Amerika Syarikat, jilid "The Anthropic Cosmological Principle" di mana mereka bukan sahaja berurusan secara meluas dengan teori antropik, tetapi juga mencadangkan kajian penting mengenainya.

Kedua-dua pengarang secara meluas menerangkan asas konseptual "Prinsip Antropik". Tanpa bilangan kebetulan yang luar biasa dalam bentuk undang-undang fizikal dan dalam nilai pemalar alam semula jadi, biokimia dan kehidupan pintar tidak akan mungkin. Alam semesta yang dicipta secara kebetulan tidak akan membenarkan kehidupan, dan objek astronomi biasa dan perkara biasa juga tidak mungkin.

Bermula dari pemerhatian ini, mereka membuat kesimpulan bahawa projek semestinya wujud. Dalam kajian kedua-dua saintis itu, "prinsip antropik yang lemah" berkembang menjadi "prinsip kuat". Seperti yang ditulis oleh Barrow dalam buku itu:

> “Jika kita cuba membayangkan keseluruhan koleksi 'alam semesta lain' hipotesis di mana semua kuantiti yang mentakrifkan struktur alam semesta kita mengambil semua permutasi nilai yang mungkin, kita akan mendapati bahawa hampir semua alam semesta yang mungkin ini telah dilahirkan mati. Tiada siapa yang akan dapat menjana jenis kerumitan kimia yang kita panggil "kehidupan."

Penemuan ini telah menyebabkan Brandon Carter mencadangkan bahawa beberapa aspek metafizik yang lebih spekulatif mungkin wujud di alam semesta, yang beliau namakan sebagai "Prinsip Antropopik Kuat", untuk membezakannya daripada Prinsip Antropopik lemah yang lebih kontroversial. Prinsip yang kukuh menyatakan bahawa, memandangkan terdapat sebilangan besar "kebetulan" yang luar biasa yang cenderung untuk membenarkan kemungkinan kehidupan di alam semesta, pada satu ketika evolusi prinsip ini MESTI menimbulkan kewujudan "pemerhati".

Prinsip Anthropic Definitif".

Barrow dan Tipler mengandaikan bentuk ketiga Prinsip Anthropic, "Prinsip Anthropic Ultimate", yang menurutnya "Pemprosesan maklumat pintar semestinya berkembang di alam semesta dan apabila ia muncul, ia tidak akan pupus". Menurut kedua-dua sarjana itu, alam semesta yang mempunyai keupayaan untuk menghasilkan kehidupan pintar tidak akan masuk akal jika alam ini tidak bertahan cukup lama untuk dapat membangunkan spesies pintar.

"Prinsip Antropopik Penyertaan"

Bentuk Prinsip Anthropic ini dicadangkan oleh John Archibald Wheeler sebagai alternatif kepada prinsip yang kuat. Menurut Wheeler, pemerhati diperlukan untuk kehidupan alam semesta, seperti yang diperlukan untuk pengetahuannya; oleh itu manusia, sebagai pemerhati alam semesta, mengambil bahagian secara aktif dalam kewujudannya sendiri.

"Mubaligh Nurani"

Pada tahun 2005 satu artikel muncul di laman web SETI (Search for Extra-Terrestrial Intelligence, sebuah program yang didedikasikan untuk mencari kehidupan pintar luar angkasa) bertajuk "The Drake Equation" di mana prinsip penyertaan Wheeler diperluaskan lagi. Merujuk kepada sebarang mesej antara penduduk kosmos, artikel itu menyatakan bahawa "Misi pengirim terdiri daripada menyebarkan Kesedaran di Alam Semesta". Ringkasnya, sesiapa yang menghantar mesej kepada alam semesta menjadi "mubaligh Kesedaran". Dia menyebarkan "Kesedaran", dalam bentuk yang dia tahu, kepada entiti yang mampu mendapat manfaat daripadanya.

Prinsip antropik dan masa.

Sains yang lebih objektif tidak menolak kewajaran teori antropik, kerana ia akan menjadi tidak masuk akal untuk pembinaan kosmik yang sempurna itu diperoleh daripada rawak dan tidak mempunyai tujuan. Dalam keadaan ini, bantahan yang kerap juga mendapat jawapan: "Jika akhirnya adalah manusia, yang hanya tinggal di planet Bumi, mengapa alam semesta memerlukan begitu banyak ruang dan begitu banyak bahan?".

Jawapannya menggariskan bahawa keadaan yang mampu membolehkan kehidupan memerlukan masa dan ruang untuk direalisasikan. Ia adalah perlu bagi alam semesta untuk menua dan berkembang untuk membolehkan bintang menghasilkan unsur kimia yang menjadi asas kehidupan di Bumi, seperti karbon. Selain itu, kewujudan planet lain di mana kehidupan yang sama telah dibangunkan tidak dikecualikan, sama seperti tidak dikecualikan bahawa manusia boleh mengeksport tamadunnya ke planet dan galaksi lain.

Unsur pertama yang muncul di alam semesta ialah hidrogen, yang atomnya hanya mengandungi satu proton. Kira-kira tiga minit selepas Letupan Besar, gabungan dua atau tiga atom hidrogen membenarkan pembentukan helium dan litium, yang masing-masing mempunyai dua dan tiga proton.

Di bahagian dalam bintang, gabungan dua atom helium menghasilkan berilium. Daripada gabungan satu atom berilium dan satu helium, lahirlah atom karbon yang tidak stabil, yang hanya menjadi stabil apabila suhu dalam bintang meningkat kepada 100 juta darjah Kelvin. Akhirnya, apabila bintang itu, pada akhir hayatnya, meletup menghasilkan supernova, karbon dan logam lain diusir ke angkasa lepas dan membentuk badan angkasa lain, termasuk planet.

Pada ketika ini kita telah menetapkan bahawa kehidupan adalah penting untuk kewujudan alam semesta. Sekiranya alam semesta tidak terhingga dalam ruang dan masa, kita mungkin bertanya sama ada kehidupan itu sendiri tidak boleh menjadi tidak terhingga dalam masa dan ruang. Dan di atas semua itu, kita boleh bertanya kepada diri sendiri bagaimana infiniti, atau keabadian ini, difahami. Bolehkah ia merujuk kepada kehidupan secara umum, kepada pemuliharaan spesies, atau bolehkah ia merujuk kepada setiap individu?

Adakah mungkin untuk membayangkan makhluk hidup yang abadi?

Kita telah pun mengaitkan keabadian kepada unsur-unsur penting jirim, atom. Dalam bidang biologi, di kalangan makhluk hidup kita boleh merujuk kepada bakteria, yang biasanya tidak menamatkan kewujudannya dengan kematian tetapi dengan membelah. Bakteria mempunyai keupayaan untuk membahagikan kepada dua bahagian, setiap satunya mengekalkan semua warisan genetik bakteria asal. Tanpa kemalangan, proses ini berlangsung selama-lamanya dan mudah untuk mengira bahawa, jika bakteria membelah setiap setengah jam, dalam satu hari ia mampu menjana 250,000 bilion bakteria serupa.

Sekiranya organisma yang unggul, seperti manusia, mencapai keupayaan untuk berpecah sambil mengekalkan warisan neuron, iaitu kesedaran diri, mereka boleh dikatakan menjadi abadi. Ini, pada masa ini, boleh dianggap mustahil: sebenarnya, bakteria terdiri daripada satu sel manakala tubuh manusia merangkumi berjuta-juta sel yang khusus dalam cara yang berbeza untuk setiap organ (kulit, hati, dll.).

Jelas sekali, sel-sel ini tidak semua boleh membahagi pada masa yang sama.

Titik Omega Frank Tipler,

Frank Jennings Tipler (rajah 26) pengarang bersama John Barrow dari "The Anthropic Principle", ialah seorang profesor dan penulis Amerika yang mengajar fizik matematik di Universiti Tulane di New Orleans. Kebanyakan kajiannya tertumpu kepada fizik perjalanan masa.

Beliau juga terkenal sebagai pengarang teori "Omega Point", yang sebenarnya mengambil teori nama yang sama yang dibangunkan sebelum ini oleh saintis Jesuit Perancis Pierre Teilhard de Chardin.

Tipler cuba mengkaji nasib muktamad alam semesta dengan cara yang sama seperti yang dilakukan Isaac Asimov dalam novel 'The Last Question'. Dalam cadangannya, yang dia mendasarkan pada hipotesis munasabah yang mampu menyokongnya, dia bermula dari konsep "kemajuan abadi" untuk membuat hipotesis kewujudan Tuhan di masa hadapan.

"Tuhan" ini akan menjadi seorang lelaki yang telah menjadi abadi, seperti yang berlaku kepada superman Nietzsche. Tipler juga membuat hipotesis kebangkitan orang mati melalui komputer dan "muat naik minda". "Muat naik kecil" akan menjadi teknik yang membolehkan pemulihan dan pemindahan warisan mental individu daripada badan lama kepada badan baharu, atau kepada badan yang dibangkitkan daripada kematian.

Tambahan pula, Tipler membuat hipotesis bahawa, terima kasih kepada superkomputer, alam semesta boleh tunduk kepada kehendak manusia dengan bertindak pada masa yang telah berlalu. Dengan cara ini adalah mungkin untuk membina semula peristiwa, dunia dan manusia pada masa lalu, dengan teknik "kepulangan dibantu abadi".

Secara praktikal Tipler mencadangkan perspektif yang dikaitkan dengan transhumanisme, gerakan budaya yang menyokong penggunaan sains dan teknologi untuk meningkatkan kebolehan fizikal dan mental dan untuk memperbaiki semua aspek keadaan manusia yang tidak diingini atau berbahaya, seperti penyakit dan penuaan. Gerakan pemikiran ini mengharapkan kemungkinan transformasi yang akan melampaui keadaan manusia.

Tesis Tipler, seperti yang dijangka, telah menimbulkan banyak kontroversi dalam dunia saintifik. Dalam ulasan buku Tipler "The physics of immortality" ahli fizik Afrika Selatan George Ellis memanggil teori Omega Point "sebuah karya pseudosains".

Para saintis lain, seperti ahli fizik Universiti Oxford, David Deutsch, mendapati hujah Tipler konsisten. Dalam bukunya "The Fabric of Reality" Deutsch menghuraikan teorinya tentang Segalanya dengan memasukkan Titik Omega Tipler ke dalam alasannya.

Di pusat rohani alam semesta.

Ringkasnya, kita boleh mengatakan bahawa kita berada di sini kerana alam semesta dan alam semesta berada di sini kerana kita. "Prinsip Anthropic" sedang mengkonfigurasi semula pemikiran saintifik moden. Pemikiran saintifik moden telah bermula dengan Copernicus dan penemuannya bahawa Bumi dan planet-planet beredar mengelilingi Matahari.Dengan ini, sains telah menumbangkan pemikiran Aristotelian yang meletakkan Bumi dan manusia di pusat geografi alam semesta.

Perkembangan fizik moden mengendalikan pembalikan baru. Kali ini manusia, walaupun bukan lagi pusat geografi seperti yang ditunjukkan dengan betul oleh Copernicus, telah ditubuhkan dengan kukuh sebagai pusat rohani.

Bahagian kedua. Pengesahan saintifik.

Tetapi apakah perkara fizikal?

"Oleh itu, fizik moden mewakili jirim bukan sebagai pasif dan lengai, tetapi dalam tarian berterusan dan keadaan getaran, yang angka iramanya ditentukan oleh struktur molekul, atom dan nuklear. Ini juga bagaimana ahli mistik Timur melihat dunia material. Mereka semua menekankan bahawa alam semesta mesti digenggam dalam dinamismenya, ketika ia bergerak, bergetar dan menari; bahawa alam semula jadi tidak berada dalam keseimbangan statik tetapi dinamik."

(Fritjof Capra, ahli fizik dan penulis esei)

Mencari bukti.

Pada bahagian pertama buku ini saya membentangkan banyak teori yang dibangunkan dan dicadangkan oleh saintis, berdasarkan pemikiran, falsafah dan deduksi logik tetapi tidak disokong oleh sebarang bukti eksperimen yang diiktiraf oleh komuniti yang diiktiraf. Langkah pertama yang penting untuk memberi maruah saintifik kepada semua hipotesis yang dibincangkan adalah dengan mewujudkan hubungan yang boleh disahkan antara tahap fizikal fungsi jirim dan tahap "rohani".

Dalam pengalaman kami, yang bergantung pada determinisme fizikal, sukar untuk mencari sambungan bukan material: meja atau kerusi adalah kepingan kayu atau logam dan tidak memberi inspirasi, sejauh deria kita muncul, implikasi psikik atau metafizik.

Ini tidak lagi berlaku, bagaimanapun, apabila kita memasuki tahap yang sangat kecil, memerhatikan tingkah laku zarah asas. Apabila akhirnya, dalam beberapa dekad kebelakangan ini, manusia telah berjaya menembusi realiti subatomik, penyelidikan eksperimen telah menghasilkan kejutan yang luar biasa. Hebatnya, adalah mungkin untuk menyimpulkan kewujudan tahap psikik secara eksklusif. Ia adalah tahap realiti tanpa bahan dan terdiri daripada maklumat pintar.

Bahagian kedua buku ini akan didedikasikan untuk meneroka dunia zarah subatom yang indah.

Albert Einstein memperkenalkan konsep relativiti ke dalam fizik. Banyak kepastian, yang berasal dari cara kita memahami dunia, runtuh dengan mengetahui bahawa masa dan ruang adalah konsep relatif dan boleh mempunyai nilai yang berbeza bergantung pada keadaan. "Paradoks berkembar" adalah penting. Salah seorang kembar menaiki kapal angkasa dan bergerak melalui angkasa dengan kelajuan yang hampir dengan cahaya. Apabila dia pulang ke rumah, dia mendapati bahawa masa telah berlalu dengan lebih perlahan untuknya daripada orang yang tinggal di Bumi dan ramai daripada mereka, yang sebaya dengannya, telah pun meninggal dunia. Abang kembarnya jauh lebih tua.

Dalam menghadapi bukti saintifik ini, kita tidak perlu terkejut apabila mendapati bahawa perkara itu juga relatif. Pada tahap makroskopik atau kawasan bersaiz sederhana di mana kita tinggal, realiti kelihatan jelas: sempadannya boleh ditentukan, ia boleh ditimbang dan diukur. Tahap kekerasan atau kebolehtempaan objek yang berbeza boleh diwujudkan. Jika tidak, kami akan menghadapi masalah setiap hari. Sifat jirim ini kekal tidak berubah walaupun pada tahap astronomi, dan undang-undang fizikal yang digunakan pada meja dapur kita juga sah untuk planet terakhir di galaksi yang jauh.

Pada peringkat subatom, bagaimanapun, iaitu dalam yang sangat kecil, perkara berubah dan jirim menjadi sesuatu yang sangat tidak jelas berkenaan dengan intipatinya yang sebenar. Tahap subatomik ialah zarah asas, yang merupakan komponen dalaman atom.

Falsafah dan mistik fizik.

Falsafah fizik mengkaji aspek logik dan metafizik konsep seperti tenaga, masa, ruang dan jirim. Dia amat berminat dengan persoalan kausalitas dan "determinisme".

Sememangnya, falsafah telah berminat dengan fizik kuantum sejak ia dilahirkan, kerana keupayaannya untuk melemahkan aspek asas tradisi saintifik, seperti contohnya konsep pengukuran, secara tiba-tiba digantikan dengan ketidakpastian.

Operasi pengukuran pada peringkat subatomik menjadi mustahil, kerana ia dilakukan pada unsur-unsur yang sangat kecil sehingga ia terganggu oleh pengukuran itu sendiri. Akibatnya, atom tidak boleh diperhatikan secara langsung walaupun dengan mikroskop yang paling berkuasa, tetapi hanya "berteori".

Ini mengesahkan kegagalan determinisme, yang sangat disukai oleh Pierre Simon Laplace. Pada masa yang sama, nilai baru seperti probabilisme dan indeterminism dilahirkan.

Indeterminisme ialah sikap falsafah, yang diketuai oleh ahli astronomi Inggeris Arthur Eddington, yang mengakui tindakan kebetulan dalam penentuan kehendak atau realiti. Iaitu, indeterminisme mengakui bahawa perkara boleh berlaku tanpa sebarang sebab. Fakta tidak selalu hasil daripada tindakan sebab dan akibat.

Antara penyokong indeterminisme ialah ahli fizik terhebat pada zaman kita: Werner Karl Heisenberg, Niels Bohr, Arthur Compton, Pascual Jordan, Hans Reichenbach, Robert Millikan, Georges Lemaître dan lain-lain.

Fizik kuantum tidak menghiraukan ketegasan yang menentukan dan membawa kita kepada konsepsi mistik yang ketara tentang kosmos, berdasarkan unsur-unsur yang mengingatkan kemungkinan komponen rohani bersama-sama dengan material.

Pemikiran tentang realiti sesuatu ini membawa kita kembali ke lebih dua milenium yang lalu, kepada gerak hati ahli falsafah Yunani pertama. Walau bagaimanapun, bertentangan dengan apa yang berlaku pada masa itu, visi kosmos yang muncul hari ini bukan berdasarkan intuisi tetapi pada eksperimen yang dijalankan dengan sangat tepat di makmal fizik terbaik.

Akar semua sains dan fizik Barat khususnya boleh ditemui pada abad keenam SM, dalam tempoh yang tidak mengetahui apa-apa pembahagian antara agama, falsafah dan sains, di kalangan orang bijak sekolah Miletus. Kajian mereka bertujuan untuk menemui perlembagaan sebenar jirim, yang mereka kenal pasti dalam istilah "physiká", hari ini diterjemahkan sebagai "fizik". "physiká" mewakili usaha untuk menemui intipati sesuatu. Berdasarkan andaian mereka, ahli falsafah Miletus ditakrifkan sebagai "hylozoists", istilah yang bermaksud "mereka yang berfikir bahawa jirim adalah animasi". Malah, mereka tidak membezakan antara roh dan jirim fizikal; sesungguhnya mereka tidak mempunyai istilah pun untuk benda fizikal, kerana bagi mereka semua bentuk kewujudan dikurniakan kehidupan dan kerohanian. Khususnya, Thales mengekalkan bahawa ketuhanan hadir dalam semua perkara dan Anaximander menceritakan Kosmos sebagai satu organisma yang dipelihara oleh "prinsip penting" (pneuma).

Selepas itu Heraclitus dari Efesus menggambarkan dunia dalam perubahan yang berterusan, "menjadi" yang kekal. Dia percaya bahawa semua transformasi dunia berasal dari tindakan yang bertentangan, dan setiap pasangan yang bertentangan harus dianggap sebagai satu unit, yang dia beri nama Logos. Dari pertentangan Heraclitus terhasilnya arus pemikiran yang membawa kepada pemisahan antara roh dan jirim.

Parmenides dari Elea, berbeza dengan kewujudan Heraclitus yang kekal, menggelar prinsip asasnya sebagai "Makhluk Tidak Berubah", dan menegaskan bahawa setiap perubahan adalah ilusi murni dari deria. Dari pemikirannya lahir idea tentang bahan yang tidak dapat dihancurkan diletakkan di dasar sifat-sifat perubahan sesuatu.

Daripada perbezaan antara "menjadi abadi" dan "Makhluk yang tidak berubah" pemikiran berkembang yang merenungkan "Menjadi" sebagai wujud dalam bahan tidak berubah tertentu yang bagaimanapun, bercampur dan memisahkan, menimbulkan perubahan dan bentuk yang berbeza. Maka lahirlah konsep atom, sebagai bahagian terkecil yang tidak boleh dibahagikan kepada jirim. Atom mendasari segala-galanya walaupun keadaan kelihatan berbeza. Sesungguhnya hari ini kita tahu bahawa semua benda diperbuat daripada atom.

Ahli atom, termasuk Democritus, mendefinisikan pemisahan yang jelas antara roh dan jirim.

Mereka membayangkan bahan fizikal sebagai terdiri daripada "blok binaan asas", iaitu zarah pasif dan lengai sepenuhnya yang bergerak dalam vakum, dan pergerakannya mungkin disebabkan oleh kuasa luar. Kekuatan ini berasal dari rohani, bukan material.

Imej ini kemudiannya menjadi dominan dalam pemikiran Barat, menimbulkan dualisme antara badan dan jiwa.

Aristotle, dalam kepercayaannya bahawa masalah mengenai jiwa adalah lebih penting daripada yang berkaitan dengan dunia material, mencipta corak pemikiran yang akan menyokong konsep alam semesta di seluruh Barat selama 2,000 tahun. Agama Kristian juga menyokong doktrin Aristotelian sepanjang Zaman Pertengahan.

Dalam Renaissance, kajian alam semula jadi telah ditangani buat kali pertama menggunakan metodologi saintifik, iaitu menggunakan eksperimen yang dikawal oleh hipotesis teori. Galileo Galilei adalah antara yang pertama mengikuti jalan ini dan oleh itu dianggap sebagai bapa sains moden.

Kelahiran sains moden digemari oleh perkembangan pemikiran falsafah, yang menonjolkan dualisme "jirim-jirim". Pada abad kelapan René Descartes menggambarkan sifat yang diasaskan pada pemisahan asas antara dua realiti yang berbeza dan bebas, minda (res cogitans) dan jirim (res extensa). Pemisahan Cartesian membenarkan dunia saintifik untuk mempertimbangkan bahan fizikal yang terdiri daripada objek lengai dan berbeza sepenuhnya antara satu sama lain. Hasilnya ialah gambaran dunia yang serupa dengan pengumpulan objek yang berbeza, objek yang bersama-sama membentuk mesin yang tidak bermaya yang besar.

Gerabak raja Milinda.

Milindapañha ialah teks Buddha yang disusun dalam bentuk dialog falsafah, berlatarkan kota Sāgalā, Siyālkoṭ hari ini. Dialog berlaku antara rahib Nagasena dan Raja Milinda. Dari segi sejarah, Raja Milinda boleh dikenal pasti dengan pemerintah Indo-Yunani Menander I yang memerintah di Punjab antara 155 dan 130 SM.

> "Raja Milinda pergi ke tempat bhikkhu Nagasena berada dan memperkenalkan dirinya dengan sopan dan ramah dan kemudian bertanya kepadanya:
>
> "Bagaimana anda dikenali dan siapa nama anda?"
>
> Nagasena menjawab, "Saya dikenali sebagai Nagasena, ya raja, dan dengan nama itu saudara-saudara dan orang tua saya memanggil saya."
>
> "Kamu beritahu abang-abang kamu sudah biasa memanggil kamu sebagai Nagasena. Sekarang apa sebenarnya Nagasena? Maksud kamu rambut itu Nagasena?"
>
> "Saya tidak berkata demikian, raja besar."

“Atau rambut badan?”

"Sama sekali tidak."

“Mungkin Nagasena adalah kuku, gigi, kulit, daging, saraf, tulang, sumsum? Adakah mana-mana atau semua perkara ini Nagasena?”

Untuk setiap soalan ini bhikkhu menjawab tidak.

“Kalau begitu bentuk luarannya ialah Nagasena? Adakah sensasi atau persepsi atau kesedaran Nagasena?”

Kepada setiap hipotesis ini, bhikkhu itu menjawab tidak.

“Kemudian, Nagasena adalah bunyi kosong dan sia-sia. Siapa Nagasena yang saya lihat di hadapan saya? Nagasena adalah pembohongan, penipuan!”

Kemudian rahib Nagasena berkata kepada Raja Milinda:

“Yang Mulia, anda dibesarkan dalam kemewahan. Jika anda berjalan di atas tanah berbatu, kaki anda berasa sakit. Jadi saya bertanya kepada anda: Bagaimana anda datang ke sini? Adakah anda datang ke sini dengan berjalan kaki atau menaiki gerabak?”

“Saya tidak datang berjalan kaki. Saya datang dengan gerabak kuda.”

“Jadi, jika kamu datang dengan gerabak, jelaskan kepadaku apa itu kereta. Adakah kuda itu keretanya?”

"Saya tidak mengatakan ini."

“Adakah gerabak itu paksi roda?”

"Sudah tentu tidak."

"Mungkin gerabak itu adalah roda atau tali atau rangka atau kuk atau jari-jari roda?"

Kepada semua soalan ini Milinda menjawab tidak.

“Tetapi mungkin kereta kuda itu sesuatu yang berbeza daripada yang saya sebutkan? ”

Milinda menjawab tidak lagi.

“Jadi, 'chariot' adalah perkataan yang tidak bermakna. Gerabak itu adalah bunyi yang kosong dan tidak bermakna. Kamu datang menaiki gerabak apa? Apa yang anda katakan adalah satu pembohongan! Mengapa kamu bercakap perkara palsu?

Kemudian Nagasena memanggil orang Yunani dan para bhikkhu sebagai saksi, berkata:

> "Raja Milinda berkata dia datang dengan gerabak kuda. Tetapi apabila saya memintanya menjelaskan apa itu gerabak kuda, dia tidak dapat berbuat demikian."
> Orang Yunani dan para bhikkhu bertepuk tangan, dan berkata kepada raja:
> "Sekarang Tuanku, jawablah jika mampu!"
> Milinda raja demikian menjawab kepada Nagasena:
> "Saya tidak memberitahu kepalsuan, Yang Mulia. Set yang terdiri daripada kuda, gandar, roda, rangka, tali, kuk, jari-jari dan tongkat, menunjukkan sebutan umum gerabak itu."
> "Sangat bagus! - Kata Nagasena. Anda faham betul-betul maksud kereta. Begitu juga set rambut, kuku, gigi, persepsi, perasaan dan kesedaran, yang menunjukkan Nagasena."

Jadi, apa sebenarnya gerabak kuda Milinda? Materialis akan mengatakan bahawa tidak ada gerabak tanpa bahagian individu. Bahagian-bahagiannya adalah keseluruhannya, dan pedati itu hanya wujud sebagai fakta aksesori, satu fenomena yang kehadiran atau ketiadaannya tidak menjejaskan kewujudan bahagian-bahagian itu. Hakikat bahawa bahagian-bahagian, secara keseluruhan, pergi untuk membentuk gerabak kuda adalah rawak sepenuhnya.

Dalam penglihatan yang lebih rohani kita akan mengatakan bahawa bahagian-bahagian individu memperoleh makna hanya apabila, digabungkan secara bijak, mereka memberi bentuk kepada kereta, kepada bhikkhu Nagasena sendiri, dan kepada segala sesuatu yang ada di alam semesta. Walau bagaimanapun, mana-mana set bahagian yang dipasang secara logik memerlukan reka bentuk pintar yang melampaui inersia bahan yang menyusunnya.

Dualisme yang dicadangkan oleh Descartes.

Penglihatan mekanikal dunia telah diterima pakai oleh Isaac Newton, yang menggunakannya untuk membina sains mekanistiknya meletakkan asas fizik klasik. Pandangan Newton mendominasi dunia dari pertengahan ke-17 hingga akhir abad ke-19.

Falsafah Descartes bukan sahaja penting untuk perkembangan fizik klasik, tetapi mempunyai kesan yang besar kepada pemikiran Barat.

Frasanya yang terkenal "Cogito ergo sum" (saya fikir, oleh itu saya) menjadikan manusia lebih mengenali dengan fikirannya daripada dengan tubuhnya. Akibatnya, manusia menyedari dirinya sebagai "orang lain" yang tinggal di dalam tubuhnya sendiri. Fikiran, dipisahkan dari badan, diberi tugas untuk mengawalnya. Ini menyebabkan konflik antara kehendak dan naluri.

Pemisahan dari tubuh seseorang ini diperluaskan ke dunia luar, dilihat sebagai koleksi objek dan peristiwa yang berasingan. Persekitaran semula jadi terdiri daripada bahagian-bahagian yang boleh dikumpulkan bersama dalam kumpulan yang menarik (pokok, bintang, mineral atau, sememangnya, kereta kuda Raja Milinda).

Masyarakat juga dibahagikan kepada kaum, negara, bangsa, agama dan kumpulan politik, dan lingkaran dalaman kita dibahagikan antara "kondominium saya, saudara-mara saya, kawan-kawan saya, rakan sekerja saya, mereka yang mempunyai hobi yang sama seperti saya, pengunjung pasar raya saya. ".

Perpecahan ini merupakan punca kepada semua krisis sosial dan budaya dan telah menimbulkan kekacauan dan pengagihan sumber yang tidak adil yang sering membawa kepada keganasan dan peperangan.

Pemikiran Cartesian telah membawa faedah dan kemudaratan; dia berhak mendapat pujian kerana telah memperkenalkan pemisahan pada tahap saintifik, manakala mengenai kejahatan sosial adalah jelas bahawa mereka wujud sebelum Descartes. Oleh itu, ahli falsafah tidak boleh dipersalahkan, sebaliknya, keupayaannya untuk menonjolkan pemisahan antara roh dan kebendaan sebagai asal-usul masalah ini harus diiktiraf.

Adalah menarik untuk diperhatikan bagaimana sains moden, yang lahir daripada pemisahan Cartesan dan konsep mekanistik Newton, sedang memikirkan semula konsep-konsep ini. Malah, sains abad ini kembali kepada idea yang dinyatakan oleh falsafah Yunani yang pertama. Ia adalah idea kosmos berdasarkan kerjasama roh dan jirim.

Mengapa ada sesuatu dan bukannya tiada?

Sains sering tertanya-tanya tentang "bagaimana" perkara berlaku. Dia juga bertanya "mengapa" ia berlaku, tetapi dengan kekerapan yang lebih sedikit. Sesungguhnya, sains deterministik menganggap bahawa "mengapa" adalah jelas. Mengapa secara logiknya boleh didapati dalam urutan sebab dan kesan. "Sesuatu" menyebabkan "sesuatu yang lain", dan sudah cukup untuk membina semula semua langkah untuk memahami asal usul fenomena itu. Oleh itu, "mengapa" tersirat dalam "bagaimana". Iaitu, tidak ada "mengapa".

Wacana ini menjadi tidak praktikal apabila kita bercakap tentang kelahiran pertama alam semesta kerana, jika kita mempertimbangkan saat sebelum kewujudannya, pada saat itu tidak ada sebab yang beroperasi yang akan memulakan rantaian kesan. Jadi, pada tahap ini kedua-dua soalan, bagaimana dan mengapa, kekal tidak dijawab.

Sains yang cuba menyelesaikan masalah ini ialah kosmologi dan fizik. Kajian kosmos telah menunjukkan bahawa ia berada dalam fasa pengembangan, disebabkan fakta bahawa ia terus meluas ke angkasa. Bermula dari keadaan semasa dan mensimulasikan laluan ke belakang, iaitu penguncupan, kita tiba pada titik di mana ketumpatan jirim dan suhunya menjadi tidak terhingga, keadaan yang mustahil. Oleh itu, boleh dihipotesiskan bahawa alam semesta bermula pada masa tertentu, diletakkan di antara saat sekarang dan saat di masa lalu secara sementara terletak sebelum keadaan menjadi mustahil.

Akan ada saat yang tepat apabila pengembangan akan bermula dan alam semesta akan "dilahirkan". Ini, walau bagaimanapun, boleh memberikan kita elemen tentang bagaimana, tetapi tidak menjelaskan sebabnya.

Terdapat banyak tradisi budaya dan agama yang cuba memberikan jawapan. Sarjana Alkitab telah lama membahaskan sama ada penciptaan menggunakan bahan lengai yang sedia ada atau berlaku daripada tiada. Kedua-dua penafsiran Yahudi kuno dan Philo, dalam tradisi Helenistik, bersetuju menyokong "creatio ex-nihilo" (penciptaan daripada tiada), hipotesis yang masih disokong oleh agama Kristian hari ini.

Dalam banyak kes lain alam semesta dicadangkan yang diubah suai bermula dari situasi awal huru-hara, atau dari kekosongan yang tidak berstruktur.

Menurut beberapa tradisi, alam semesta boleh muncul dari rahim ibu primordial. Menurut mitologi lain, alam semesta boleh dilahirkan daripada telur yang sedia ada.

Terdapat juga tradisi yang menurutnya alam semesta sentiasa wujud, menurut konsep masa yang diilhamkan oleh tamadun pertanian, di mana segala-galanya tertakluk kepada kitaran kekal kematian dan kelahiran semula.

Dalam kebanyakan hipotesis yang dipertimbangkan, tidak termasuk yang alkitabiah, pra-kewujudan sesuatu perkara diambil begitu sahaja, walaupun dalam bentuk huru-hara, rahim atau telur. Selalunya tidak dijelaskan dari mana asal usul yang sedia ada ini. Walau bagaimanapun, semua tradisi tidak menjelaskan bagaimana proses peralihan daripada tiada kepada sesuatu boleh berlaku, kecuali dengan tindakan kreatif ilahi.

Semuanya bermula dengan Big Bang.

Ledakan Besar ialah model kosmologi berdasarkan idea bahawa alam semesta mula berkembang pada kelajuan yang sangat tinggi dalam masa yang boleh ditentukan dengan tepat pada masa lalu dan bahawa proses ini masih berterusan.

Ia adalah idea utama dalam komuniti saintifik semasa, kerana ia mempunyai pengesahan berdasarkan pemerhatian dan bukti astronomi.

Secara khususnya, ia memainkan peranan dalam teori Big Bang bahawa unsur-unsur cahaya seperti hidrogen dan helium amat banyak mengikut nilai yang diramalkan; pengesahan lain datang daripada kewujudan sinaran latar belakang kosmik, dengan spektrum yang konsisten dengan jangkaan.

Penemuan eksperimen ini dan lain-lain telah meyakinkan kebanyakan saintis bahawa peristiwa seperti Big Bang memang berlaku kira-kira 14 bilion tahun yang lalu.

Apabila ia dicadangkan, penerimaan idea itu tidak jelas dan tidak tenang. Letupan Besar mengandaikan penciptaan semua tenaga dan semua jirim (yang, bagaimanapun, adalah bentuk tenaga yang berbeza) dalam tindakan awal, lebih kurang seperti yang didakwa Descartes dan Newton. Tetapi yang lain melihat campur tangan kreatif Tuhan pada permulaan alam semesta.

Keadaan ini menghasilkan keputusan bahawa komuniti saintifik sangat pendiam dalam menerima teori. Sebaliknya Gereja Katolik, dengan Paus Pius XII, menerima sepenuhnya dalam ucapan yang disampaikannya pada hari Khamis 22 November 1951 di Akademi Sains Kepausan:

> "Dua persoalan secara spontan muncul di fikiran: adakah sains mampu mengatakan bilakah prinsip kosmos yang berkuasa ini berlaku? Dan apakah keadaan awal, primitif alam semesta? Pakar yang paling cemerlang dalam fizik atom, dengan kerjasama ahli astronomi dan ahli astrofizik, telah berusaha untuk menjelaskan dua masalah yang sukar tetapi sangat menarik ini. (...)
>
> Tidak dapat dinafikan bahawa minda yang tercerahkan yang diperkaya dengan pengetahuan saintifik moden akan dengan tenang menilai masalah ini dan akan menolak hipotesis sesuatu perkara yang dicipta sendiri. Fikiran yang tercerahkan akan datang untuk memahami kehadiran Roh pencipta. Dengan pandangan yang jelas dan kritis yang sama, yang dengannya ia meneliti dan menilai fakta, minda yang tercerahkan melihat dan mengiktiraf karya yang digerakkan oleh "Fiat" berkuasa yang dilafazkan berbilion tahun dahulu oleh Roh pencipta. Dengan isyarat cinta, bahan yang penuh tenaga dicipta. Nampaknya sains hari ini, tibatiba kembali berjuta-juta abad, telah berjaya memberi kesaksian tentang "Fiat lux" alkitabiah, apabila lautan cahaya dan sinaran

> meletus entah dari mana. Pada masa yang sama, zarah-zarah unsur kimia berpecah dan bersatu semula menjadi berjuta-juta galaksi." (Pius XII)

Teori Big Bang mengandungi implikasi teologi yang ditolak dan ditentang, kadang-kadang hanya kerana Gereja menyokongnya. Beberapa ahli fizik terkenal mengemukakan hipotesis bahawa teori ini adalah sebahagian daripada konspirasi yang dibuat oleh Gereja sendiri. Ahli astronomi Fred Hoyle mengutuk Big Bang sebagai model yang dibina di atas asas Judeo-Kristian. Hoyle merumuskan hipotesis alternatif yang dipanggil "alam semesta pegun", di mana penciptaan jirim baru berlaku secara berterusan; teori ini, bagaimanapun, telah ditinggalkan untuk beberapa lama kerana ia akan meramalkan kelahiran galaksi bergerak antara yang sedia ada, yang belum disahkan. Sesungguhnya, tidak ada galaksi muda yang diletakkan di antara yang lama. Galaksi termuda, iaitu lahir lebih awal, adalah yang paling jauh selaras dengan pengembangan alam semesta yang berterusan selepas tindakan kreatif awal.

Hari ini teori Big Bang diterima oleh majoriti mutlak komuniti saintifik. Jelas sekali, bagaimanapun, idea bahawa momen kreatif awal berasal dari kehendak ilahi tidak diterima.

Rajah 27- Niels Bohr, pemula ahli fizik Denmark Sekolah Copenhagen. Pada tahun-tahun selepas 1920 dia menyempurnakan model klasik atom dan dianugerahkan Hadiah Nobel pada tahun 1922.

Atom dan perwakilan klasiknya.

Atom (dari bahasa Yunani àtomos, tidak boleh dibahagikan) ialah struktur asas jirim; semua jirim terdiri daripada unit asas yang dipanggil atom. Ini terpakai kepada jirim dalam keadaan pepejal, cecair dan gas. Perlu diingatkan bahawa kenyataan ini sukar untuk disambungkan ke keadaan plasma, di mana nilai tekanan dan suhu yang sangat tinggi menghalang pembentukan atom. Atom dianggap sebagai unit jirim terkecil dan tidak boleh dibahagikan sehingga, pada tahun 1897, Joseph Thompson mengumumkan penemuan elektron, menunjukkan bahawa atom sebenarnya boleh dibahagikan.

Hari ini kita tahu bahawa, dalam bahagian cetek, atom dibentuk oleh unsur subatomik seperti proton (dengan cas positif), neutron (tidak bercas) dan elektron. Elektron mempunyai cas negatif. Atom membentuk molekul dengan mengagregatkan pada tahap yang lebih tinggi.

Model klasik terakhir bagi struktur atom adalah yang dihuraikan pada tahun 1913 oleh Niels Bohr, masih sah tanpa variasi yang besar.

Menurut model ini, atom terdiri daripada nukleus, di mana elektron berputar. Nukleus terdiri daripada dua jenis zarah, proton dan neutron. Proton mempunyai cas elektrik positif, manakala neutron mempunyai cas elektrik neutral. Elektron, sebaliknya, mempunyai cas elektrik negatif dan bergerak di ruang luar yang mengelilingi nukleus mengimbangi tarikannya dengan tenaga putaran, sama seperti putaran Bulan mengimbangi tarikan Bumi. Secara keseluruhannya, atom adalah neutral secara elektrik kerana bilangan proton (nombor atom) dan elektron adalah sama. Secara semula jadi, atom berbeza antara satu sama lain dengan bilangan proton yang terdapat dalam nukleus: jumlah proton dan neutron dipanggil nombor jisim.

Pada masa ini kajian nukleus atom dan komponennya dikaitkan dengan perkembangan fizik zarah. Dalam beberapa tahun kebelakangan ini adalah mungkin untuk mentakrifkan struktur nukleus atom dengan lebih tepat, terutamanya dengan eksperimen yang dijalankan dalam pemecut zarah. Menurut Model Standard zarah, proton dan neutron sendiri terdiri daripada kuark.

Untuk mendapatkan gambaran tentang saiz atom perbandingan ini boleh membantu:

- diameter rambut manusia sepadan dengan kira-kira satu juta atom karbon yang disusun dalam satu baris;
- jika oren menjadi saiz planet Bumi, (kira-kira 12,700 km diameter) atomnya akan lebih kurang saiz oren asal (kira-kira 10 cm diameter).

Ia juga penting untuk diperhatikan bahawa atom pada dasarnya kosong. Sebenarnya, jika nukleus atom mempunyai diameter 3-4 milimeter, elektron terluarnya akan berputar pada jarak kira-kira seratus meter.

Perwakilan statik atom yang baru terdedah adalah hipotesis kerja yang sah tetapi fizik kuantum menunjukkan bahawa pada peringkat subatomik terdapat lebih banyak kebarangkalian daripada kepastian. Satu kepastian yang pastinya telah disangkal adalah bahawa mengikut mana zarah-zarah itu adalah "kepingan jirim pepejal", walaupun sangat kecil.

Fizik kuantum.

Fizik kuantum ialah teori yang menerangkan tingkah laku jirim dan sinaran, serta interaksi bersama mereka, dalam skala panjang atau tenaga atom yang sangat kecil.

Pada penghujung tahun 1800-an fizik klasik kelihatan tidak dapat menggambarkan kelakuan jirim dan sinaran elektromagnet pada tahap mikroskopik, iaitu pada dimensi yang sama atau lebih kecil daripada atom. Begitu juga, fizik klasik gagal untuk menerangkan tingkah laku tenaga yang berkaitan dengan ikatan dalaman atom. Oleh itu, pada awal 1900-an ia menjadi jelas bahawa kelahiran fizik baru adalah perlu, sama sekali berbeza daripada fizik klasik yang dibangunkan sehingga itu.

Maka lahirlah teori kuantum, juga dipanggil fizik kuantum atau mekanik kuantum. Cabang fizik ini pada mulanya diperkenalkan oleh Max Planck dan berdasarkan fakta bahawa beberapa kuantiti pada tahap mikroskopik, seperti tenaga atau "momentum sudut", tidak boleh berubah secara linear, tetapi hanya dengan nilai diskret, dipanggil "quanta".

Sebagai tambahan kepada zarah yang membentuk komponen utama atom, iaitu proton, neutron dan elektron, terdapat banyak lagi, dan seseorang hampir boleh mengatakan bahawa yang baru ditemui setiap hari. Zarah yang sangat menarik minat kita ialah foton, iaitu "kuantum cahaya". Foton ialah zarah yang menjadikan bintang terang dan matahari bersinar.

Konsep "berapa banyak" agak ingin tahu dan hampir tidak diterima oleh saintis abad ke-19 dan ke-20.

Pada tahap makroskopik kami, kami menganggap semula jadi konsep bahawa semua kuantiti boleh menganggap set nilai berterusan. Sebagai contoh, sebagai tambahan kepada kilo kita juga mempertimbangkan kuintal dan tan, serta hektogram, gram, miligram dan sebagainya, jadi ia menjadi semula jadi bahawa objek boleh menimbang, contohnya, 7 kilo dan 356 gram. , iaitu 7365 gram.

Mekanik kuantum, sebaliknya, memperuntukkan bahawa kuantiti yang berbeza hanya boleh mengambil set nilai tertentu, gandaan nilai asas yang tidak boleh dipecahkan. Nilai ini dipanggil "kuantum jirim atau tenaga".

Bayangkan sebuah pasar raya di mana anda boleh membeli buah-buahan lepas atau seratus gram "pek" mentega. Adalah mudah untuk anda memasukkan 1,365 kilogram epal ke dalam troli anda, manakala sebaliknya, dalam kes mentega, anda hanya boleh membeli 100 atau 200 atau 300 gram, bergantung pada bilangan bungkusan yang anda masukkan ke dalam troli anda. Dunia zarah meramalkan bahawa tenaga dan jirim tidak tersedia secara pukal tetapi hanya dalam bentuk paket. Paket ini dipanggil "quanta".

Oleh itu, dalam dunia zarah, tenaga dan jirim tidak boleh dikurangkan kepada nilai yang lebih rendah daripada "kuantum". Ini bermakna bahawa ia hanya tersedia dalam nilai asas, atau sebagai gandaan nilai asas. Seperti yang mudah difahami, kuantum mempunyai nilai yang sangat rendah.

Segala-galanya di alam semesta terdiri daripada quanta, malah buku yang anda baca. Sebab mengapa anda tidak merasakan "kebutiran"nya apabila disentuh adalah kerana kuanta adalah sangat kecil sehingga deria kita tidak dapat melihatnya, sama seperti kita tidak melihat atom individu atau molekul individu dengan jelas.

Rajah 28 - Albert Einstein, mungkin ahli fizik dan matematik yang paling terkenal pada zaman kita. Beliau mempertandingkan teori kuantum Niels Bohr dan Sekolah Copenhagen dengan mereka bentuk eksperimen EPR untuk menunjukkan ketidakkonsistenan mereka. Evolusi penyelidikan seterusnya membawa kepada pengesahan mereka.

Salah satu kes pertama yang dikaji ialah kuantisasi tenaga: contohnya, elektron atom hanya boleh mempunyai nilai tenaga tertentu, oleh itu ia boleh berputar mengelilingi nukleus hanya dalam orbit tertentu. Begitu juga foton adalah kuanta medan elektromagnet: mereka adalah paket cahaya yang tidak boleh dibahagikan

Atom terkuantisasi.

Konsep "kuantum" adalah sangat penting untuk fungsi jirim dalam sangat kecil, iaitu dalam atom, tetapi akibatnya juga di seluruh alam semesta. Untuk lebih memahaminya, saya boleh mencadangkan persamaan dengan beberapa peranti yang biasa digunakan dalam kehidupan seharian. Sebagai contoh, mari bayangkan periuk gas tradisional, dilengkapi dengan penunu yang disusun pada permukaan memasak atas, dan ketuhar terbina dalam. Kawalan dapur dibarisi pada panel hadapan dan terdiri daripada tombol boleh laras yang membolehkan anda menghantar gas ke penunu masing-masing.

Kebanyakan tombol boleh diputar secara linear dari kiri ke kanan. Tombol menutup penghantaran gas apabila ia dipusing sepenuhnya ke kiri. Dengan memutar tombol ke kanan, gas dihantar ke penunu dalam kuantiti yang semakin meningkat, sehingga ia mencapai "had", iaitu maksimum yang dibenarkan. Kami menyimpulkan bahawa tombol membenarkan peningkatan linear (atau berterusan) dalam jumlah gas.

Walau bagaimanapun, salah satu tombol, terutamanya tombol ketuhar, berfungsi secara berbeza. Tombol ini tidak boleh berputar secara berterusan, hanya dalam keadaan tersentak. Dengan cara ini ia membenarkan aliran gas dalam kuantiti yang ditentukan, sesuai untuk mendapatkan haba yang diisyaratkan pada setiap klik tombol dengan nilai yang dinyatakan dalam darjah centigrade: 120 °C, 180 °C, 270 °C atau nilai yang serupa. Dalam kes ini, gas tidak boleh meningkat secara berterusan, tetapi dengan cara "diskrit", iaitu hanya untuk kuantiti tetap dan ditentukan.

Jika kita mahu tepat, kita perlu mengakui bahawa tombol lain juga beroperasi dalam mod "discrete", bukan berterusan. Masalahnya ialah variasi antara satu titik dengan satu lagi adalah sangat kecil sehinggakan kepada kami ia memberi gambaran peningkatan atau penurunan linear. Ringkasnya, deria kita gagal menangkap klik variasi, kerana ia terlalu kecil.

Di peringkat pertengahan dimensi jirim, iaitu, tahap di mana deria kita beroperasi, segala-galanya seolah-olah kita meningkat (atau menurun) secara linear. Penyebaran cahaya pada waktu subuh atau senja, bunyi kereta yang menghampiri atau menjauh, lalat yang berdengung di sekeliling kita. Kami akan mengatakan segala-galanya tentang lalat itu, tetapi kami pasti tidak akan mengatakan bahawa ia terbang secara tersentak.

Ini memberi kita sekali lagi ukuran betapa menipu deria kita kerana, pada hakikatnya, tiada apa yang bergerak secara linear tetapi semuanya melakukannya dengan cara yang berbeza, iaitu, dengan kuantiti tenaga, atau "kuanta".

Perbezaan antara tahap makroskopik kita dan tahap mikroskopik zarah ialah kita menganggarkan pergerakan dan tenaga dengan menganggapnya linear.

Pada asasnya, menurut konvensyen yang digunakan dalam fizik, jasad material pada tahap makroskopik boleh dikaji sebagai jasad berterusan, kerana bilangan yang sangat tinggi, perpaduan dan saling bergantung antara zarah menyebabkan sebarang butiran hilang.

Sebaliknya, dalam yang sangat kecil tidak mungkin lagi untuk mengabaikan ciri ini kerana dimensi badan subatomik adalah sensitif kepada kebutiran kuantum.

Kesimpulannya, dalam mekanik kuantum kuantum (daripada kuantum Latin yang bermaksud kuantiti) adalah kuantiti yang diskret dan tidak boleh dibahagikan. Dengan lanjutan, istilah ini kadangkala digunakan sebagai sinonim untuk "zarah".

Mekanik kuantum dimulakan terutamanya oleh Niels Bohr, Louis-Victor de Broglie, Paul Dirac, Albert Einstein, Enrico Fermi, Wolfgang Pauli, Erwin Schrödinger, Richard Feynman dan Werner Heisenberg.

Intuisi pengkuantitian jirim dilahirkan pada tahun 1900 daripada karya Max Planck, yang menerima pakai konvensyen ini untuk mengesahkan teorinya berkaitan dengan pelepasan elektromagnet badan hitam. Dalam praktiknya, Planck menyatakan bahawa hipotesis badan hitamnya hanya akan berfungsi dengan kehadiran tenaga terkuantisasi. Walau bagaimanapun, Planck sangat keberatan untuk menganggap kemungkinan ini nyata. Walaupun dia mula-mula berteori realiti ini, dia sentiasa keberatan untuk menganggapnya sah.

Realiti fizikal ini hanya disahkan kemudian oleh sarjana lain, yang menentukan nilai kuantum tenaga. Nilai ini mengambil nama pemalar Planck, kerana komuniti saintifik secara jujur ingin mengenali karya orang yang mula-mula mengintuisi dan menggunakannya.

Pemalar Planck, atau magnitud "kuantum", dilambangkan dengan huruf h dan ialah 6.6×10^{-34}Js, iaitu nilai kecil yang tidak dapat dibayangkan.

Hipotesis struktur butiran tenaga mekanikal mendapati pengesahan penuh dan muktamad dalam teori haba tentu pepejal yang dirumuskan pada tahun 1907 oleh Einstein.

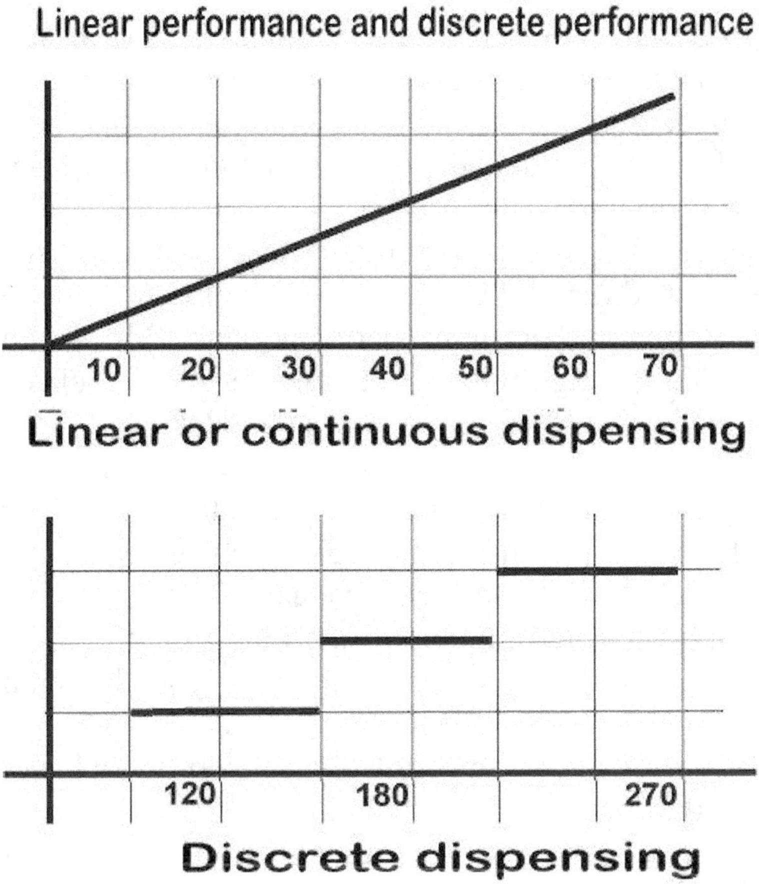

Rajah 29
Aliran Linear dan aliran diskret.
1 Penghantaran linear atau berterusan.
2 Penyampaian dengan nilai diskret
- Aliran linear menganggap bilangan (hampir) tak terhingga tahap pertengahan. Trend diskret, sebaliknya, membayangkan hanya beberapa peningkatan yang dirancang.

"Lompatan kuantum elektron".

Merujuk sekali lagi kepada perwakilan tradisional atom, iaitu nukleus yang dikelilingi oleh elektron yang berputar di sekelilingnya, kita boleh melangkah lebih jauh untuk memahami aspek yang dikaitkan dengan fungsinya yang dipanggil "lompatan kuantum".

Pertama sekali, perlu diperhatikan bahawa elektron tidak boleh berputar dalam rejim anarkis, tetapi mesti mematuhi peraturan tertentu. Peraturan pertama ialah Prinsip Pengecualian Pauli, yang digunakan untuk "fermion", kelas zarah yang merangkumi proton, neutron dan elektron.

Prinsip ini bermula daripada konsep bahawa di sekeliling atom hanya terdapat beberapa "zon yang dibenarkan", dan bahawa dua fermion yang sama tidak boleh secara serentak menduduki zon yang sama (atau keadaan kuantum).

Oleh itu, orbit boleh diduduki oleh maksimum dua elektron, dengan syarat ia mempunyai "putaran" yang bertentangan.

Syarat kedua ialah setiap orbit tidak boleh berjauhan secara rawak dari nukleus.

Menurut model atom yang dicadangkan oleh Niels Bohr, elektron berputar mengelilingi nukleus dalam orbit bulat; setiap elektron, yang mempunyai cas negatif, sepadan dengan orbit yang sangat tepat, kerana ia mesti bergerak pada kelajuan yang mencukupi untuk mengatasi daya elektrik yang menarik yang dikenakan nukleus, bercas positif, ke atasnya. Putaran menghalang elektron daripada disedut ke dalam nukleus, tetapi mesti berlaku dengan tenaga yang berkadar dengan jaraknya.

Semakin jauh elektron dari nukleusnya, semakin banyak tenaga yang diperlukan. Tetapi ia mestilah tenaga yang seimbang. Jumlah tenaga yang betul mesti menghalang elektron daripada jatuh ke dalam nukleus atau, sebaliknya, daripada dibuang ke luar zon pengaruh atom.

Oleh kerana kita tahu bahawa tenaga pada tahap elektron diukur dalam kuantum, maka orbit hanya boleh berada pada jarak kuantum, atau gandaan kuantum.

Tiada elektron akan berputar dalam orbit yang memerlukan nilai tenaga selain daripada kuantum atau gandaan daripadanya.

Oleh itu, antara elektron yang berputar pada orbit dalaman (mari kita panggil ia E-Inner) dan satu lagi yang berputar pada orbit yang lebih luaran (mari kita panggil E-External) terdapat perbezaan tenaga: E-External memerlukan lebih banyak tenaga daripada E -dalaman.

Sebagai contoh, kita boleh mengatakan bahawa jika elektron dalaman memerlukan satu kuantum tenaga, elektron luaran memerlukan dua untuk mengekalkan orbitnya. Tidak boleh ada orbit yang memerlukan kuantum setengah, kerana kuantum adalah saiz minimum yang mungkin.

Di tengah-tengah susunan yang begitu banyak, kita perlu mempertimbangkan bahawa elektron agak sukar dikawal dan kadang-kadang, atas sebab-sebab yang hanya diketahui oleh mereka, suka melompat dari orbit luar ke dalam. Oleh itu, jika elektron yang mempunyai dua kuanta tenaga, ingin melompat ke orbit dalam (yang memerlukan hanya satu kuanta tenaga), ia perlu melepaskan satu daripada kuantanya. Apakah yang berlaku kepada tenaga yang dibebaskan ini? Ia mengambil bentuk foton kerana elektron melakukan apa yang dipanggil "lompatan kuantum".

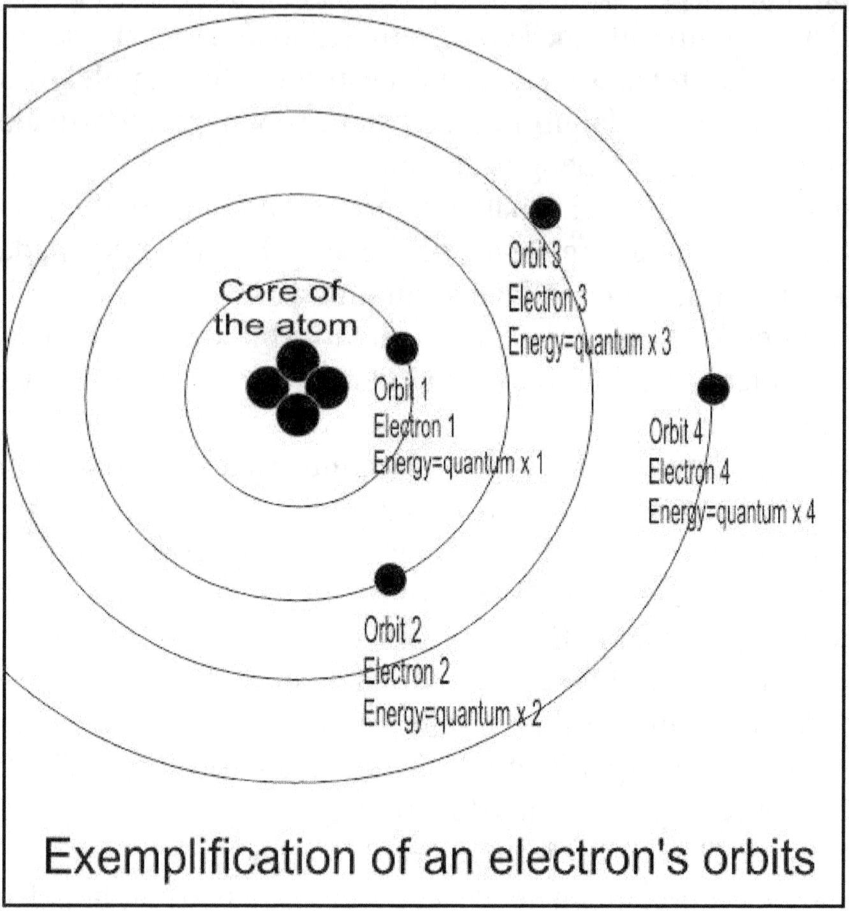

Rajah 30 - Contoh ilustrasi atom dengan empat elektron dan empat proton. Setiap elektron berputar dalam orbit yang berbeza dan mempunyai jumlah tenaga yang boleh diukur dalam kuanta.

1 Elektron pada orbit 1 mempunyai 1 kuantum tenaga.
2 Elektron pada orbit 2 mempunyai 2 kuanta tenaga.
3 Elektron pada orbit 3 mempunyai 3 kuanta tenaga.
4 Elektron pada orbit 4 mempunyai 4 kuanta tenaga.
5 Nukleus atom.

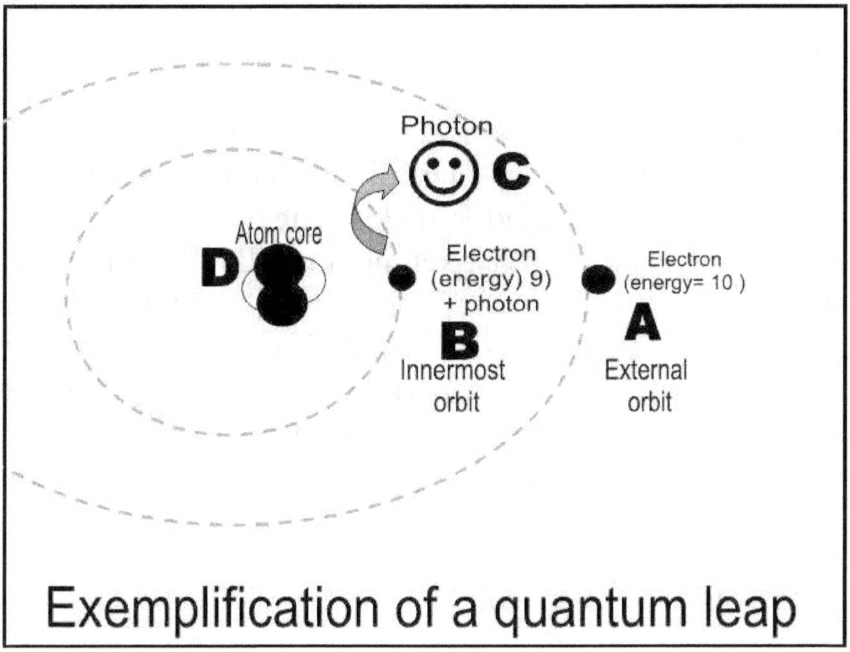

Rajah 31 - Contoh lompatan kuantum.

A. Elektron A yang diletakkan pada orbit luar mempunyai tenaga sepuluh kuantum.

B. Elektron melompat ke orbit dalam. Di sini ia memerlukan lebih sedikit tenaga (9 quanta) jadi ia membebaskan kuantum.

C. Kuantum yang dibebaskan menjadi foton.

D. Nukleus atom.

Rajah 31 mewakili "lompatan kuantum". Pada titik A elektron, diletakkan pada mana-mana orbit, mempunyai tenaga bersamaan dengan sepuluh quanta (nilai contoh). Pada titik B elektron telah melompat ke orbit dalam. Kini tenaga yang diperlukan adalah sama dengan sembilan quanta. Kuantum yang tidak lagi diperlukan telah dipindahkan dalam bentuk foton: iaitu, ia telah menjadi kuantum cahaya.

Seperti yang akan kita lihat kemudian, ahli fizik telah mengeksploitasi sifat ini dengan merangsang elektron untuk membuat lompatan berganda kuantum untuk menghasilkan foton berkembar, atau foton berkorelasi; mengkaji tingkah laku mereka telah membawa kepada penemuan fenomena yang dipanggil kuantum entanglement.

Dualiti gelombang-zarah.

Ciri asas fizik kuantum ialah dapat mewakili sinaran atau jirim kedua-duanya dalam bentuk fenomena gelombang dan dalam entiti zarah. Ini berbeza dengan fizik klasik di mana, sebagai contoh, cahaya digambarkan secara eksklusif sebagai gelombang dan elektron secara eksklusif sebagai zarah.

Sifat yang sama sekali tidak dijangka ini dipanggil "dualisme gelombang-zarah". Hakikat bahawa sifat ini tidak diketahui adalah sebab kegagalan semua teori klasik yang dibangunkan sebelum ini mengenai fungsi atom. Ciri penentu fizik kuantum ialah prinsip saling melengkapi, mengikut mana kedua-dua aspek, gelombang dan zarah, tidak boleh diperhatikan secara serentak semasa eksperimen yang sama. Konsep ini telah diformalkan dalam prinsip ketidakpastian Heisenberg. Heisenberg menetapkan bahawa tidak mungkin untuk mengukur sifat secara serentak dan dengan ketepatan melampau yang menentukan keadaan zarah asas. Jika, sebagai contoh, kita boleh menentukan kedudukannya dengan ketepatan mutlak, kita akan mempunyai ketidakpastian maksimum tentang halajunya.

Kemunculan fizik kuantum menyebabkan kekeliruan dan kekacauan dalam komuniti saintifik yang menyaksikan asas-asas konsepnya tentang dunia dipersoalkan dan direvolusikan.

Einstein sendiri, apabila dia menyedari realiti baru fizik kuantum, memanggilnya "tindakan jahat dari jauh".

Seperti yang dilaporkan dalam buku "Albert Einstein Scientist and Philosopher", Einstein menulis dalam diarinya seperti berikut:

> "Semua percubaan saya untuk menyesuaikan asas teori fizik dengan andaian ini gagal. Seolah-olah kami telah kehilangan tanah di bawah kaki kami, dan tidak ada tempat yang dapat dilihat titik tetap untuk dibina".

Penemuan fizik kuantum memerlukan tinjauan semula konsep asas seperti jirim, masa, ruang dan hubungan sebab dan akibat, semuanya penting untuk memahami dunia seperti yang kita anggap. Pastinya keperluan untuk mengubah suai mereka menghasilkan krisis budaya yang mendalam dalam komuniti saintifik. Malah pada hari ini adalah tidak mungkin untuk menentukan sepenuhnya visi sebenar realiti fizikal, jika tidak dengan memeriksanya secara berasingan pada tahap yang berbeza: dimensi sederhana, iaitu tahap sensitif kita, dan dimensi subatomik.

Percubaan celah berganda.

Pencapaian fizik moden telah mencetuskan perubahan ketara dalam imej saintifik kita dunia: mereka telah menggoncangkan kesahihan mutlak hukum alam dan mengubahnya menjadi kesahihan relatif. Undang-undang semula jadi adalah kebenaran statistik, iaitu, boleh dikatakan, sah sepenuhnya hanya apabila berurusan dengan kuantiti makrofizik. Dalam sfera kuantiti minimum, sebaliknya, meramalkan apa yang akan berlaku menjadi tidak pasti dan mustahil, kerana kuantiti yang sangat kecil tidak lagi berkelakuan mengikut undang-undang semula jadi yang diketahui.

(Carl Gustav Jung)

Salah satu eksperimen yang paling terkenal dalam fizik kuantum (mungkin yang paling terkenal pernah) akan membantu kita lebih memahami sifat zarah asas. Eksperimen ini mendasarkan kepentingannya pada asal-usul purbanya: versi pertama dibuat lebih dua abad yang lalu, pada tahun 1801, oleh Thomas Young. Selepas itu, eksperimen itu mengekalkan maruahnya yang menjadikannya terkini dalam banyak cadangan semula berikutnya. Sememangnya, percubaan telah dikemas kini kerana teknologi memungkinkan lebih banyak versi terkini. Ia kini mewakili salah satu kunci utama untuk memahami fizik kuantum dan fenomena yang berkaitan, termasuk keterikatan. Oleh itu, saya akan cuba menggambarkan eksperimen ini untuk menjadikannya mudah diterima oleh pembaca bukan pakar; dalam hal ini saya akan mengelakkan formula matematik.

Percubaan ini tidak rumit dari segi konsep dan saya akan mencadangkan satu contoh yang, saya percaya, boleh difahami oleh sesiapa sahaja yang, sebagai seorang budak lelaki, suka melemparkan batu ke arah semua jenis sasaran, atau melemparkannya ke dalam air untuk melihat bulatan sepusat yang tipikal.

Angkat tangan yang tak pernah baling batu. Sesiapa yang telah melontar batu, walaupun mereka tidak lagi muda, harus bersedia untuk melontar lebih banyak lagi.

Permainan ini terdiri daripada menetapkan penghalang yang kukuh di hadapan kita, di mana kita akan membuat lubang atau celah. Retakan itu cukup besar untuk membolehkan batu yang dilemparkan ke arahnya melaluinya. Hanya di belakang penghalang kami meletakkan kepingan logam yang sangat nipis.

Rajah 32 Thomas Young (Milverton, 13 Jun 1773 - London, 10 Mei 1829) ialah seorang saintis British, terkenal dengan penyelidikannya tentang cahaya dan mekanik pepejal, dan sumbangannya kepada fisiologi dan Egyptology.

Rajah 33. Werner Karl Heisenberg (Würzburg, 5 Disember 1901 - Munich, 1 Februari 1976) ialah seorang ahli fizik Jerman. Beliau adalah salah seorang arkitek utama mekanik kuantum, yang terkenal kerana telah menerangkan prinsip ketidakpastian pada tahun 1927. Beliau menerima Hadiah Nobel dalam Fizik pada tahun 1932.

Dalam contoh ini, apabila batu melalui lubang, ia mengenai kepingan logam dan mengemekkannya, meninggalkan kesan kesan.

Pada ketika ini eksperimen boleh dijalankan, seperti yang ditunjukkan dalam rajah 34. Mari kita berdiri beberapa meter jauhnya dan baling seberapa banyak batu yang kita mahu cuba untuk mendapatkan mereka melalui celah. Kami akan mempertimbangkan hanya batu yang melalui celah dan terkena skrin penerima, dan kami akan mengabaikan batu yang terlepas dan ditolak oleh penghalang.

Setiap batu yang mengenai skrin penerima menghasilkan satu lekuk (rajah 34-1).

Jika kita membuka celah kedua dalam penghalang (rajah.34-2), pelancaran yang berjaya akan melalui satu atau celah yang lain, dan akan menghasilkan kemek pada skrin penerima selaras dengan celah bersilang.

Ringkasnya, dalam bahagian eksperimen ini kita dapat memahami bahawa penghalang telah dilalui oleh projektil pepejal tunggal hanya dengan memerhatikan lekuk yang dihasilkan pada skrin penerima. Kami kini boleh meneruskan ke bahagian kedua percubaan kami. Kami akan membenamkan peranti, iaitu penghalang dengan celah dan skrin penerima, dalam bekas yang mengandungi air, supaya celah itu separuh tenggelam, seperti dalam rajah 35.

Kali ini kita tidak akan melontar batu kita terus ke celah, tetapi ke dalam air agak jauh di hadapan penghalang. Batu itu akan menghasilkan bulatan air biasa yang kita semua tahu. Bulatan ini akan merambat ke arah penghalang, melintasi celah dan muncul semula pada bahagian bertentangan membentuk gelombang perambatan baru yang akan disekat oleh skrin penerima

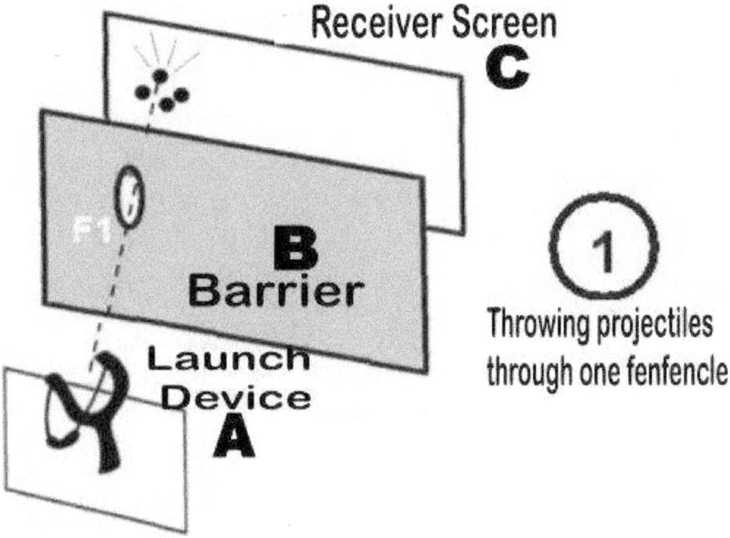
Receiver Screen
C
F1
B
Barrier
Launch
Device
A
1
Throwing projectiles
through one fenfencle

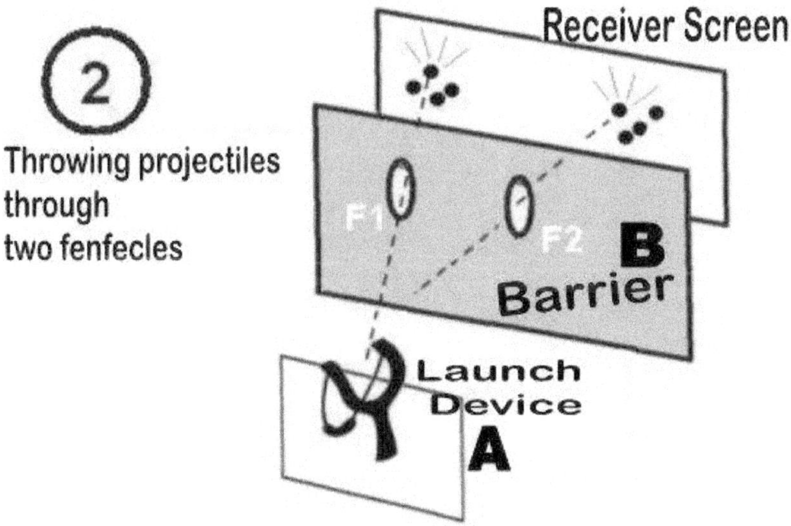
2
Throwing projectiles
through
two fenfecles
Receiver Screen
F1
F2
B
Barrier
Launch
Device
A

Rajah 34 - Simulasi eksperimen celah dua. 1) Melontar peluru melalui keretakan. 2) Melontar peluru melalui dua celah.

1) Melempar adalah melalui penghalang dengan keretakan.
A. Pelancar
B. penghalang
C. Skrin penerima
2) Membaling adalah melalui penghadang dengan dua celah.
A. Pelancar
B. Penghalang
C. Skrin penerima.

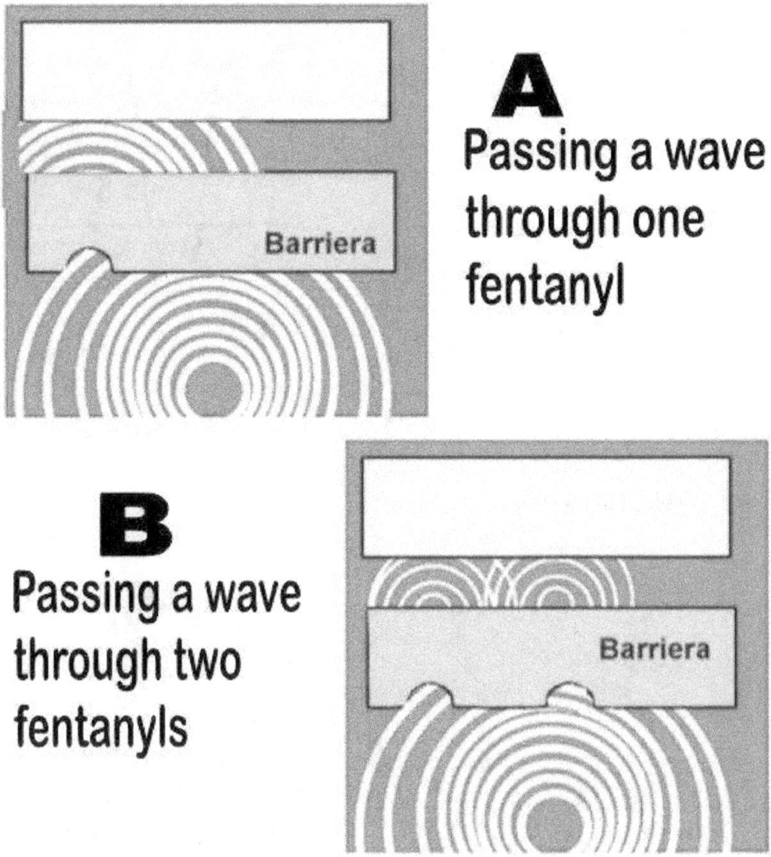

Rajah 35 - Melepasi dua celah, gelombang menghasilkan dua separuh gelombang yang, apabila ia bersilang, ditambah.

A) Laluan gelombang air melalui satu bukaan.

B) Kesan superposisi yang berlaku apabila gelombang melintasi dua celah.

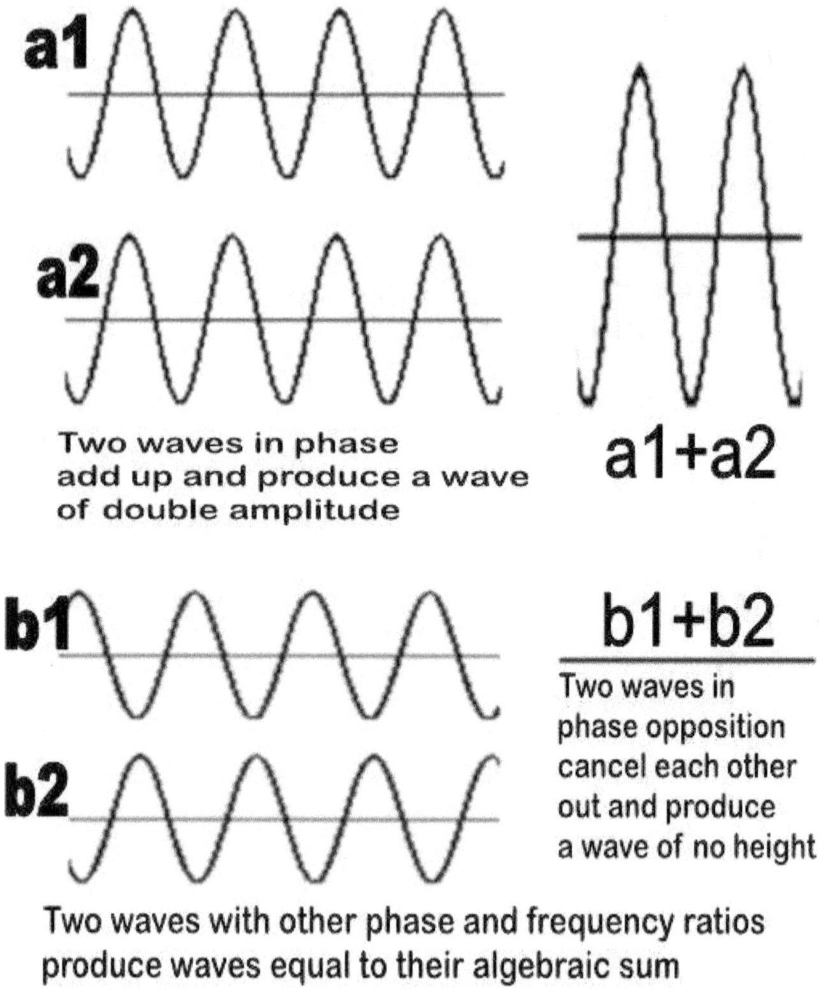
a1
a2
Two waves in phase
add up and produce a wave
of double amplitude
a1+a2
b1
b2
b1+b2
Two waves in
phase opposition
cancel each other
out and produce
a wave of no height
Two waves with other phase and frequency ratios
produce waves equal to their algebraic sum

Rajah 36 - Jumlah gelombang dengan amplitud, frekuensi dan fasa yang berbeza

A) Dua gelombang a1-a2 berada dalam fasa. Amplitud mereka menambah dan menghasilkan gelombang a1+a2 amplitud berganda.

B) Dua gelombang b1-b2 berada dalam pertentangan fasa. Amplitud mereka menambah dan menghasilkan keputusan negatif, gelombang b1+b2 amplitud sifar.

Jika dua gelombang tidak betul-betul dalam fasa atau dalam pertentangan fasa, ia menghasilkan gelombang yang sama dengan jumlah algebranya.

Sekarang mari kita bayangkan membuka celah kedua dan membaling batu lain, seperti dalam rajah 35 .

Lingkaran air yang dicipta oleh batu tunggal, merebak di hadapan penghalang, akan melintasi kedua-dua rekahan. Muncul di belakang penghalang dua lubang akan menghasilkan dua bulatan air baru. Kalangan ini, masih merambat, akan mengganggu satu sama lain dan menambah.

Daripada apa yang telah dikatakan setakat ini, kita boleh membuat beberapa kesimpulan mudah:

- Jika kita melancarkan peluru ke arah penghalang dua celah, peluru akan melalui satu atau celah yang lain. Kami boleh mengesahkan ini dengan melihat kemek pada skrin penerima.

- Jika kita membaling batu ke dalam air ke arah penghalang dengan dua celah, kita menghasilkan sekumpulan bulatan air. Bulatan ini melalui kedua-dua rekahan, dan menghasilkan dua set bulatan air baharu di bahagian belakang penghalang. Kedua-dua kumpulan ini akan bergabung dan menghasilkan corak gangguan.

Oleh itu kita telah melihat perbezaan antara membaling batu dan membaling gelombang: membaling batu penyok dihasilkan, manakala sebaliknya, lontaran gelombang perambatan menghasilkan corak gangguan.

Apabila sains ingin memahami sama ada cahaya diperbuat daripada zarah atau gelombang, seseorang membayangkan melemparkan "kilat cahaya" ke arah peranti seperti yang diterangkan sebentar tadi. Percubaan ini cenderung untuk mengesahkan kesan yang akan dihasilkan pada skrin penerima, "kemek" atau "gangguan".

Thomas Young

Thomas Young adalah seorang saintis British, terkenal dengan penyelidikannya tentang cahaya dan mekanik pepejal, tetapi juga untuk sumbangannya kepada Egyptology. Beliau dilahirkan di Milverton pada 13 Jun 1773 dan meninggal dunia di London pada tahun 1829.

Dia adalah anak pertama daripada sepuluh beradik dalam keluarga Quaker. Dia digambarkan sebagai anak ajaib, dan pastinya dia begitu. Memang pada usia dua tahun dia sudah tahu membaca. Pada usia enam tahun, dia sudah menguasai bahasa Latin dan membaca keseluruhan Bible dua kali. Dia tidak lama kemudian belajar bahasa lain dan pada usia empat belas dia tahu, sebagai tambahan kepada bahasa Yunani, Perancis, Itali dan Ibrani, dan banyak bahasa oriental seperti Chaldean, Syriac, Samaria, Arab, Parsi dan Turki.

Young lulus dalam fizik pada tahun 1796 di Göttingen, dan pada tahun 1799 beliau mula bekerja sebagai doktor dalam amalan di Welbeck Street di London. Plak di pintu masih memperingati kerjasama itu hari ini. Sementara itu, beliau menerbitkan tulisan saintifiknya tanpa nama kerana bimbang akan menjejaskan reputasinya sebagai seorang doktor.

Pada tahun 1802 Young menyertai Majlis Persatuan Diraja, di mana beliau telah menjadi ahli sejak 1794.

Dalam fizik Young terkenal dengan karya-karyanya dalam bidang optik, kerana beliau adalah pengarang penyelidikan mengenai dualisme zarah gelombang. Penemuan fenomena gangguan dalam cahaya juga harus dikaitkan dengan Young. Malah, pada tahun 1801 dia mencipta eksperimen celah berganda.

Kecaman tentang sifat cahaya bermula dengan Newton yang percaya ia bersifat korpuskular. Kemudian, hipotesis ini dipertikaikan, jadi pada tahun 1801 Young mereka bentuk dan menjalankan eksperimennya yang terkenal.

Young menghantar pancaran cahaya ke arah penghadang di mana dua lubang telah digerudi. Pada skrin penerima yang diletakkan di luar penghalang, dia mendapat corak gangguan. Oleh itu, Young membuat kesimpulan bahawa halangan itu telah dilalui oleh gelombang dan bukannya zarah, dan mengesahkan sifat gelombang cahaya. Tetapi adakah cahaya benar-benar gelombang?

Evolusi eksperimen celah berganda.

Pada awal abad kedua puluh, keraguan mula timbul yang diperkenalkan oleh kajian Planck mengenai badan hitam dan beberapa aspek yang diketengahkan oleh Einstein berhubung dengan tingkah laku foton, yang kelihatan sangat mirip zarah jika ia dikaji dalam kesan fotoelektrik. .

Pada tahun 1916, Robert Millikan dari Amerika membuat hipotesis kewujudan foton sebagai zarah, seperti yang kemudiannya disahkan oleh penemuan kesan Compton pada tahun 1922.

Ini menimbulkan masalah besar dalam fizik, kerana cahaya seolah-olah mempunyai dualiti misteri yang menjadikannya kelihatan sebagai gelombang atau sebagai zarah dalam pelbagai eksperimen pelbagai jenis.

Pada tahun 1924 ahli fizik dan matematik Perancis Louis de Broglie merumuskan hipotesis bahawa bukan sahaja foton, tetapi semua jasad material, dan khususnya semua zarah, juga memiliki sifat fizikal gelombang yang tipikal. Hipotesis ini tidak lama lagi menemui pengesahan eksperimen dan memberikan dorongan asas kepada pembangunan mekanik kuantum. Bukti eksperimen bagi dualiti gelombang-zarah diperolehi pada tahun 1927 oleh Clinton Davisson dan Lester Germer, di Bell Laboratories di Murray Hill, di negeri New Jersey di Amerika Syarikat. Para saintis ini melepaskan pancaran elektron pada kristal nikel, dan memerhatikan corak pembelauan. Ini memungkinkan untuk menggunakan rasuk zarah untuk melakukan eksperimen gangguan dua celah, seperti yang dilakukan Young.

Versi moden percubaan celah berganda

Eksperimen celah dua kali pertama dilakukan dalam bentuk moden menggunakan elektron pada tahun 1961, oleh Claus Jönsson di Universiti Tübingen, Baden-Württemberg di Jerman. Ia kemudiannya diulang pada tahun 1974 di Institut LAMEL CNR di Bologna oleh Pier Giorgio Merli dari LAMEL dan oleh Gian Franco Missiroli dan Giulio Pozzi, kedua-duanya dari Jabatan Fizik Universiti Bologna.

Institut LAMEL mempunyai mikroskop tercanggih, Siemens Eliskop 101, yang telah ditentukur dan disesuaikan untuk beroperasi dalam mod mikroskop elektron gangguan.

Mikroskop digunakan sebagai interferometer dan sebagai sumber elektron yang dibuat untuk melepasi satu demi satu melalui prisma elektron berganda dan kemudian dihantar ke arah plat fotografi.

Perihalan eksperimen berdasarkan pelancaran satu foton

Sekarang kami ingin mempertimbangkan secara terperinci eksperimen dalam versi moden klasiknya, berdasarkan penggunaan foton tunggal atau kuanta cahaya. Oleh itu, mari kita bayangkan peranti yang mampu melancarkan foton tunggal satu demi satu, penghalang dengan satu atau dua celah dan skrin di belakangnya. Skrin belakang terdiri daripada bilik gelap yang mengandungi filem fotografi. Filem ini akan "ditanda" oleh foton yang terkena, kerana foton adalah unsur pembawa cahaya.

Peranti dalam konfigurasi celah tunggal ditunjukkan dalam Rajah 37. Foton yang ditolak oleh penghalang tidak dipertimbangkan. Foton yang melalui celah menandakan titik pada filem fotografi, tanda jelas bahawa mereka telah berkelakuan seperti zarah. Setakat ini tiada yang luar biasa; foton berkelakuan seperti batu kita, dan eksperimen menunjukkan bahawa foton adalah zarah.

Rajah 38 menggambarkan pelancaran satu foton ke arah penghadang dengan dua celah. Tanda soal melambangkan soalan: celah manakah yang akan dilalui oleh foton?

Jawapannya jelas jelas dalam rajah 39: foton tunggal melalui kedua-dua celah.

Sesungguhnya, di hadapan celah tunggal foton berkelakuan seperti zarah, manakala di hadapan dua celah ia berkelakuan seperti gelombang dan melintasi kedua-duanya.

Dalam kes pertama, maklum balas diberikan oleh titik terang individu yang muncul pada filem fotografi. Dalam kes kedua, bar gelap dan terang muncul pada ini, iaitu angka gangguan yang diberikan oleh gelombang yang telah melintasi kedua-dua celah menghasilkan dua gelombang keluar. Di luar penghalang, kedua-dua gelombang mengganggu dan secara algebra menambah antara satu sama lain. Bar gelap atau terang mewakili hasilnya (rajah 39).

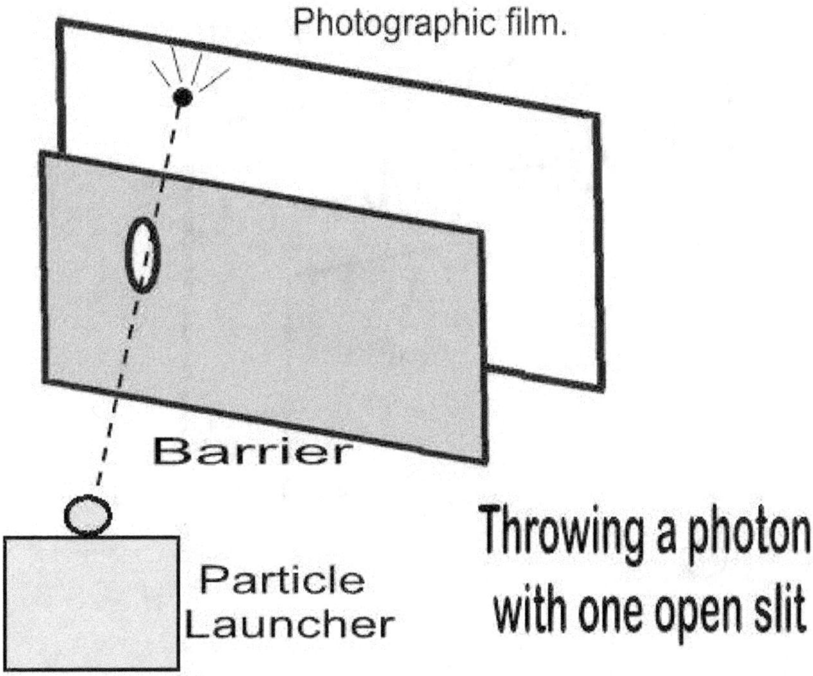

Rajah 37 - Pelancaran satu foton ke arah penghadang dengan celah. Foton melalui celah dan menjejaskan satu titik pada plat fotografi belakang. Oleh itu, foton berkelakuan seperti zarah.

A) Alat melontar.

B) Penghalang dengan rekahan.

C) filem fotografi.

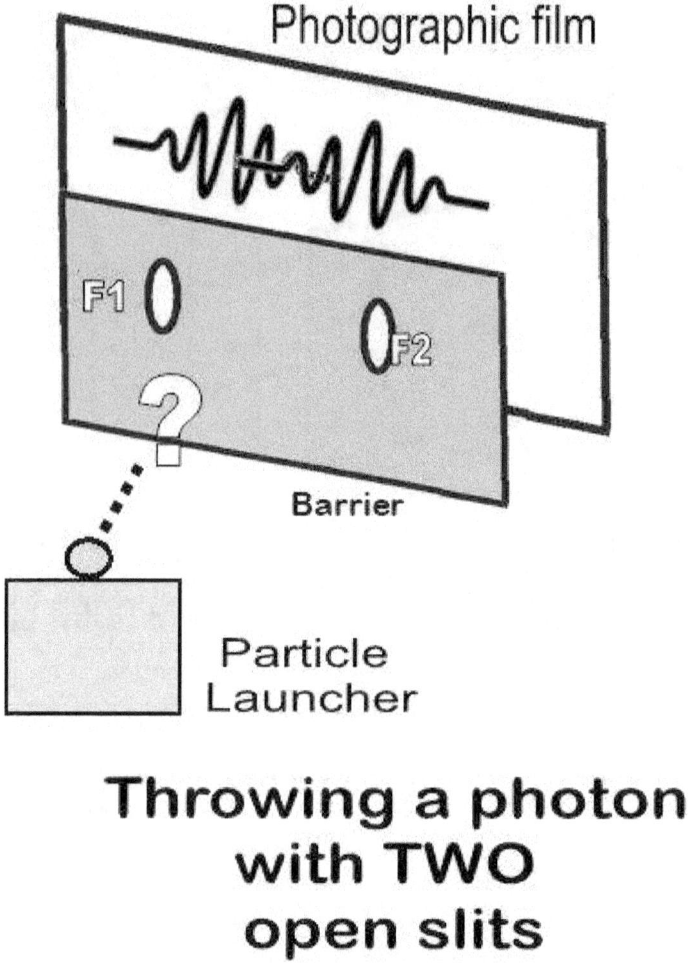

Rajah 38 - Jika kita melancarkan satu foton ke arah penghalang dengan dua celah, ini, sebagai zarah, akan melalui hanya satu manakala sebaliknya, sebagai gelombang, ia akan melalui kedua-duanya.

A) Alat melontar.

B) Penghalang dengan dua bukaan.

C) filem fotografi.

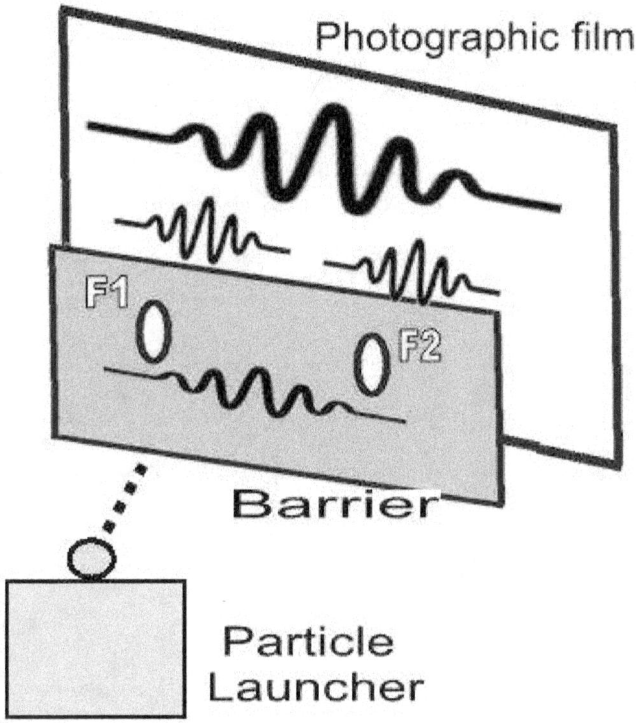

Throwing a photon with two open slits. The photon behaves like a wave

Rajah 39 - Sebenarnya, foton tunggal, jika berhadapan dengan hanya satu celah, berkelakuan seperti zarah; kalau ada dua kat depan, perangai macam ombak.

A) Pelancar .

B) Penghalang dengan satu bukaan.

C) filem fotografi.

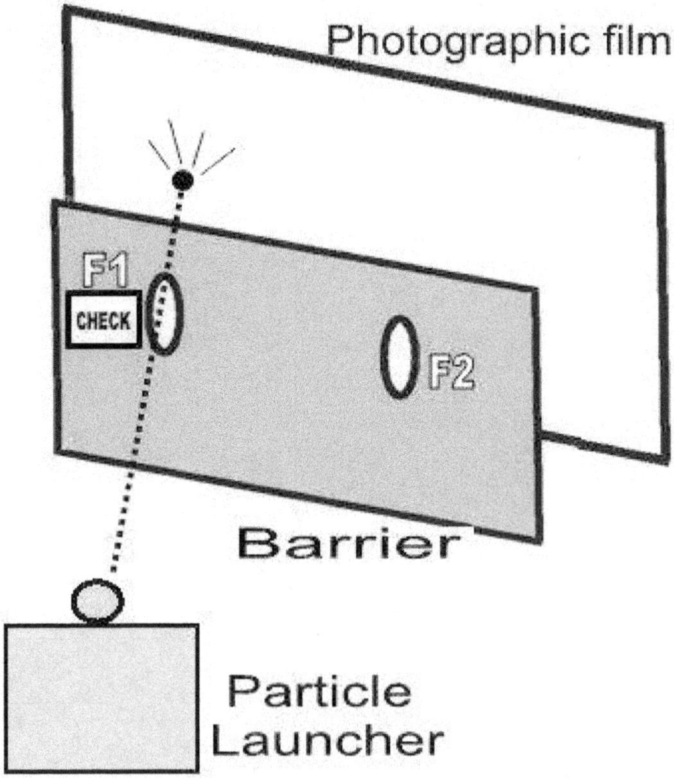

Launch of a photon with CONTROL DEVICE.
The photon behaves like a particle

Rajah 40 - Jika kita membaling foton terhadap penghalang dengan dua celah, salah satunya dilengkapi dengan peranti kawalan untuk mengesahkan laluan foton, maka foton kita memilih celah terkawal dan berkelakuan seperti zarah.

A) Alat melontar.

B) Penghalang dengan satu bukaan.

C) filem fotografi.

SEMAK) Memeriksa peranti.

Pertimbangan pertama yang boleh dibuat ialah foton (tetapi bukan sahaja, sifatnya adalah biasa kepada semua zarah asas) berkelakuan, bergantung pada kes, seperti zarah atau seperti gelombang. Ini kelihatan pada alat kami. Jelas sekali, zarah adalah zarah dan gelombang pada masa yang sama.

Ini membolehkan satu foton melalui kedua-dua celah secara serentak.

Tetapi kejutan belum berakhir. Mari kita bayangkan bahawa penguji memutuskan untuk mengesahkan bagaimana foton melalui celah, bermula dari prinsip bahawa foton adalah zarah, dan di suatu tempat ia perlu lulus.

Oleh itu, penguji meletakkan instrumen tepat di luar satu daripada dua celah. (rajah 40).

Nah, dalam kes ini, iaitu apabila laluan foton dikawal oleh instrumen, sesuatu yang luar biasa berlaku, hampir seolah-olah foton enggan bekerjasama. Walaupun terdapat dua celah terbuka, foton melalui hanya satu yang dilengkapi dengan instrumen, dan meninggalkan titik pada skrin belakang. Jika kedua-dua celah dipantau, ia hanya melalui satu ketika masih berkelakuan sebagai zarah. Tetapi jika anda mengeluarkan alat itu, ia akan kembali seperti gelombang.

Dalam amalan, foton mencabar penguji dengan membuktikan kepadanya bahawa ia adalah misteri yang tidak dapat diselesaikan untuknya.

Leon Max Lederman ahli fizik Amerika, menulis dalam bukunya "Fizik Kuantum untuk Penyair" seperti berikut:

> "Nampaknya satu elektron, seolah-olah dengan sihir, melalui dua celah pada masa yang sama jika tiada siapa yang memerhatikannya, sambil memilih jalan yang mungkin jika seseorang atau sesuatu melihatnya! Ini mungkin kerana elektron bukan zarah

mahupun gelombang: ia adalah sesuatu yang lain, benar-benar baru. Zarah ialah "keadaan kuantum."

Perlu dikatakan bahawa eksperimen, pada mulanya terhad kepada zarah asas, kemudiannya juga dijalankan pada badan kompleks. Di Universiti Vienna, Anton Zeilinger dan rakan-rakannya menggunakan "bola bucky" dalam percubaan. Ini adalah molekul yang terdiri daripada enam puluh atau lebih atom karbon yang dipasang untuk membentuk struktur yang menyerupai kubah geodesik; susunan ini telah dibuat terkenal oleh arkitek Amerika Richard Buckminster dan dinamakan sempena namanya. Jelas sekali, molekul yang terdiri daripada enam puluh atom menjadi struktur raksasa jika dibandingkan dengan satu foton. Namun begitu, dalam eksperimen celah berganda, menggunakan "bola bucky" dan bukannya foton, keputusan yang sama diperolehi.

Dengan ini telah terbukti bahawa molekul jirim boleh menghasilkan fenomena gelombang seperti zarah tenaga. Oleh itu, molekul-molekul bahan ini juga mempunyai kurnia kehadiran berganda, iaitu, dengan melalui kedua-dua celah, mereka mempunyai keupayaan untuk mencari diri mereka secara serentak di dua tempat yang berbeza.

Adakah kehadiran di dua tempat berbeza mungkin?

Adakah mungkin pada masa hadapan untuk menjalankan eksperimen ke atas badan yang lebih kompleks, yang terdiri daripada berbilion-bilion molekul, seperti badan manusia? Dalam kes ini, akan terdapat pengesahan saintifik tentang fenomena kontroversi seperti penggandaan, unjuran astral, perjalanan luar badan atau bilokasi, iaitu semua pengalaman luar badan, juga dikenali dengan akronim OBE.

Fenomena yang terakhir dikenali dengan istilah Inggeris "out of body experience".

Semuanya adalah pengalaman, tafsirannya masih kontroversi, di mana seseorang menganggap "keluar" dari badan fizikalnya, iaitu, untuk menonjolkan kesedarannya sendiri di luar batas badan. Pengalaman ini tergolong dalam bidang disiplin parapsikologi, yang tidak diiktiraf oleh dunia saintifik dan akademik, tetapi terdapat dalam banyak budaya, baik Barat dan Timur.

Fenomena bilokasi telah menjadi sebahagian daripada tradisi Veda dan Buddha selama berabad-abad. Nampaknya, budaya ini boleh menghantar, kepada subjek dengan kecenderungan tertentu, asas pengetahuan falsafah dan rohani untuk membolehkan mereka memperoleh, melalui latihan yang panjang, keupayaan bilokasi.

Ahli falsafah India terkenal Paramahansa Yogananda memberi keterangan dalam bukunya, dengan terperinci, episod mengenai dirinya juga.

Robert Allan Monroe ialah seorang penulis Amerika, pengasas Institut dengan nama yang sama pada tahun 1978 "untuk penyelidikan mengenai kesedaran manusia". Dalam bukunya "Perjalanan saya keluar dari badan" beliau menerangkan disiplin oriental dan mengesyorkan teknik yang berguna untuk memudahkan keupayaan ini. .

Dalam agama Kristian terdapat banyak kesaksian hagiografi tentang bilokasi, antara lain, St. Anthony of Padua, St. Francis of Assisi, St. Alphonsus Maria de' Liguori, St. Joseph of Cupertino, St. Francis of Paola dan St. John Bosco.

Kebolehan prakognitif zarah subatom.

Daripada eksperimen celah berganda kita boleh membuat kesimpulan yang membuatkan ahli fizik yang paling berpengalaman pun kagum, dan yang mungkin lebih berkaitan dengan falsafah fizik daripada fizik itu sendiri.

Mari kita bayangkan sejenak bahawa foton mempunyai hati nuraninya sendiri dan mampu "memutuskan" tingkah lakunya dalam pelbagai situasi di mana ia terlibat.

Dalam amalan kita bertanya: apabila foton dilancarkan ke arah penghalang, bagaimana ia tahu jika penghalang akan mempunyai satu atau dua celah terbuka?

Kerana, sebenarnya, foton harus tahu berapa banyak celah yang ada di hadapannya hanya selepas melintasi penghalang.Nampaknya, bagaimanapun, foton mengetahui perkara ini terlebih dahulu. Sesungguhnya, foton memutuskan untuk menghadapi halangan dalam bentuk zarah atau dalam bentuk gelombang, sebelum melintasinya.

Bukan sahaja; foton tahu, sebelum melalui lubang, jika lubang ini dipantau oleh instrumen yang mampu mengesahkan laluannya. Foton mengetahui mana antara dua lubang yang dipantau oleh instrumen, sebelum melaluinya. Dalam detik-detik yang sangat singkat kewujudannya antara saat ia dilancarkan dan saat ia menghadapi halangan, foton memperoleh pengetahuan tentang apa yang menantinya. Dia tahu sama ada dia akan menemui satu atau dua rekahan, dan sama ada mereka dipantau atau tidak.

Oleh kerana foton tidak mempunyai minda mahupun kesedaran, kita perlu bertanya dari mana datangnya keupayaannya untuk "mengetahui terlebih dahulu" apa yang menantinya dalam masa terdekat. Tajuk provokatif bab ini, mengenai keupayaan prekognitif foton, akan mencadangkan bahawa ini benar-benar wujud.

Kemungkinan Ya. Foton "tahu" kerana ia menerima pengetahuan, sesungguhnya, ia adalah sebahagian daripada kebijaksanaan sejagat. Foton adalah sebahagian daripada pengetahuan yang menghubungkan seluruh kosmos. Foton tahu kerana seluruh kosmos tahu, dan pengetahuan ini tidak mempunyai had masa, ruang atau saiz.

Zarah tidak "tahu dahulu", ia tahu kerana ia adalah sebahagian daripada ilmu.

Foton "tahu" kerana ia adalah sebahagian daripada pengetahuan kosmik sejagat yang diletakkan di luar semua had dan di luar sebarang kewajipan yang ditentukan oleh jirim. Pengetahuannya adalah maklumat dan kecerdasan pada tahap jiwa atau rohani yang tulen. Foton tunggal itu, dan setiap zarah lain di alam semesta, tidak "meramal masa depan", ia adalah sebahagian daripadanya..

Kemudian timbul persoalan lain: mengapa kita manusia, yang pada asasnya terdiri daripada zarah, tidak memiliki pengetahuan yang sama?

Sememangnya semua zarah yang membentuk badan kita memiliki pengetahuan ini, setiap satu secara individu; kita, dianggap sebagai agregat bilangan zarah yang tidak terhingga, harus memiliki pengetahuan agregat, jumlah pengetahuan semua zarah kita.

Terdapat perbezaan besar antara zarah tunggal dan agregat zarah yang kita ada. Pertama, zarah adalah ahli pengetahuan sejagat tanpa sebarang pengantaraan. Zarah adalah sebahagian daripadanya. Sebaliknya badan kita, sebagai agregat zarah, dipengaruhi oleh perantara yang kuat yang, sebenarnya, menjadi pemisah.

Pengantara negatif ini secara kolektif mempunyai nama 'Saya'. Kesedaran kita dan keperibadian kita melaksanakan fungsi pemisah ke arah pengetahuan kosmik. Sesungguhnya, walaupun zarah adalah ahli yang rendah hati yang mematuhi pengetahuan ini, kita meletakkan diri kita di tengah-tengah alam semesta. Segala sesuatu yang mengelilingi kita, apa yang berlaku di sekeliling kita, kenangan masa lalu dan jangkaan masa depan benar-benar tertumpu pada kosmos peribadi kita sendiri.

Ini menjadikan kita jelas tidak patuh dan tidak terlalu meresap berkenaan dengan pengetahuan yang sama sekali tidak tertumpu kepada diri kita sendiri.

Pertimbangan yang serupa dengan ini secara naluri membangkitkan seruan mengerikan Lucifer yang dibuang dari hadirat Tuhan: "Saya tidak akan melayani kamu!". Mungkin kita sendiri adalah malaikat yang jatuh, kerana kita benar-benar tidak mahu melayani apa-apa selain daripada ego kita dan ini menjerumuskan kita ke dalam kesendirian eksistensial yang terdiri daripada mementingkan diri sendiri dan rujukan diri.

Begitu juga, mitos alkitabiah tentang Adam dan Hawa menceritakan tentang pengusiran dari Eden kerana ketidaktaatan. Tuhan telah menanam sebuah kebun di mana pasangan itu boleh mendapat manfaat sepenuhnya, dengan satu pengecualian:

«Dari setiap pokok di taman anda akan dapat makan; tetapi Pohon Pengetahuan Baik dan Jahat jangan kamu makan; kerana pada hari kamu memakannya, kamu pasti akan mati."

Pengetahuan tentang Baik dan Jahat mengubah Adam dan Hawa menjadi subjek yang mampu merumuskan penghakiman, tetapi kapasiti ini, malangnya, dicemari oleh cita-cita ingin menjadi serupa dengan Tuhan.

Walaupun begitu, terdapat banyak aspek yang membuat kita terus berhubung, walaupun lemah, kepada "pengetahuan kosmik". Walaupun pengetahuan ini telah dihalang daripada kita, kita mempunyai cebisan kesedaran tentang kewujudannya. Pertama sekali kita mempunyai firasat kehadiran yang lebih tinggi daripada diri kita sendiri, yang kita intuisi dan kadang-kadang rasa perlu, kerana ia mungkin untuk ingatan ibu bapa yang jauh atau hilang. Bayangan ibu bapa yang tidak dikenali dari mana untuk merasa dipeluk berlegar secara mistik dalam fikiran kami. Bayangan ini mempesonakan kita.

Perasaan inilah yang disebut ramai sebagai "rindu kepada Tuhan." Ia adalah nostalgia yang datang dari jauh, ditimbulkan oleh peristiwa yang selalunya bukan sebahagian daripada pengalaman hidup kita; ia adalah nostalgia yang melakar kenangan sebelum kewujudan fizikal kita.

Kemudian terdapat persepsi ekstrasensori, iaitu, kilatan cahaya yang menerangi pada masa-masa tertentu dan menjadikan jalan yang menyatukan kita dengan pengetahuan kosmik boleh dipraktikkan. Bawah sedar kita berjaya berhubung dengan ketidaksadaran kolektif dan, walaupun berliku-liku, aliran pengetahuan mengalir dari kesedaran universal kepada kesedaran individu kita. Apabila ini berlaku, kita "tahu dan lihat", untuk beberapa saat yang singkat, perkara-perkara yang, disebabkan oleh keadaan hamba kita yang dirantai dengan jirim, kita biasanya tidak nampak. .

Tetapi kita dapati hubungan yang paling konkrit dengan kebijaksanaan kosmos dalam sinkronik. Sinkronik menampakkan diri dalam kewujudan kita, tetapi sering disertai dengan sikap acuh tak acuh kita. Walaupun telah tenggelam ke dalam jurang malaikat yang telah jatuh, tangan menghulurkan tangan kepada kami untuk mengangkat kami dari lubang dan membimbing kami ke arah penebusan evolusi rohani dan budaya. Sinkronisitas adalah bukti bahawa "Pengetahuan" tidak menganggap kita terkutuk selama-lamanya dan melihat dalam diri kita anak yang hilang evangelis yang, sekembalinya, tidak ditolak oleh bapanya tetapi disambut dengan gembira.

Atom dan perwakilan terkini mereka.

Dalam perwakilan klasik atom, elektron mempunyai jumlah tenaga yang jelas, mampu mengekalkannya dalam orbit tertentu. Tenaga ini dipanggil "tahap tenaga orbit". Akibatnya, orbit mewakili laluan yang diambil oleh elektron mengelilingi nukleus manakala tahap tenaga mewakili jumlah tenaga yang mencukupi untuk mengekalkannya dalam orbit itu.

Seperti yang telah kita lihat, mekanik kuantum dapat menggambarkan tingkah laku zarah yang sangat kecil, seperti elektron, dan kita juga telah melihat bahawa peraturan fizik klasik tidak terpakai kepada zarah ini. Dalam visi kuantum, model atom baru yang lebih kompleks telah diperkenalkan, di mana kita tidak lagi bercakap tentang "Orbit" tetapi "Awan Orbit".

"Orbit" dan "Awan Orbit"

Mekanik kuantum telah banyak menunjukkan bahawa tidak mungkin untuk menentukan trajektori elektron, oleh itu istilah "Orbit" tidak sesuai. Adalah perlu untuk meninggalkan konsep orbit yang dilalui oleh elektron untuk menggantikannya dengan "awan orbit", juga ditakrifkan sebagai "awan kebarangkalian". Ini berlaku kerana kita tidak dapat menentukan dengan pasti apakah kedudukan elektron di dalam atom pada sekelip mata tertentu atau sesaat berikutnya. Melalui fungsi matematik yang rumit adalah mungkin untuk mendapatkan maklumat tentang kedudukan elektron, tetapi hanya dari segi kebarangkalian kehadirannya dalam ruang tertentu di sekeliling nukleus (rajah 41).

Dalam erti kata lain, sementara "Orbit" ialah trajektori yang ditakrifkan, "Awan orbit" ialah fungsi matematik yang membolehkan kita menentukan di mana ia berkemungkinan besar untuk mencari elektron dalam ruang di sekeliling atom.

Semua ini adalah akibat langsung daripada prinsip asas mekanik kuantum yang ditemui oleh ahli fizik Jerman Werner Heisenberg "Prinsip Ketidakpastian" atau "Prinsip Heisenberg", yang menurutnya tidak mungkin untuk mengetahui kedudukan dan kelajuan elektron secara serentak. Ini mengesahkan keanehan tingkah laku zarah asas berbanding dengan badan pada tahap makroskopik, iaitu pada tahap dimensi kita dan pengalaman kita.

Pada tahap kami, sebenarnya, adalah mungkin untuk mengira trajektori dan kelajuan batu dengan ketepatan yang melampau walaupun sebelum melontarnya, sama seperti laluan badan angkasa atau jadual perjalanan satelit angkasa dikira. Pada peringkat subatomik, bagaimanapun, keupayaan ini menjadi mustahil. Prinsip Heisenberg mewujudkan sekali lagi kepelbagaian misteri tingkah laku zarah.

Berkenaan bukan sahaja elektron tetapi mana-mana zarah asas lain, kita hanya boleh menentukan kawasan ruang tertentu di mana zarah itu mungkin ditemui; ia adalah tepat kawasan ruang ini yang dipanggil "Awan Orbit", dan ditentukan oleh tenaga yang dimiliki oleh zarah.

Kita boleh membayangkan "Awan Orbital" sebagai kompromi antara tolakan pelbagai elektron di antara mereka dan tarikan yang dikenakan oleh nukleus. Oleh itu, semakin banyak proton dan elektron yang dimiliki oleh atom, semakin rumit keadaan hubungan dalaman tarikan dan tolakan; atom menjadi sarang tebuan di mana tebuan bergerak pada kelajuan yang tidak dapat dibayangkan di sepanjang orbital probabilistik.

Di bawah keadaan ini, satu-satunya cara untuk mengetahui lebih kurang di mana elektron berada dan berapa pantas ia bergerak adalah dengan menganggapnya sebagai gelombang; elektron akan berada di mana-mana titik X gelombang yang menerangkannya. Prinsip ini ditakrifkan oleh fungsi matematik, "fungsi gelombang", konsep yang dibangunkan oleh ahli fizik dan matematik Austria Erwin Schrödinger.

Fungsi ini, sebenarnya, tidak mentakrifkan koordinat tepat bagi elektron, tetapi mengehadkan isipadu ruang di mana ia boleh ditemui dengan kebarangkalian yang lebih besar.

Hari ini kita tahu bahawa hukum kuantum boleh digunakan bukan sahaja pada elektron, tetapi juga pada zarah yang terdapat dalam nukleus atom, proton dan neutron.

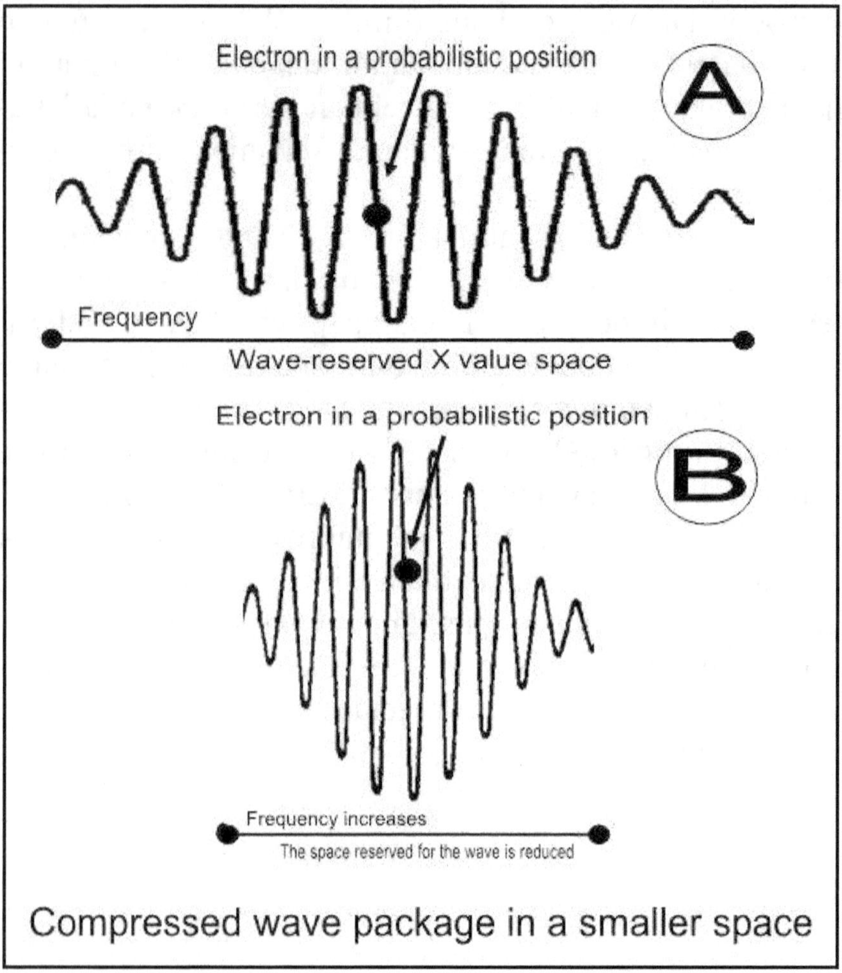

Rajah 41 - Dengan memampatkan kawasan ruang gelombang, frekuensinya meningkat dan oleh itu kelajuan putaran zarah.

A. Dalam ruang nilai "X" frekuensi gelombang mempunyai nilai "a".

B. Dalam ruang yang lebih sempit frekuensi gelombang mempunyai nilai "b", lebih tinggi daripada "a"

Pandangan dinamik atom.

Apa yang telah diperkatakan setakat ini memberikan pandangan yang lebih dinamik tentang atom daripada yang klasik. Sesungguhnya, memandangkan elektron sebagai zarah, kita tidak dapat mengetahui dengan tepat di mana ia berada, kecuali ia terletak di mana-mana titik fungsi gelombang yang menerangkannya (rajah 41A).

Fizik moden telah memahami alam semesta sebagai rangkaian yang tidak dapat dipisahkan, di mana perhubungan benar-benar dinamik, bukan statik. Dalam mekanik kuantum aspek dinamik ini, jika boleh, dipertingkatkan dan merupakan akibat langsung daripada sifat gelombang zarah. Akibatnya, sifat zarah subatomik hanya boleh difahami dalam konteks dinamiknya.

Hakikat bahawa zarah juga gelombang menyebabkan tingkah laku yang kelihatan aneh yang mesti diambil kira. Jika kita memaksa zarah ke dalam ruang tertentu, ia bertindak balas dengan bergerak di dalam ruang itu. Gegaran lebih cepat apabila ruang lebih kecil.

Sifat ini boleh difahami dengan meneliti Rajah 41.

Di bahagian atas fungsi gelombang elektron digambarkan, tertutup di kawasan ruang nilai X dengan elektron diletakkan dalam kedudukan kemungkinan.

Di bahagian bawah rajah 41B, dengan mengehadkan ruang yang ada, gelombang bergetar pada frekuensi yang lebih tinggi dan ini menyebabkan peningkatan dalam kelajuan elektron. Semakin kecil kawasan sempadan, semakin banyak pergerakan elektron akan meningkat.

Kecenderungan zarah untuk bertindak balas terhadap setiap penyempitan ruang dengan meningkatkan kelajuannya menjana keadaan pergolakan jirim, tipikal dunia subatomik.

Lagipun, walaupun dalam nukleus tidak ada imobilitas, jika boleh, pergolakan mengambil bentuk kebesaran paroxysmal. Kita boleh memahami ini jika kita menganggap bahawa isipadu nukleus adalah trilion kali lebih kecil daripada jumlah isipadu atom. Sebenarnya, seperti yang telah kita sebutkan, jika nukleus mempunyai dimensi 3-4 milimeter, elektron terluar akan berputar dalam isipadu sfera dengan diameter kira-kira 100 meter. Dalam isipadu ruang nukleus yang sangat kecil, dua daya berlaku: di satu pihak, tolakan antara proton, yang semuanya mempunyai cas elektrik positif, cenderung untuk "meletup" nukleus di angkasa. Sebaliknya, bagaimanapun, interaksi nuklear yang kuat memainkan peranan yang menimbulkan tarikan antara semua zarah yang terdiri daripada kuark. Oleh itu, nukleus bergetar, dalam konflik kekal yang diperbuat daripada tolakan dan tarikan, dengan kelajuan yang ditinggikan secara eksponen oleh dimensinya yang sangat kecil.

Adakah terdapat "benda" atau ada peristiwa?

Oleh kerana zarah adalah sebahagian daripada struktur yang lebih besar seperti molekul dan rumpun jirim yang lebih besar, malah struktur yang lebih besar ini mempunyai kecenderungan untuk bergerak dalam tarian kekal, iaitu, secara semula jadi gelisah. Mekanik kuantum menunjukkan bahawa jirim tidak pernah lengai, tetapi sentiasa bergerak. Walaupun pada tahap makroskopik, objek kelihatan tidak bergerak dan pepejal kepada kita, dalam komposisi intimnya, objek itu menggelegak dengan aktiviti yang menggelegar.

Objek realiti harian kita terdiri daripada atom yang bersambung antara satu sama lain untuk membentuk semua struktur molekul yang kita ketahui. Ini bergetar selaras dengan suhu ambien. Elektron terikat kepada atom oleh daya tarikan dan tolakan elektrik yang memerahnya ke arah nukleus sehingga menyebabkan kelajuan putaran yang sangat tinggi. Dalam nukleus yang sama proton dan neutron dikurangkan kepada isipadu yang begitu kecil sehingga menyebabkan pergolakan mereka dengan kelajuan yang sukar dibayangkan.

Semakin jauh kajian tentang atom, semakin jelas bahawa ia bukanlah komponen utama jirim, pepejal dan padat, seperti yang dicadangkan oleh Newton, tetapi satu set aktiviti, iaitu getaran disebabkan oleh zarah. Tetapi zarah-zarah ini serentak bergelombang dalam gerakan frenetik kekal dalam ruang yang kebanyakannya kosong.

Karl Raimund Popper, ahli falsafah dan sarjana Austria tentang kaedah untuk mencapai pengetahuan tertentu dan saintifik tentang sesuatu, sifat-sifat metafizik, jika difahami dengan betul, fungsi merangsang kemajuan. Determinisme fizikal ditentang kuat oleh Popper, baik dari sudut pandangan saintifik dan sebagai anggapan totalitarianisme. Dalam jilidnya "Ego dan otaknya" Popper menyatakan pemikirannya tentang alam semesta material dalam istilah ini:

> "Bahan pepejal ternyata menjadi tenaga yang sangat pekat, boleh diubah menjadi bentuk tenaga lain dan oleh itu sesuatu yang bersifat proses, kerana ia boleh ditukar kepada proses lain seperti cahaya dan, jelas sekali, pergerakan dan haba. Kita kemudian boleh mengatakan bahawa hasil fizik moden mencadangkan keperluan untuk meninggalkan idea tentang bahan atau intipati.
>
> Sekarang (seperti yang ditekankan oleh A. N. Whitehead terutamanya) alam semesta muncul bukan sebagai koleksi benda, tetapi sebagai satu set peristiwa dan proses yang berinteraksi.

> Oleh itu, seorang ahli fizik moden mungkin mengatakan bahawa benda fizikal - badan, jirim - mempunyai struktur atom. Tetapi atom pula mempunyai struktur yang hampir tidak boleh ditakrifkan sebagai "bahan" dan pastinya bukan "substantial":(...)
> Dalam sejarah materialisme dan khususnya atomisme, realiti kebendaan dipandang dengan keraguan oleh ahli falsafah idealis seperti Berkeley dan Hume. Tetapi jirim juga dilihat dengan cara ini oleh ahli fizik seperti Mach, sama seperti teori kuantum yang muncul".

Dalam teori elektrodinamik kuantumnya, ahli fizik Richard Feynman memetik prinsip ketidakpastian Heisenberg. Beliau berpendapat bahawa, berdasarkan prinsip ini. vakum kuantum, juga dipanggil "medan titik sifar", diserap oleh lautan turun naik. Turun naik ini mewujudkan pasangan zarah maya dan antizarah, yang memusnahkan satu sama lain dalam masa yang berkadar songsang dengan tenaga mereka.

Formula terkenal Einstein E=mc2 menyatakan bahawa jirim dan tenaga boleh ditukar antara satu sama lain. Oleh itu, tenaga boleh mengambil pelbagai bentuk: ia boleh menjadi mekanikal secara klasik dalam dua modaliti, kinetik atau potensi. Juga, tenaga boleh menjadi kimia, elektromagnet, graviti, haba, nuklear. Semua ungkapan tenaga ini adalah komponen tenaga global yang sama, yang boleh berubah bentuk tetapi tidak boleh memintas peraturan bahawa kuantiti sentiasa kekal sama. Dalam kebolehubahan dan kebolehtukarannya, tenaga memainkan peranan untuk menghubungkan semua fenomena fizikal dalam rangkaian transformasi, tetapi sebarang transformasi fizikal mesti semestinya memberikan jumlah tenaga, sebelum dan selepas, kekal sama. Oleh itu, tenaga tidak boleh dimusnahkan tetapi boleh mengambil bentuk yang berbeza. Lebih baik lagi, ia berada dalam transformasi yang berterusan.

Lokaliti dan bukan lokaliti.

Lokaliti mentakrifkan kawasan di mana terdapat manifestasi tenaga dan peristiwa yang dibatasi oleh undang-undang fizik klasik. Dalam realiti tempatan terdapat "causality" atau "determinism" (setiap peristiwa ditentukan oleh peristiwa sebelumnya); lebih-lebih lagi, semua realiti tertakluk kepada anak panah masa yang hanya bergerak ke hadapan. Walau apa pun, ia tidak mungkin melebihi kelajuan cahaya. Had ini menghalang pemindahan maklumat serta-merta dalam jarak yang jauh. Perlu diingat bahawa mana-mana tenaga, semasa membawa maklumat, mengalami penurunan kuasa semakin jauh ia bergerak dari sumbernya. Sebagai contoh kita boleh memetik apa yang berlaku untuk cahaya atau bunyi yang menjadi semakin malap apabila jarak semakin meningkat.

Dalam domain "bukan tempatan", sebaliknya, terdapat peristiwa dan manifestasi yang tidak tertakluk kepada sekatan tipikal domain tempatan: ia tidak terhad sama ada mengikut masa atau jarak. Di peringkat bukan tempatan tidak ada semalam dan hari ini, sebelum dan selepas, tetapi hanya "sekarang dan selalu". Begitu juga dalam bukan lokaliti tidak ada tinggi dan rendah, dekat dan jauh, tetapi hanya "di sini dan di mana-mana”

Jalinan kuantum.

Entiti yang terlibat dalam "belitan," zarah atau foton, disambungkan antara satu sama lain kerana ia dihasilkan melalui proses yang mengikatnya dengan cara yang istimewa. Contohnya, dua foton yang dipancarkan oleh atom yang sama. Foton atau zarah sedemikian akan kekal "terjerat", iaitu berganding, selama-lamanya. Jika salah satu daripada keduanya entah bagaimana bertindak, "kembarnya", di mana sahaja ia berada di alam semesta, juga akan bertindak balas serta-merta.
(Amir Dan Aczel, ahli matematik dan fizik Israel)

Tingkah laku jirim seperti gelombang mendasari satu lagi fenomena kuantum yang mengejutkan yang dikenali sebagai "belitan kuantum". Keterikatan mewakili salah satu fenomena yang paling misteri dan pada dasarnya tidak dapat dijelaskan dalam semua fizik moden. Menurut Erwin Schrödinger, salah seorang pengasas mekanik kuantum, ia tidak diragukan lagi merupakan elemen pencirian keseluruhan teori.

Entanglement mempunyai sifat yang luar biasa sehingga menyebabkan Einstein meragui realiti fenomena itu. Pada tahun 1935, bersama-sama dengan Boris Podolsky dan Nathan Rosen, beliau merumuskan "paradoks EPR" yang terkenal (dipanggil dari nama keluarga tiga saintis) yang cenderung menonjolkan fenomena keterikatan sebagai paradoks.

Sebenarnya, paradoks EPR, yang pada mulanya dianggap sebagai penyangkalan yang sah tentang keterikatan, mengandungi ralat asas, yang diserlahkan pada tahun 1964 oleh John Stewart Bell dan disahkan pada tahun 1982 oleh eksperimen Alain Aspect. Kemudian, pada tahun 1998, Anton Zeilinger dan yang lain menambah baik eksperimen Aspect dan mengesahkan keputusannya.

Hari ini kita boleh membuat kesimpulan bahawa dalam banyak kajian fizik kuantum telah terbukti mampu menghasilkan ramalan eksperimen yang betul sehingga ketepatan yang tidak pernah dicapai sebelum ini, dan fenomena korelasi antara zarah, tipikal kuantum kuantum, sebenarnya telah diperhatikan. Pada masa ini, teori ini adalah asas kepada teknologi baru muncul seperti komputer kuantum dan kriptografi kuantum dan telah memungkinkan untuk menjalankan eksperimen yang berkaitan dengan teleportasi, di mana jangkaan dunia teknologi tertumpu.

Prinsip superposisi kuantum.

Dalam meneliti eksperimen celah berganda yang dijalankan dengan menghantar hanya satu zarah pada satu masa, kita melihat bahawa zarah itu melalui kedua-dua celah dan mencipta fenomena gangguan. Jelaslah bahawa zarah itu, sebagai satu-satunya yang hadir, mengganggu dirinya sendiri. Ini adalah fenomena yang menakjubkan tetapi nyata, yang mengambil nama "Prinsip Kuantum Superposisi Negara".

Prinsip superposisi mengesahkan bahawa dua atau lebih keadaan kuantum boleh "ditindih antara satu sama lain", iaitu ditambah bersama. Jumlah keadaan tertindih ialah satu lagi keadaan kuantum yang sah.

Sesuatu yang serupa dengan ombak bertindih di dalam air berlaku.

Oleh itu, keadaan sesuatu sistem boleh terdiri daripada dua atau lebih keadaan, supaya berkongsi beberapa sifat setiap negeri yang menyusunnya.

Jika kita melabelkan dengan A dan B dua sifat berbeza bagi zarah yang sama, seperti:

nyatakan A: zarah berada di lokasi F1

nyatakan B: zarah berada di tempat F2

maka superposisi keadaan zarah itu boleh ditulis sebagai A+B kerana ia mempunyai persamaan dengan kedua-dua keadaan A dan keadaan B (rajah 42).

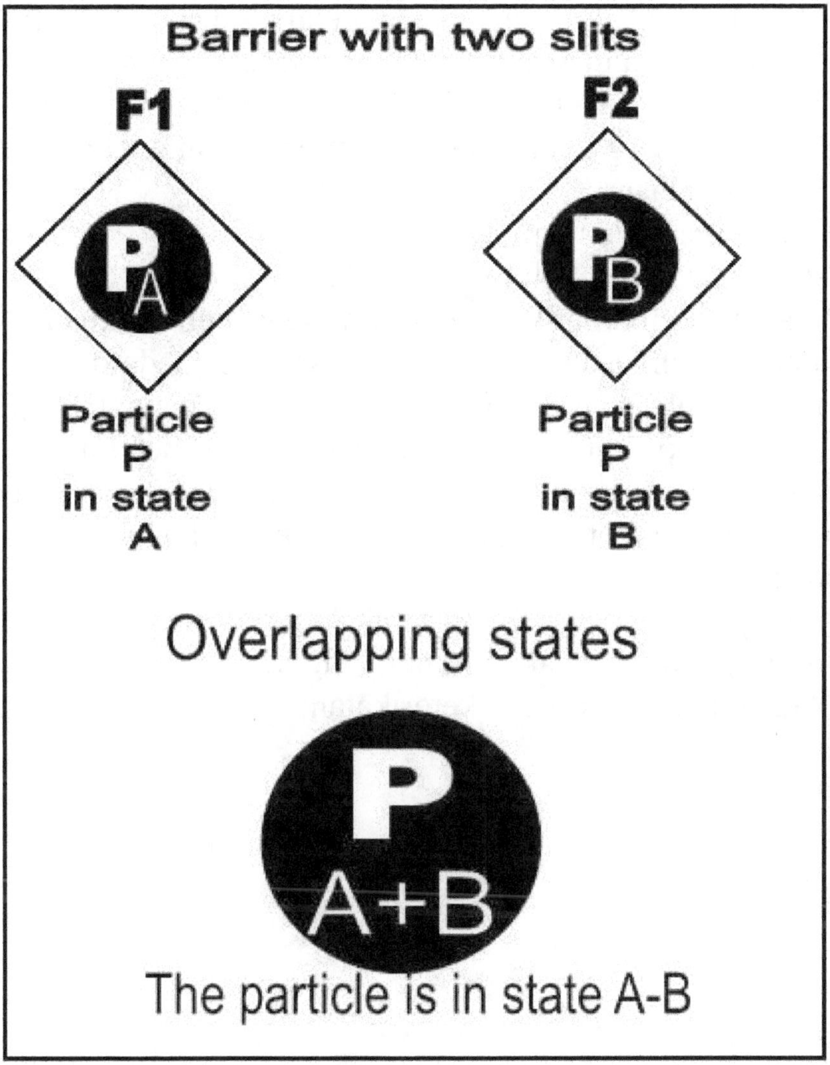

Rajah 42 - Zarah P yang melalui kedua-dua celah berada dalam keadaan "superposisi kuantum".

F1 Zarah P melalui celah F1 dan mempunyai keadaan Pa

F2 Zarah yang sama P juga melalui celah F2 dan mempunyai keadaan Pb

Zarah P berada dalam "superposisi keadaan". Keadaannya ialah P(a+b)

Zarah berada dalam keadaan A apabila ia melalui celah F1, dan dalam keadaan B apabila ia melalui celah F2. Oleh kerana zarah melalui kedua-dua celah secara serentak, ia berada serentak dalam kedua-dua keadaan, iaitu dalam keadaan superposisi, yang ditulis A+B dan merupakan gabungan kedua-dua keadaan

"Zarah berada dalam keadaan A"

"Zarah berada dalam keadaan B".

Jika kita memerhatikan zarah semasa ia melintasi halangan kita akan melihat ia melalui hanya satu daripada dua celah dan kita tidak akan memperoleh fenomena gangguan; jika, sebaliknya, kita tidak memerhatikannya, ia melalui kedua-dua celah, menjana keadaan superimposisi dan memberi isyarat dengan menghasilkan angka gangguan pada skrin belakang.

Prinsip superposisi adalah salah satu misteri terbesar fizik kuantum, dan merupakan kunci yang sangat diperlukan untuk memahami fenomena keterikatan.

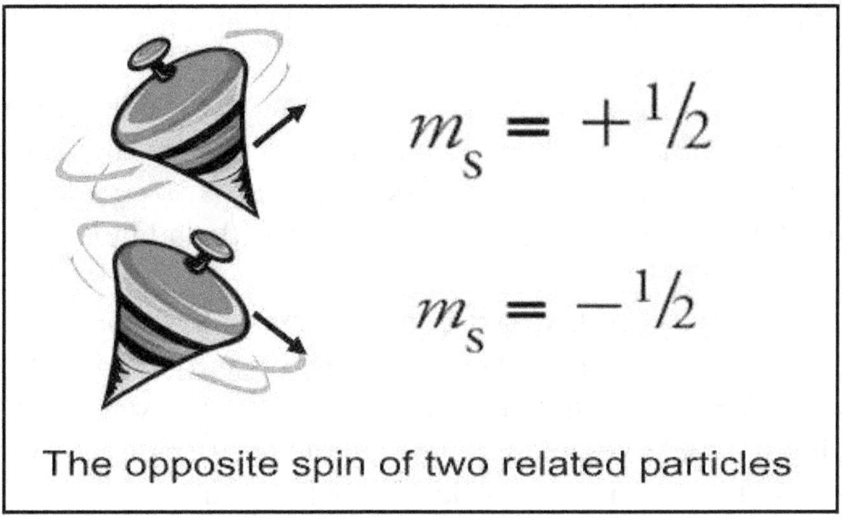

Rajah 43 – Putaran (putaran) pada mulanya diperkenalkan berhubung dengan "momen magnet intrinsik" elektron.

Korelasi zarah subatom.

Walau bagaimanapun, walaupun contoh ini adalah tidak sempurna kerana ia akan meramalkan bahawa salah satu daripada dua zarah akan melancarkan "panggilan" kepada yang lain, dalam apa jua keadaan, walaupun pada kelajuan pemikiran.

Sebaliknya, kedua-dua zarah memutuskan variasinya secara serentak; tiada zarah yang menentukannya terlebih dahulu. Jika ini berlaku, kausalitas akan dimainkan semula: walaupun pada kelajuan yang melampau. Itu tidak berlaku: zarah berkelakuan seolah-olah ia adalah satu zarah.

Keterikatan adalah "kekangan konsisten". Contohnya, jika dua foton dengan putaran bertentangan dikorelasi membentuk sistem terjerat, variasi putaran (rajah 43) satu berlaku serentak dengan variasi putaran yang lain. Tiada cara untuk mengesahkan variasi mana yang datang dahulu.

Rajah 31 menggambarkan kaedah yang digunakan dalam makmal untuk mendapatkan zarah berkorelasi. Pada titik A, elektron yang diletakkan di mana-mana orbit mempunyai tenaga 10 (nilai contoh). Pada titik B elektron telah melompat ke orbit dalam; kini tenaga yang diperlukan adalah lebih rendah, dan kita boleh menganggapnya sama dengan 9. Kuantum yang tidak diperlukan, (kuantum), digunakan untuk menjana foton.

Untuk mendapatkan dua foton berkorelasi, sebuah elektron akan lompat dua kali.

Mari kita bayangkan bahawa dengan cara ini kita telah memperoleh dua foton berkorelasi dan memeriksa hubungan antara mereka.

Superposisi dua zarah.

Kami menganggap bahawa setiap satu daripada dua zarah (P1 dan P2) boleh berada di dua tempat pada masa yang sama dan oleh itu mempunyai dua keadaan. Zarah P1 akan mempunyai keadaan P1A dan P1B, manakala zarah P2 akan mempunyai keadaan P2Y dan P2Z. Ingat bahawa keadaan A, B, Y, dan Z mewakili tempat yang berbeza di mana zarah boleh berada (Rajah 44).

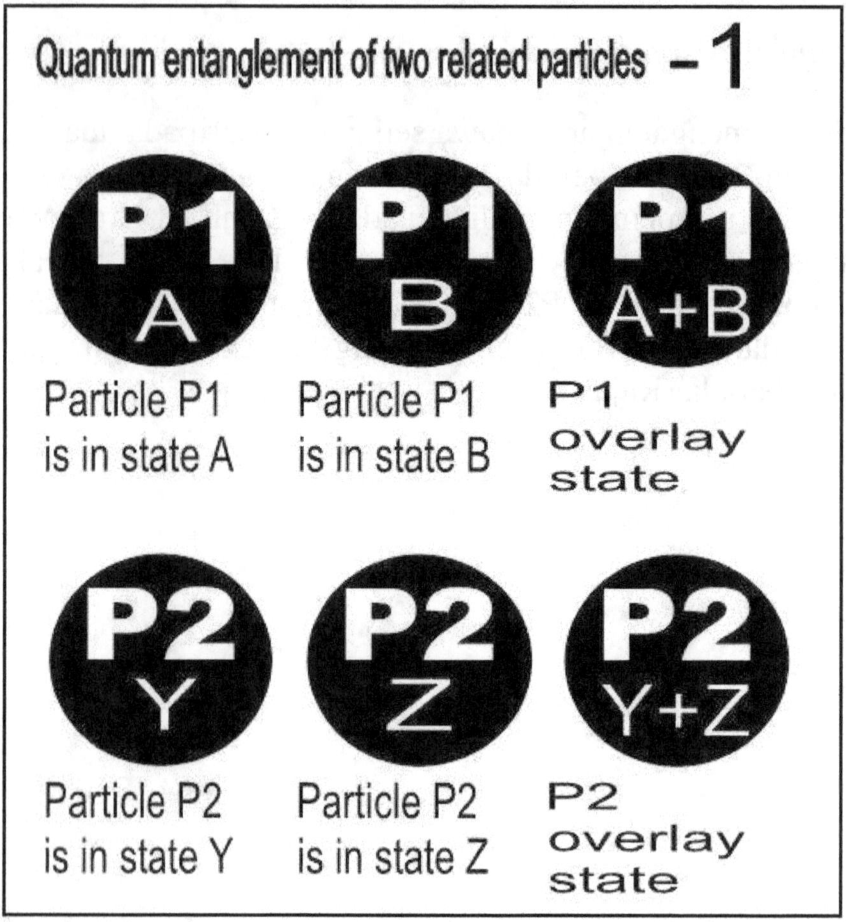

Rajah 44 -
"Kuantum jalinan" dua zarah yang berkaitan. (Peringkat pertama)
Kedua-dua zarah P1 dan P2 kedua-duanya mempunyai dua keadaan.
Zarah P1 berada dalam superposisi (P1(a+b)
Zarah P2 berada dalam superposisi (P2(a+b).

Kedua-dua zarah yang berkaitan mempunyai sifat memiliki dua keadaan. Mari kita bayangkan bahawa zarah P1 berada dalam keadaan A, dan zarah P2 berada dalam keadaan Y. Hasilnya ialah sistem dua zarah dengan keadaan AY, yang dipanggil "keadaan produk". Jika, sebaliknya, kita bayangkan bahawa zarah P1 berada dalam keadaan B dan zarah P2 berada dalam keadaan Z, hasilnya ialah keadaan produk BZ (rajah 45).

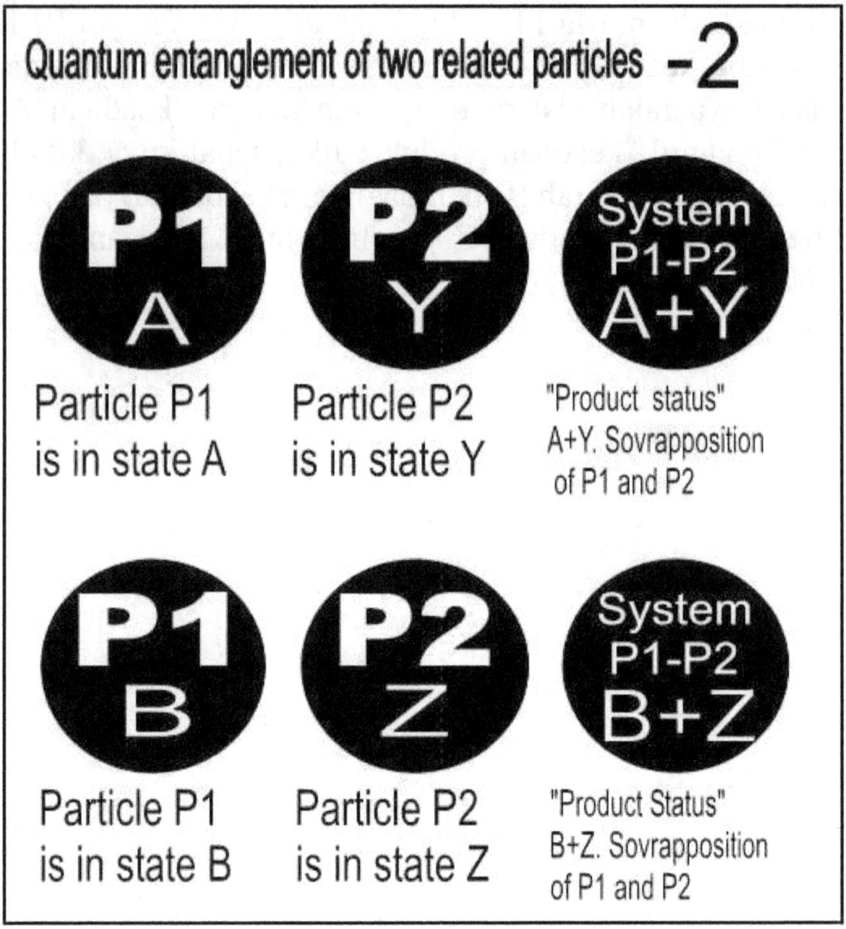

Rajah 45 -
"Kuantum jalinan" dua zarah yang berkaitan. (Fasa kedua)
"Keadaan produk" zarah berkaitan P1 dan P2
Dua zarah P1a dan P2y menghasilkan keadaan superposisi P1-P2(a+y)
Dua zarah P1b dan P2z menghasilkan keadaan superposisi P1-P2(b+z)

.

Pada ketika ini, dengan langkah selanjutnya, kita boleh menggunakan prinsip superposisi pada set dua sistem AY + BZ.

Keadaan ini dipanggil "keadaan terjerat" (Rajah 46).

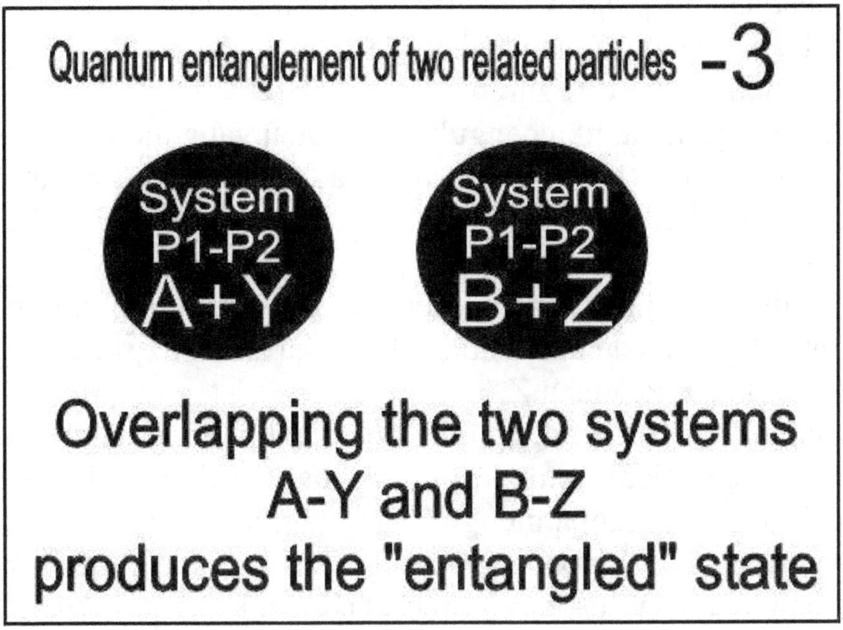

Rajah 46 – "Kuantum jalinan" dua zarah yang berkaitan. (peringkat ketiga). Superimposisi dua sistem AY dan BZ menghasilkan keadaan "terjerat"

Pertindihan kedua-dua sistem dipanggil "belit". "Keadaan produk" AY menunjukkan bahawa zarah P1 berada dalam keadaan A, dan zarah P2 dalam keadaan Y.

Begitu juga, keadaan produk BZ menunjukkan bahawa zarah P1 berada dalam keadaan B dan zarah P2 dalam keadaan Z.

Keadaan terjerat AY + BZ, yang mewakili superposisi keadaan, menunjukkan bahawa terdapat kesimpulan wajib mengenai kedua-dua zarah.

Sesungguhnya, jika pengukuran dibuat yang menunjukkan bahawa zarah P1 berada dalam keadaan A, maka zarah P2 semestinya berada dalam keadaan Y, dan begitu juga sebaliknya.

Begitu juga jika, dengan melakukan pengukuran, didapati zarah P1 berada dalam keadaan B, maka zarah P2 semestinya berada dalam keadaan Z.

Dalam erti kata lain, apabila dua zarah berada dalam keadaan terikat, tidak mungkin untuk mempertimbangkan satu secara individu tanpa mengira yang lain. Akhirnya, keadaan terjerat terhasil daripada superposisi dua "keadaan produk".

Sebaik sahaja dua zarah dikorelasikan, keadaan terikat terhasil di antara mereka yang tidak mengambil kira masa atau ruang. Sebarang campur tangan pada salah satu daripada dua zarah secara serentak menghasilkan perubahan timbal balik pada yang lain, di mana sahaja ia berada di alam semesta.

Ahli fizik Denmark Niels Bohr, pengasas Sekolah Copenhagen yang sangat terkenal, membuat sumbangan asas kepada pemahaman struktur atom dan mekanik kuantum, dan untuk ini dia menerima Hadiah Nobel untuk Fizik pada tahun 1922. Mengenai korelasi zarah dia berkata:

> "Walaupun dua foton berkorelasi berada pada dua galaksi yang berbeza, mereka akan sentiasa kekal sebagai entiti tunggal, dan tindakan yang dilakukan oleh salah satu daripada dua foton itu juga akan menjejaskan yang lain".

Dengan ini, keterikatan dengan sungguh-sungguh menyatakan bahawa alam semesta tidak semuanya tertakluk kepada undang-undang fizik klasik, tetapi, sekurang-kurangnya pada peringkat subatomik, undang-undang ini tidak lagi sah.

Hakikat bahawa kedua-dua zarah "terjerat" terus berkelakuan serentak walau apa pun jarak di antara mereka menimbulkan masalah yang nampaknya tidak dapat diselesaikan.

Bagaimanakah kedua-dua zarah itu berkomunikasi antara satu sama lain? Sudah tentu bukan dengan isyarat yang dihantar melalui kaedah klasik; ini, sebenarnya, akan pudar apabila jarak bertambah dan dalam apa jua keadaan ia tidak boleh melebihi kelajuan cahaya. Pasti ada kemungkinan komunikasi bukan fizikal.

Fenomena bukan lokaliti dan extrasensori.

Ciri yang paling mengejutkan dan menarik yang muncul daripada apa yang telah diperkatakan setakat ini ialah zarah subatom dapat bertukar-tukar maklumat serta-merta, iaitu ia disambungkan dengan cara bukan tempatan; secara lebih mudah, maklumat tidak melalui mana-mana tempat fizikal untuk menyambung dua zarah; peringkat bukan tempatan ialah tahap psikik semata-mata (untuk mengelakkan penggunaan istilah rohani), iaitu, terdiri daripada maklumat tulen, atau kecerdasan.

Ia juga boleh dikatakan bahawa kedua-dua zarah itu hanya nampaknya berasingan sementara kekal, pada hakikatnya, satu, kerana itulah cara mereka berkelakuan. Ini tidak menyelesaikan masalah. Jika kedua-dua zarah itu bagaimanapun adalah satu, maka seluruh alam semesta harus menjadi satu, iaitu ia tidak akan dibuat daripada objek yang berasingan (kecuali pada peringkat makrofizikal) manakala pada peringkat subatom ia akan menjadi realiti tunggal

Mungkin kita bercakap tentang "Unus Mundus", konsep yang muncul daripada kerjasama Jung dan Pauli, atau mungkin kita bercakap tentang alam semesta tersirat yang diteorikan oleh David Bohm. Walaupun dalam kes ini, bagaimanapun, satu kecerdasan sejagat diperlukan untuk mentadbir Kosmos.

Albert Einstein menentang sekeras-kerasnya prinsip bukan lokaliti kerana ia melanggar undang-undang fizikal yang dia sendiri rumuskan, semuanya berdasarkan lokaliti. Dia sentiasa mencuba dalam hidupnya untuk membangunkan teori yang mampu menyatukan konsep fizik klasik dengan konsep kuantum; malangnya, dia tidak berjaya.

Pada tahun 1982, berikutan eksperimen yang dijalankan oleh Alain Aspect, teori keterjeratan dan dengannya konsep bukan ketempatan telah disahkan secara muktamad. Sejak itu kita telah mengetahui bahawa "realisme tempatan" yang kita anggap dalam dimensi kita bukanlah undang-undang alam yang mutlak.

Pada ketika ini adalah mungkin untuk membayangkan bahawa ruang dan masa tidak konsisten dan hanya wujud pada tahap persepsi. Percubaan Aspect menunjukkan kepada kita bahawa terdapat hubungan antara zarah yang melampaui ruang-masa. Lebih-lebih lagi, kerana seluruh alam semesta terdiri daripada zarah, kita boleh bertanya kepada diri sendiri sama ada fenomena bukan ketempatan harus dihadkan hanya kepada realiti subatomik atau sama ada ia juga boleh menjelma di antara objek yang lebih besar, atau bahkan di kalangan makhluk hidup.

Adakah mungkin untuk organisma biologi, seperti manusia, untuk mengakses tahap bukan tempatan? Jika jawapannya adalah ya, maka kita boleh membayangkan pertukaran maklumat antara organisma yang berbeza dengan cara yang tidak konvensional, melalui dimensi misteri yang bukan lokaliti.

Malah, kemungkinan ini tidak boleh dikecualikan, sebaliknya ia wujud dan sangat meluas dan diketahui. Ia dipanggil telepati.

Ciri telepati ialah ia berfungsi dengan lebih baik antara orang yang dikaitkan dengan ikatan kasih sayang atau persaudaraan tertentu, seperti ibu dan anak, iaitu, "terjerat" di antara mereka secara emosi.

Otak kita sudah tentu mampu memproses keinginan untuk berhubung dengan orang yang paling rapat dengan kita. Mungkin bukan ketempatan mewakili cara yang tidak diketahui sehingga kini komunikasi sedemikian sebenarnya boleh berlaku. Walaupun manusia tidak tahu menggunakan telepati sepenuhnya, mereka masih mempunyai cara untuk melakukannya, iaitu minda yang mampu memproses pemikiran dan ingin menyampaikannya. Kadang-kadang ini berlaku secara spontan, iaitu, ia berlaku walaupun kita tidak dapat menjelaskan bagaimana ia berlaku.

Telepati mungkin terdiri daripada fenomena korelasi antara minda. Kesedaran, dalam melaksanakan keupayaannya untuk membangunkan niat, boleh mengaitkan dua otak dengan meletakkan mereka dalam keadaan terjerat.

Satu lagi aspek yang boleh dikaitkan dengan bukan lokaliti ialah berkaitan dengan fenomena firasat dan firasat.

Sesungguhnya, dalam peringkat bukan tempatan seseorang dapat mengenali perhubungan yang hebat dengan ketidaksadaran kolektif, tahap kosmik yang diteorikan oleh Jung yang mengandungi semua sejarah dan kebijaksanaan manusia dalam evolusinya. Kemungkinan "keterikatan" yang berkembang pada peringkat bukan tempatan bertepatan dengan kemungkinan tahap kesedaran kolektif dan menjadikannya munasabah bahawa hati nurani individu boleh mengakses kandungan masa lalu, masa kini dan masa depan.

Dalam pengertian ini, eksperimen Alain Aspect dan rakan usaha samanya juga boleh dianggap sebagai eksperimen dalam metafizik kuantum. Dengan menunjukkan bukan ketempatan, mereka juga menunjukkan kewujudan tahap yang melampaui realiti ruang-masa, dan menafikan hipotesis alam semesta material semata-mata.

Brian Josephson ialah seorang ahli fizik Wales, dilahirkan di Cardiff pada tahun 1940. Ketika dia hanya 22 tahun dia menemui kesan Josephson, dan hasilnya pada tahun 1973 dia menerima Hadiah Nobel untuk fizik.

Josephson adalah salah seorang saintis yang paling terkenal di kalangan mereka yang menyokong kemungkinan fenomena parapsikologi adalah nyata. Beliau khususnya menceburkan diri ke dalam kajian mistik Timur, dan kemungkinan implikasi yang boleh dikemukakan berkaitan dengan tafsiran fenomena saintifik dalam kunci mistik atau metafizik.

Secara khususnya, Josephson menyatakan bahawa salah satu kaedah bimbingannya ialah: "nullius in verba" (Jangan percaya kata-kata sesiapa) dengan merujuk kepada fakta bahawa:

> "...jika semua saintis menolak idea, ini tidak semestinya dianggap sebagai bukti bahawa idea yang disebutkan di atas adalah tidak masuk akal; sebaliknya, adalah perlu untuk mengkaji dengan teliti motivasi pendapat ini, untuk menilai sama ada mereka menyokong penelitian yang teliti. peperiksaan."

Alam semesta yang terjalin.

Brian Greene ialah seorang ahli fizik Amerika, salah seorang sarjana terpenting dalam teori rentetan. Beliau menerbitkan buku "The fabric of the cosmos. Space, time, reality".

Dalam buku ini, memberi tumpuan kepada teka-teki masa, Greene menetapkan bahawa tiada peraturan fizikal mengesahkan idea bahawa masa mengalir dalam mana-mana arah tertentu. Tambahan pula, antara topik buku ini, sebagai tambahan kepada eksposisi asas "teori rentetan", anda boleh menemui rawatan keterikatan kuantum. Ia pada asasnya adalah analisis sifat realiti dengan lawatan mengenai topik seperti ruang masa, kosmologi dan asal-usul alam semesta (yang dipanggil teori segala-galanya).

Greene percaya, sebenarnya, bahawa alam semesta adalah keseluruhan yang terjerat secara intrinsik dan koheren dengan dirinya sendiri.

Satu lagi pengesahan berwibawa datang daripada buku "The Non-Local Universe: The New Physics and Matters of the Mind", teks yang ditulis oleh dua ahli fizik, Robert Nadeau dan Menas Kafatos. Berikut adalah petikan yang sering diambil daripada teks ini:

> “Semua zarah dalam sejarah kosmos telah berinteraksi dengan zarah lain mengikut cara yang dikesan oleh eksperimen Aspect. Hampir semua dalam persekitaran fizikal terdekat kita terdiri daripada kuanta yang telah berinteraksi dengan cara ini dengan quanta lain dari letupan besar hingga saat ini. (...) Ia juga harus dipertimbangkan bahawa jalinan kuantum berkembang secara eksponen dengan bilangan zarah yang terlibat dalam keadaan kuantum asal dan bahawa tiada had teori untuk bilangan zarah terjerat ini.
>
> Jika ini berlaku, alam semesta pada tahap yang sangat asas boleh menjadi rangkaian zarah yang luas, kekal berhubung antara satu sama lain dalam semua jarak dan dalam masa sifar dan tanpa pemindahan tenaga atau maklumat. Ini menunjukkan, walau bagaimanapun pelik atau pelik ini mungkin kelihatan, bahawa semua realiti fizikal adalah Sistem Kuantum Tunggal yang bertindak balas sebulat suara untuk interaksi selanjutnya.

Malah, jika kita mempertimbangkan teori Big Bang yang saya terangkan sebelum ini, andaian asasnya ternyata adalah letupan yang sangat kuat, yang berlaku kira-kira 15 bilion tahun yang lalu, mengenai tenaga seperti titik "singularity". Daripada "ketunggalan" ini akan lahir, berkat pengembangan yang masih berjalan, seluruh alam semesta. Ini bermakna bahawa seluruh alam semesta pada mulanya dimampatkan menjadi realiti kepadatan hampir tidak terhingga. Hakikat bahawa semua zarah berkait rapat dan semuanya dilahirkan daripada kejadian letupan yang sama menjadikannya sah untuk berfikir bahawa semua zarah di alam semesta sebenarnya terikat antara satu sama lain.

Bukan itu sahaja, adalah mungkin untuk membuat hipotesis bahawa semua zarah alam semesta menyimpan ingatan tentang kembar mereka dengan setiap zarah lain. Ini bermakna realiti yang berpecah-belah menjadi "perkara yang berbeza" hanyalah ilusi. Pemisahan ini disebabkan oleh cara kita melihat tahap makroskopik alam semesta. Pada hakikatnya, alam semesta, walaupun ia berkembang menjadi berbilion-bilion galaksi berbilion-bilion tahun terpisah antara satu sama lain, masih satu perkara, kerana ia bersatu dalam kedalamannya dengan ikatan bukan tempatan, melangkaui semua ruang dan sepanjang masa. Sekiranya intuisi ini dapat ditunjukkan secara saintifik, ia akan ditunjukkan bahawa kita semua hidup dalam realiti holistik yang besar di mana setiap bahagian bernilai keseluruhan kerana ia merangkumi keseluruhannya.

Pastinya masih banyak perkara yang kita tidak tahu malah boleh melepasi imaginasi kita.

Pengesahan eksperimen tentang kekusutan.

Einstein salah apabila dia berkata, "Tuhan tidak bermain dadu." Malah, kajian lubang hitam menunjukkan bahawa Tuhan, selain bermain dadu, kadang-kadang mengelirukan kita dengan melemparkannya ke tempat yang kita tidak dapat melihatnya.
(Stephen Hawking)

Mungkin ada yang ingat "Noein". Ia adalah siri animasi fiksyen sains 2005 yang dihasilkan oleh studio Satelight, yang terdiri daripada 24 episod, diilhamkan dan diarahkan oleh Kazuki Akane.

Noein, watak dari mana siri ini mengambil namanya, adalah sosok yang berlalu, dicirikan oleh topeng emas dengan sebelah mata. Dialah yang menganyam plot peristiwa sejak awal lagi. Noein sangat disemai dengan teori mekanik kuantum.

Noein menganggap konsep masa sebagai dimensi yang bergema dengan garis masa lain. Khususnya, dia melihat alam semesta bercabang menjadi bilangan kebarangkalian yang tidak terhingga, memihak kepada tafsiran Hugh Everett tentang "banyak dunia". Walau bagaimanapun, Noein juga menggabungkan banyak aspek tafsiran Bohr dan Sekolah Copenhagen, yang menurutnya kehadiran pemerhati adalah penting untuk menentukan keruntuhan gelombang kebarangkalian dalam situasi yang boleh diukur.

Haruka, watak wanita, mempunyai kuasa "pemerhati" dalam multiverse, kuasa yang membolehkannya menentukan keputusan sesuatu tindakan hanya dengan "memerhatikannya".

Dalam episod "Hamparan," Uchida menerangkan paradoks kucing Schrödinger kepada pengawal peribadinya Koriyama. Paradoks ini adalah contoh situasi yang ideal di mana hanya pemerhati yang dapat mengesahkan kematian kucing apabila dia membuka kotak. Dalam episod yang sama, rujukan juga dibuat kepada frasa "Tuhan tidak bermain dadu", petikan terkenal oleh Albert Einstein.

“Tuhan tidak bermain dadu, adakah kamu tahu itu? Katakan anda membaling dadu, dan gulungan itu muncul dengan nombor enam."

"Saya lebih suka nombor satu, kerana ia adalah yang pertama."

“Baiklah, satu atau enam semuanya sama. Jadi, katakan nombor satu keluar. Nombor lima juga boleh keluar, atau nombor empat boleh keluar. Mereka mempunyai kebarangkalian yang sama, bukan?

"Sebenarnya ya."

“Bolehkah anda bayangkan dunia di mana nombor lima muncul dan dunia lain di mana nombor empat muncul? Adakah mungkin terdapat banyak dunia di mana banyak salinan diri anda membaling dadu yang tidak terhingga?”

"Tuhan tidak bermain dadu"

Petikan ini adalah salah satu pepatah Einstein yang paling terkenal. Dia mengulanginya beberapa kali dalam pelbagai kesempatan. Saintis menggunakan metafora ini sebagai bertentangan dengan implikasi non-deterministik mekanik kuantum, yang dianjurkan oleh Niels Bohr dan Sekolah Copenhagennya.

Hakikat bahawa kedudukan dan halaju elektron tidak dapat ditentukan dengan pasti, dan bahawa data ini hanya boleh dinyatakan dari segi kebarangkalian, sangat menyinggung perasaan saintifik Einstein yang ketat, berdasarkan kepastian lokaliti dan determinisme.

Menurut teori Bohr, jika elektron "dicerap" beberapa kali, di bawah keadaan eksperimen yang sama, keputusan yang sama tidak selalu diperolehi. Ini bergantung pada fakta bahawa trajektorinya sentiasa tertakluk kepada "awan tidak stabil" kebarangkalian.

Bayangkan baling dadu di atas meja berkali-kali, dengan alat mekanikal yang sama. Fikirkan anda akan sentiasa mengeluarkan nombor yang sama? Jelas sekali ini tidak berlaku, disebabkan oleh variasi yang tidak terhitung yang mempengaruhi lemparan dadu. Contohnya, kekasaran peranti, suhu ambien dan kelembapan.

Dengan kata-kata mutiaranya Einstein bermaksud bahawa mekanik kuantum tidak boleh dianggap serupa dengan gulungan dadu, tetapi ia semestinya memberikan hasil yang sangat tepat dalam pengiraannya.

Terdapat banyak petikan di mana Einstein dengan tegas menyatakan keraguannya. Pada 4 Disember 1926, dia menulis kata-kata ini dalam diarinya:

> "Mekanik kuantum patut dihormati semua, tetapi suara dalaman memberitahu saya bahawa ia belum lagi penyelesaian yang betul. Ia adalah teori yang memberitahu kita banyak perkara, tetapi tidak membenarkan kita menembusi lebih dalam ke dalam rahsia "Tuhan". Dalam setiap kes, saya yakin bahawa "Orang Tua yang Hebat" tidak bermain dadu dengan dunia."

Pada tahun 1942, menulis kepada Cornelius Lanczos, ahli matematik dan fizik Hungary dan rakan baiknya, Einstein berkata:

> " Betapa sukarnya untuk dapat melihat kad Tuhan. Tetapi saya tidak percaya untuk sekelip mata pun bahawa Dia bermain dadu atau menggunakan kaedah "telepati" seperti yang ada pada teori kuantum semasa."

Khususnya, banyak pertukaran pandangan antara Einstein dan Niels Bohr, penyokong dua tesis yang bertentangan, diketahui. Ramai saksi dan Bohr sendiri mengingati konfrontasi lisan yang berlaku semasa Kongres Solvay 1927. Bohr menulis seperti berikut:

> "Bagi pihaknya, Einstein secara berseloroh bertanya kepada kami sama ada kami benar-benar boleh percaya bahawa Providence ilahi telah "bermain dadu". Saya menjawab bahawa pemikir kuno telah memberi amaran kepada kami supaya sangat berhati-hati dalam mentakrifkan sifat-sifat Providence dalam bahasa biasa."

Werner Heisenberg turut hadir pada majlis itu dan teringat jenaka Einsteini yang dijawab oleh Bohr:

> "Tetapi bukan kepada kita untuk memberitahu Tuhan bagaimana untuk menjadikan dunia ini pergi!".

Pada tahun 1944, pada 7 September, Einstein menulis kepada Bohr seperti berikut:

> "Perspektif saintifik kami kini berbeza. Anda percaya bahawa Tuhan bermain dadu dengan dunia; sebaliknya saya percaya bahawa segala-galanya mematuhi undang-undang. Saya percaya kepada dunia realiti objektif dan saya cuba memahaminya dengan cara yang sangat spekulatif. Saya berharap bahawa seseorang akan menemui cara yang lebih realistik daripada saya. Malah kejayaan awal teori kuantum yang hebat tidak berjaya meyakinkan saya bahawa kerawanan adalah asas segala-galanya.

> Walau bagaimanapun, saya tahu bahawa rakan sekerja yang lebih muda menganggap sikap ini sebagai kesan sklerosis saya. Suatu hari nanti akan diketahui yang mana antara dua sikap naluri ini yang betul."

Tesis Einstein adalah berdasarkan konsep pembolehubah tersembunyi. Menurutnya, jika versi mekanik kuantum Sekolah Copenhagen telah memberikan keputusan yang tidak pasti, ia pastinya bergantung kepada fakta bahawa beberapa parameter penting telah diabaikan-

Paradoks EPR.

Jalinan kuantum, yang berasal daripada tafsiran Copenhagen, dianggap paradoks kerana ia dianggap tidak serasi dengan relativiti khas yang menganggap kelajuan cahaya sebagai maksimum di mana mana-mana jenis maklumat boleh bergerak. Tambahan pula, jalinan kuantum tidak serasi dengan prinsip lokaliti. Oleh itu kepercayaan Einstein bahawa teori kuantum adalah tidak lengkap. Menurutnya, teori itu tidak lengkap kerana "pembolehubah tersembunyi", iaitu parameter yang belum diambil kira dalam pengiraan.

Pada tahun 1935, bersama-sama dengan Boris Podolsky dan Nathan Rosen, Einstein mencadangkan eksperimen pemikiran dalam esei "Bolehkah Penerangan Kuantum-Mekanikal Realiti Fizikal Dianggap Lengkap?"

Esei itu diterbitkan dalam "Semakan Fizikal" XLVII, 1935, ms. 777-780).

Dalam karya ini, yang dikenali sebagai "EPR Paradox" daripada parap nama mereka, ketiga-tiga pencipta berhasrat untuk menunjukkan bahawa mekanik kuantum membawa kepada hasil yang sah, tetapi menghasilkan akibat yang paradoks. Akibatnya, menurut mereka, itu bukanlah teori fizikal yang lengkap.

Lima bulan kemudian, Niels Bohr bertindak balas dengan menerbitkan artikel dengan tajuk yang sama dalam jurnal yang sama (Physical Review XLVIII, 1935, hlm. 700).

Pada hakikatnya, pada masa itu pertembungan antara kedua-dua saintis itu tidak mempunyai pemenang di atas semua kerana instrumen pada masa itu tidak membenarkan pengesahan eksperimen sebenar terhadap tesis yang disokong. Seperti yang masih digunakan hari ini, "eksperimen" yang dicadangkan dipanggil "eksperimen mental" atau "Gedankenexperiment", menurut istilah Jerman yang dicipta oleh ahli fizik Denmark Hans Christian Ørsted. Eksperimen pemikiran masih bertujuan untuk menguji, mengesahkan atau menyangkal hipotesis atau teori. Malangnya eksperimen ini mempunyai watak khayalan dan bukan empirikal. Ini kerana batasan praktikal menjadikannya tidak dapat dilaksanakan secara material.

Perlu juga dikatakan bahawa eksperimen EPR yang diilhamkan oleh ketiga-tiga saintis itu mempunyai tahap kerumitan seperti membuat kesimpulan yang boleh dibuat daripadanya meragukan.

Walaupun begitu, Einstein bukan satu-satunya yang mempunyai keraguan, tetapi juga saintis lain dalam karya mereka menonjolkan sisi paradoks tafsiran Copenhagen tentang mekanik kuantum.

Paradoks kucing Schrödinger.

Pada tahun 1935 Erwin Schrödinger, seorang ahli fizik Austria yang telah menerima Hadiah Nobel pada tahun 1933, menerbitkan artikel di mana beliau menggambarkan "paradoks kucing" yang terkenal, cuba menunjukkan betapa anehnya teori superposisi negara. Sebenarnya Schrödinger, yang mencadangkan paradoks ini, bertujuan, seperti Einstein, untuk menunjukkan had fizik kuantum, walaupun dia sendiri pernah menjadi antara pengasas sains ini. Seperti yang telah disebutkan, menurut fizik kuantum, kelakuan zarah asas tidak dapat diramalkan dengan tepat, tetapi hanya dengan cara yang mungkin

Ini tidak berlaku untuk sistem makroskopik, iaitu terdiri daripada berjuta-juta atom agregat: setelah beberapa data diketahui, adalah mungkin untuk mengira dengan tepat apa yang akan berlaku di dalamnya, dan bila ia akan berlaku.

Percubaan pemikiran Schrödinger agak rumit. Ia melibatkan seekor kucing dikurung dalam kotak yang mengandungi bahan radioaktif. Kami tahu pasti bahawa satu atom bahan ini akan memancarkan sinaran, tetapi kami tidak boleh mengatakan secara mutlak bila ini akan berlaku.

Di dalam kotak, bersama-sama dengan kucing, terdapat alat di mana, apabila bahan radioaktif mengeluarkan sinaran, ini akan menyebabkan pecahnya botol sianida yang akan membunuh kucing.

.

Pengesahan eksperimen tentang kekusutan.

Rajah 47 - Di atas, Erwin Schrödinger dalam foto vintaj dan pada setem peringatan Austria. Di bawah, catatan suka bermain tentang paradoks kucing yang terkenal, dari blog "Cenacolo Jung-Pauli".

Sudah tentu masa telah berubah dan seorang saintis yang mencadangkan eksperimen seperti ini hari ini akan segera mendapati makmalnya dikepung oleh aktivis hak haiwan. Walau bagaimanapun, kita tahu bahawa Schrödinger tidak pernah meletakkan sebarang kucing dalam mana-mana kotak, sememangnya, mungkin, dia memiliki kucing yang sangat dia sukai.

Berbalik kepada eksperimen, kita tahu bahawa kematian haiwan kecil itu hanya akan berlaku jika bahan radioaktif mengeluarkan sinaran, tetapi kita tidak tahu sama ada ini akan berlaku atau bila, mungkin, ia akan berlaku.

Kotak itu akan ditutup selama satu jam. Mengetahui bahawa terdapat 50% kemungkinan bahawa atom akan mereput dalam masa sejam ini, kita boleh menentukan bahawa kita mempunyai peluang yang sama untuk mencari kucing itu mati atau hidup apabila kita membuka kotak.

Menurut mekanik kuantum dalam tafsiran Copenhagen, jika kelakuan atom tidak diperhatikan secara jelas, atom yang kedua berada dalam superposisi keadaan, iaitu, ia telah reput tetapi, pada masa yang sama, ia tidak reput; atom kekal dalam superposisi ini sehingga seseorang membuka kotak menyebabkan "fungsi gelombang runtuh".

Menerapkan paradoks Schrödinger pada mekanik kuantum, selagi kotak masih tertutup, kita mempunyai atom yang reput dan tidak reput, botol sianida yang utuh dan pecah, dan kucing yang mati dan hidup.

Walau bagaimanapun, apabila kotak dibuka, sistem runtuh ke dalam keadaan yang pasti. Ini sama dengan apa yang dikatakan dalam kes eksperimen celah dua: apabila foton dilemparkan ke arah penghalang, ia berkelakuan seperti gelombang, ia melalui kedua-dua celah dan menyebabkan fenomena gangguan. Jika sebaliknya kita menggunakan instrumen pada salah satu daripada dua celah untuk memerhati laluannya, fungsi gelombang runtuh dan foton berkelakuan seperti zarah, melalui satu celah.

Oleh itu, hanya selepas membuka kotak, sistem yang terdiri daripada atom radioaktif, botol sianida dan kucing menganggap satu keadaan tidak bertindih yang koheren.

Kita boleh secara berseloroh mengatakan bahawa dalam situasi ini kita akan sedar bahawa, dengan membuka kotak, kita boleh menentukan kematian kucing.

Sebaliknya, kucing itu akan terus hidup (atau sekurang-kurangnya kedua-duanya mati dan hidup) selagi kotak itu kekal tertutup.

Jelas sekali, paradoks kucing Schrödinger menggambarkan situasi yang sama sekali jauh dari realiti. Dalam mempertahankan fizik kuantum, kita boleh mengatakan bahawa dalam erti kata tertentu Schrödinger menipu dengan menyusun dua realiti, kuantum dan makroskopik. Sememangnya, kita masih belum mencapai penyatuan undang-undang fizikal yang berbeza dari dua peringkat.

Ketaksamaan John Stewart Bell.

Erwin Schrödinger tidak bersendirian dalam menyokong keraguan Einstein. Ramai saintis lain secara konsep mengkritik tesis Sekolah Copenhagen. Walau bagaimanapun, majoriti komuniti saintifik secara beransur-ansur menjadi yakin bahawa pendirian Einstein adalah salah. Hujah itu secara beransur-ansur telah ditangguhkan dan, walaupun tanpa bukti, majoriti saintis mengiktiraf kesahihan teori "bukan tempatan" Bohr.

Isu ini dihidupkan semula oleh John Stewart Bell, (rajah 48) seorang pemuda berambut merah yang tenang dan berjeragat yang dilahirkan di Belfast, Ireland Utara, pada tahun 1928.

Bell telah menamatkan pengajian dalam fizik eksperimen di Queen's University of Belfast pada tahun 1948. Selepas beberapa tahun, menghabiskan masa di pelbagai Institut, beliau telah mula bekerja di CERN, (Pertubuhan Eropah untuk Penyelidikan Nuklear) di makmal fizik zarah terbesar di dunia, terletak di sempadan antara Switzerland dan Perancis, di pinggir barat bandar Geneva di komune Meyrin.

Selama bertahun-tahun di CERN Bell mengembangkan penyelidikannya dalam fizik teori dan bekerja dalam bidang pemecut zarah. Kompleks CERN kini terdiri daripada tujuh pemecut utama, dibina pada pelbagai masa sejak institusi itu diasaskan.

Pemecut zarah ialah mesin yang mampu menghasilkan rasuk ion atau zarah subatom, termasuk elektron, positron, proton dan antiproton, dengan tenaga kinetik yang tinggi. Mesin ini digunakan untuk tujuan industri dan perubatan dan untuk mengkaji struktur bahan. Pada peringkat eksperimen teori, dalam fizik zarah penggunaannya membolehkan untuk mendapatkan rasuk zarah tenaga tinggi yang digunakan untuk menyiasat objek dengan dimensi yang sangat kecil. Khususnya, "Large Hadron Collider" (LHC) di Geneva, yang mula beroperasi pada 10 September 2008, menjangkau keliling 27 kilometer. LHC direka untuk mempercepatkan proton untuk membolehkan kajian mereka dalam keadaan yang serupa dengan momen pertama kehidupan Alam Semesta, sejurus selepas Big Bang.

Rajah 48 - John Stewart Bell mencadangkan satu eksperimen, dilaksanakan pada tahun 1982 oleh Alain Aspect, yang menunjukkan ketidaktepatan keraguan yang dinyatakan oleh Einstein bersama Podolski dan Rosen (paradoks EPR). Alain Aspect mengesahkan keterikatan kuantum.

Semasa asyik dengan komitmen ini, Bell juga meluangkan masa untuk menumpukan dirinya kepada persoalan asas teori kuantum yang telah dilupakan. Pada tahun 1964, kira-kira tiga puluh tahun selepas esei mengenai paradoks EPR, Bell membuka semula perbahasan mengenai topik ini yang nampaknya telah diketepikan dan menulis artikel untuk jurnal "Fizik" bertajuk "On the Einstein-Podolsky-Rosen paradox". Dalam artikel Bell menangani masalah pembolehubah tersembunyi.

Soalan yang ditanya oleh Bell ialah sama ada teori kuantum memerlukan pembolehubah tersembunyi, seperti yang dihujahkan oleh Einstein, untuk diletakkan secara meyakinkan dalam kategori fenomena deterministik. Beliau percaya bahawa ini adalah penting untuk mengeluarkan fizik kuantum daripada jalan buntu bukan lokaliti, iaitu, daripada kemungkinan dua zarah boleh berkomunikasi antara satu sama lain dalam cara bukan tempatan, mempengaruhi satu sama lain tanpa had ruang dan masa .

Seperti yang telah kita lihat, Einstein, walaupun merupakan salah seorang pengasas teori kuantum, meragui kesempurnaannya. Pada pandangannya, teori yang lebih lengkap sepatutnya meramalkan kewujudan unsur realiti, atau pembolehubah tersembunyi, untuk mengekalkan konsep lokaliti. Lebih-lebih lagi, bukan lokaliti akan bercanggah dengan teori relativitinya. Malah, teori relativiti menolak bahawa kesan tindakan fizikal boleh diperhatikan serta-merta dari jauh. Ini akan mengakibatkan penghantaran maklumat lebih cepat daripada kelajuan cahaya. Sebaliknya, teori relativiti Einstein mempunyai antara asas pengasasnya dengan kelajuan cahaya yang sangat tepat, bersamaan dengan 299,792.458 kilometer sesaat. Ia adalah parameter yang, jika ia tidak diambil kira, akan menurunkan keseluruhan teori relativiti.

Malangnya, pada masa Einstein menyatakan bantahannya, kerja masih dalam bidang teori semata-mata, memandangkan kemustahilan untuk menjalankan pemeriksaan kerana ketidakcukupan perkakasan eksperimen. Akibatnya, "realisme tempatan" Einstein, sah pada peringkat teori tetapi berbeza dengan hipotesis yang sama sah secara teori, kekal terhad kepada tahap topik untuk perbahasan falsafah.

Pembebasan kebuntuan ini berlaku apabila, pada tahun 1964, John Bell meletakkan soalan itu semula di atas meja dengan mengemukakan masalah dalam istilah yang boleh disahkan dengan eksperimen. Tujuan eksperimen hands-on ini adalah untuk mengukur sifat fizikal zarah yang berjauhan antara satu sama lain, tetapi berkaitan antara satu sama lain (berkorelasi) oleh kesan kuantum.

Bell merumuskan "Ketaksamaan Bell" yang terkenal. Teori ini menunjukkan bahawa penambahan pembolehubah tersembunyi tidak akan dapat menghasilkan semula semua sifat yang diramalkan oleh mekanik kuantum, khususnya yang berkaitan dengan keterikatan.

Ketaksamaan Bell menyerlahkan alternatif:

- Einstein betul. Teori kuantum yang berada di bawah payung lokaliti Einstein berkat sumbangan pembolehubah tersembunyi adalah betul.

atau:

- Bohr betul. Mekanik kuantum Sekolah Copenhagen adalah betul, dengan implikasi bukan lokalitinya.

Sebenarnya, Bell mengembangkan teorinya bermula dari andaian bahawa sebenarnya terdapat kemungkinan membayangkan penyepaduan teori kuantum dengan pembolehubah tersembunyi, seperti yang dicadangkan oleh Einstein.

Dengan ini dia bersetuju dengan kajian lain yang dijalankan oleh David Bohm, mengikut mana pembolehubah tersembunyi akan menjadi vektor maklumat. Iaitu, Bohm mencadangkan bahawa zarah sudah mempunyai satu set arahan yang memberitahu mereka terlebih dahulu tentang tingkah laku mereka dalam semua keadaan.

Ketaksamaan Bell mempunyai kelebihan membenarkan pengesahan eksperimen dengan mengukur polarisasi foton. Eksperimen seterusnya ialah "senjata merokok" terhadap realisme tempatan dan menunjukkan bahawa "tindakan ngeri pada jarak jauh" yang dibayangkan oleh paradoks EPR adalah sebahagian daripada realiti.

Di atas semua itu, eksperimen ini sudah pasti menunjukkan bahawa, walaupun dalam hipotesis kewujudan pembolehubah tersembunyi, prinsip "bukan ketempatan" akan disahkan sama.

Dalam bukunya "Information. The new language of science" Hans Christian von Baeyer, seorang ahli akademik Amerika, menulis:

> "Bertentangan dengan gerak hati Einstein, bukan sahaja Tuhan bermain dadu, tetapi dia nampaknya satu-satunya yang boleh kita percayai untuk bermain secara adil."

Eksperimen yang mengesahkan bukan ketempatan.

Pada tahun 1969 Bell menerima surat daripada ahli fizik muda Berkeley John Clauser memberitahunya bahawa dia telah mencipta satu eksperimen untuk menguji teori ketidaksamaannya. John Clauser tidak bersendirian dalam melakukan eksperimen seperti ini. Pengesahan keputusan percubaan cenderung untuk memastikan sifat tempatan atau bukan tempatan dunia fizikal sebenar. Kemajuan teknologi selama ini telah membawa kepada peningkatan yang ketara dalam kecekapan, tetapi dalam apa jua keadaan semua eksperimen mengesahkan teori kuantum bukan ketempatan dan memberikan hasil yang tidak dapat dijelaskan walaupun dengan menambah pembolehubah tersembunyi.

Pada tahun 1972 John Clauser, dengan kerjasama Stuart Freedman, menggunakan atom kalsium untuk mendapatkan, dengan lompatan kuantum berganda elektron, sepasang foton berkorelasi. Dengan menjalankan beberapa siri pengukuran selama kira-kira 200 jam, Clauser dan Freedman memperoleh pengesahan fenomena keterjeratan dan bukan ketempatan. Keputusan ini membingungkan Clauser sendiri, yang cenderung untuk membuktikan ketidakkonsistenan teori kuantum. Mungkin atas sebab ini percubaan tidak mendapat perhatian yang sepatutnya.

Kes eksperimen yang dijalankan oleh Alain Aspect, (rajah.49) adalah berbeza, dilahirkan pada tahun 1947 di Agen, sebuah kampung kecil Perancis tidak jauh dari Bordeaux.

Bertentangan dengan Clauser, Aspect telah memahami bahawa teori kuantum sedang mencapai kejayaan saintifik yang hebat pada peringkat teori, dan bahawa konflik antara lokaliti dan bukan lokaliti yang dicadangkan oleh ketidaksamaan Bell boleh diselesaikan dengan eksperimen yang akan mengalahkan tesis lokaliti; Aspect yakin dia boleh membuktikan teori kuantum dan kesan bukan tempatannya.

Pada pertengahan 1970-an, ketika dia masih seorang pelajar kedoktoran, dia mencadangkan eksperimen sebenar, yang berdasarkan dua foton tunggal tetapi berkorelasi kerana mereka dipancarkan bersama-sama dari sumber atom yang sama. Dalam eksperimennya, dua foton akan bergerak dalam arah yang bertentangan antara satu sama lain dan akan dipantau oleh dua pengesan yang diletakkan pada jarak yang jauh.

Idea itu pasti asli. Bell, apabila ditanya, memberikan kelulusannya; tetapi dengan tempahan. Mula-mula dia ingin mengesahkan bahawa pemuda Perancis itu sudah mempunyai gaji tetap. Malah, Bell percaya bahawa idea Aspect sangat pelik sehingga boleh menjejaskan kerjayanya.

Selepas kerja persediaan yang panjang, Aspect dan rakan-rakannya, Jean Dalibard dan Gérard Roger, dua penyelidik "Institut d'Optique Graduate School", menjalankan percubaan tiga kali antara tahun 1981 dan 1982. Komitmen mereka tidak berkurangan kerana kesukaran ekonomi. Antara lain, mereka membuat polarizer yang, berkat putaran pantas mereka, boleh memberikan jawapan kepada persoalan lokasi. Pada masa ini polarizer ini dipamerkan dalam pameran bersejarah Institut d'Optique, yang membenarkan eksperimen dijalankan di cawangan Orsay. Sebaliknya, pejabat utama Institut terletak di Palaiseau, di kampus "University Paris-Saclay".

Kerja Aspect berjaya. Dia dan pasukannya menemui pengesahan terbaik tentang bukan ketempatan dalam mekanik kuantum dan menafikan sebarang kemungkinan teori pembolehubah tersembunyi tempatan.

Akibat daripada eksperimen melampaui menunjukkan kesahihan mekanik kuantum, tetapi menyerlahkan peranan asas yang dimainkan oleh keterjeratan. Seperti yang telah kita lihat, dalam keadaan terjerat pemerhatian keadaan foton membolehkan kita mengetahui keadaan yang lain.

Eksperimen Aspect mempunyai resonans yang sangat besar dan memberi laluan kepada berturut-turut pandangan teori dan eksperimen yang panjang tentang keterjeratan. Boleh dikatakan bahawa eksperimen Alain Aspect menandakan permulaan Sains Pengkomputeran Kuantum.

Pada tahun 2013 Aspect menerima Hadiah Balzan yang berprestij dengan motivasi berikut:

> "Untuk eksperimen canggihnya yang mengesahkan Mekanik Kuantum, berbanding teori dengan pembolehubah tersembunyi tempatan. Kerja-kerja beliau membuka jalan untuk kawalan eksperimen keadaan kuantum yang terikat, elemen penting Pengkomputeran Kuantum."

Pada tahun 2022 tiga ahli fizik, Alain Aspect, John F. Clauser dari Amerika dan Anton Zeilinger dari Austria menerima Hadiah Nobel kerana meletakkan asas untuk masa depan maklumat dan komunikasi. Eksperimen mereka terhadap fenomena yang dipanggil "keterikatan kuantum membuka jalan untuk komputer kuantum yang berkuasa dan sangat pantas

Antara eksperimen seterusnya adalah berguna untuk menyebut tentang Wolfgang Tittel. Sarjana ini menerima PhD dari Universiti Geneva, bekerja sebagai postdoc di Universiti Aarhus dan Universiti Geneva dan pada tahun 2006 menyertai Universiti Calgary (Kanada) sebagai Presiden Penyelidikan Perindustrian. Beliau telah terlibat dalam eksperimen pecah tanah sejak permulaan kajian komunikasi kuantum yang digunakan untuk kriptografi.

Rajah 49 - Alain Aspect, Hadiah Nobel 2022. Dari awal tahun 1980-an dia menjalankan eksperimen yang dicadangkan oleh John Bell beberapa kali untuk mengesahkan paradoks EPR. Eksperimen itu, sebaliknya, mengesahkan teori belitan zarah yang berkaitan.

Pada tahun 1988 bersama-sama dengan "Kumpulan Geneva" dia menjalankan satu eksperimen yang mana dia menunjukkan bahawa jarak tidak menjejaskan kekusutan. Cahaya itu dihantar melalui kabel gentian optik pada jarak beberapa kilometer sebelum dianalisis, tanpa keputusan yang berbeza-beza.

Sepuluh tahun kemudian, pada tahun 1998, Gregor Weihs dan kumpulan Innsbrucknya yang diketuai oleh Anton Zeilinger, melakukan percubaan yang bertambah baik pada percubaan Aspect 1982, mengesahkan keputusan yang sama.

Malangnya, Bell meninggal dunia tanpa diduga pada tahun 1990 akibat pendarahan otak tanpa dapat menerima Hadiah Nobel yang dia baru sahaja dicalonkan.

Bahagian Ketiga. Apakah prospek untuk.

Semua adalah "satu".

Jika Tuhan mencipta dunia, kita tidak boleh mengatakan bahawa Dia sangat mengambil berat tentang memudahkan pemahamannya.
(Albert Einstein)

Eksperimen Alain Aspect mewakili pengesahan muktamad ramalan mekanik kuantum, dan khususnya bukan determinisme dan bukan lokaliti.

Dalam konteks penerimaan umum terhadap prinsip-prinsip ini masih terdapat beberapa saintis yang membezakan diri mereka sebagai nonconformist dan tidak mahu melepaskan percubaan untuk merangka mekanik kuantum dalam konteks deterministik. Saya merujuk kepada David Bohm. Walau bagaimanapun, dalam keinginannya untuk merasionalkan perkara yang tidak rasional, dia akhirnya membangunkan versi teori kuantum ortodoks yang lebih metafizik, jika boleh.

Dengan ini, Bohm layak sepenuhnya tempatnya dalam Olympus ahli falsafah sains.

Kisah yang saya ceritakan dalam bahagian ketiga ini adalah tentang seorang lelaki yang sangat jujur dan tegas dalam teori saintifiknya yang berani. Dia tidak teragak-agak untuk menukar teorinya ke dalam tingkah laku sosial. Ini menimbulkan antipati yang kuat apabila dia mendapati dirinya beroperasi dalam konteks konformis dan taksub dari segi politik, seperti yang biasa pada zamannya.

David Bohm

David Bohm, ahli fizik dan ahli falsafah Amerika, dilahirkan pada 20 Disember 1917 di Wilkes-Barre, sebuah bandar di Amerika Syarikat yang terletak di tengah-tengah Lembah Wyoming, di Luzerne County, di timur laut Pennsylvania.

Bohm terkenal kerana telah menghuraikan tafsiran mekanik kuantum di mana beliau membangunkan konsep "gelombang juruterbang" Louis de Broglie dan memperkenalkan konsep "potensi kuantum".

Ibu bapanya berasal dari Yahudi. Bapanya, Samuel Bohm, adalah seorang emigran Hungary dan ibunya berasal dari Lithuania.

Bapanya memiliki kedai perabot dan juga terlibat dalam tugas pembantu rabbi tempatan, jadi dia sendiri yang menyediakan pendidikan muda David. Pada usia 17 tahun, pada tahun 1930, David mula menghadiri Pennsylvania State College, di mana dia berkenalan dengan mekanik kuantum. Dia langsung tertarik dengan subjek ini yang menjadi objek kajiannya. Beliau menamatkan pengajian dalam bidang fizik pada tahun 1939.

David melanjutkan pelajarannya di bawah bimbingan Robert Oppenheimer. Kami ingat bahawa kemasyhuran Oppenheimer dikaitkan terutamanya dengan pembinaan bom atom pertama sebagai sebahagian daripada projek Manhattan. Selepas itu, Oppenheimer mengalami krisis hati nurani dan enggan bekerja untuk bom hidrogen.

Mungkin ajaran Oppenheimer membantu mengembangkan lagi rasa keadilan moral Bohm yang kukuh.

Selepas melanjutkan pelajarannya di CalTech (Institut Teknologi California) di Pasadena, dia mendaftar di UC (University of California) di Berkeley, di mana dia memperoleh ijazah kedoktorannya pada tahun 1943. Bohm mempraktikkan aktivitinya sebagai ahli fizik teori di universiti Amerika yang paling penting.

Dari 1947 hingga 1951 beliau mengajar di Universiti Princeton sambil mendedikasikan dirinya kepada kajian plasma.

Plasma ialah gas terion yang tinggi dan, secara keseluruhannya, neutral secara elektrik: dalam praktiknya, sistem yang terdiri daripada ion bebas, positif dan negatif, dengan kepekatan yang sama.

Istilah "terion" menunjukkan bahawa sebahagian besar elektron yang ketara telah dilucutkan daripada atom masing-masing.

Plasma dianggap sebagai keadaan jirim keempat, yang berbeza daripada tiga keadaan klasik, pepejal, cecair dan gas. Dalam pengertian ini, penambahan plasma menghasilkan semula dan melengkapkan idea empat unsur (api, bumi, udara dan air), yang secara sejarah bermula sejak ahli falsafah Yunani Empedocles.

Plasma dikenal pasti oleh Sir William Crookes pada tahun 1879, tetapi nama "plasma" berasal dari Irving Langmuir yang menciptanya pada tahun 1928.

Sehingga penghujung abad yang lalu, kajian tentang plasma kekal sebagai rasa ingin tahu, dengan sangat sedikit pengecualian, antaranya kita boleh menyebut tentang Nikola Tesla mengenai pelepasan plasma, lampu plasma dan plasma sejuk yang digunakan dalam pengeluaran ozon. Selepas 1920 Irving Langmuir mengkaji interaksi plasma dengan dinding bekas di mana ia terbentuk, memperoleh Hadiah Nobel pada tahun 1932 untuk penyelidikan ini.

Minat yang lebih konkrit dalam plasma berkembang apabila Persidangan Geneva "Atoms for Peace" memulakan kajian mengenai eksploitasi secara aman gabungan nuklear.

Dalam kajiannya tentang plasma, Bohm segera melihat satu keanehan, tipikal elektron. Apabila elektron menjadi sebahagian daripada plasma, mereka kehilangan "individualisme" mereka dan mula berkelakuan sebagai sebahagian daripada realiti yang lebih besar dan saling berkaitan. Dalam keadaan ini elektron, memberikan gambaran yang dianimasikan oleh kecerdasan yang mampu menyelaraskan aktiviti mereka.

Dia tidak lama kemudian menemui, bersama-sama dengan rakan sekerjanya Yakir Aharonov, Kesan Aharonov-Bohm, fenomena mekanikal kuantum di mana zarah bercas dipengaruhi oleh medan elektromagnet di kawasan di mana medan tersebut adalah sifar.

Pada tahun 1947 Bohm mengkaji kelakuan elektron dalam logam. Berdasarkan apa yang dia perhatikan untuk plasma, dia mendapati bahawa walaupun dalam logam, pergerakan individu elektron tunggal boleh menghasilkan kesan "kolektif" yang teratur.

Dalam tafsiran falsafahnya Bohm datang untuk mengenal pasti tingkah laku jisim elektron dengan komuniti manusia. Dia mewujudkan hubungan antara tingkah laku terkoordinasi elektron tunggal dalam logam dan individu dalam konteks sosial mereka. Menurut Bohm, tingkah laku tipikal plasma membentuk metafora yang sah untuk tingkah laku manusia yang teratur. Dia mengembangkan keyakinan bahawa persamaan utama adalah antara "masyarakat plasma" dan masyarakat manusia yang disusun mengikut teori Marxis.

Idea-idea ini mengukuhkan cita-cita Marxis Bohm pada masa mudanya. Walau bagaimanapun, pada tahun-tahun kemudiannya dia dengan tegas meninggalkan idea-idea ini kerana asas materialistik mereka, dan lebih suka menumpukan dirinya kepada pandangan yang lebih rohani tentang kosmos.

Rajah 50 - Ahli fizik David Bohm mencadangkan tafsiran holistik yang menarik tentang mekanik kuantum, yang berfungsi sebagai titik balas kepada pandangan ortodoks yang dikenali sebagai "Tafsiran Copenhagen".

Hasil kajiannya tentang tingkah laku elektron dalam logam meyakinkan guru lamanya, Oppenheimer, untuk memasukkannya dalam kalangan saintis yang dipanggil untuk bekerja di Los Alamos, di Projek Manhattan, sebuah program penyelidikan dan pembangunan ketenteraan yang membawa kepada penciptaan bom atom semasa Perang Dunia II. Malangnya, masa lalu politik Bohm tidak begitu meyakinkan pada masa itu dan Jeneral Leslie Groves menentang kemasukan Bohm ke dalam projek itu, kerana idea-idea yang dianuti pada masa mudanya.

Sememangnya, antara akhir 1940-an dan pertengahan 1950-an Amerika Syarikat sedang mengalami zaman kegemilangan yang dipanggil "pemburuan ahli sihir" atau "McCarthyism". Ini adalah sikap politik yang meluas di Amerika Syarikat, dicirikan oleh iklim syak wasangka yang memburuk dan tingkah laku penganiayaan terhadap orang atau kumpulan yang dianggap subversif. Ia dinamakan sempena Senator J.R. McCarthy, yang merupakan pengarah Suruhanjaya Penindasan Aktiviti Bukan Amerika.

Beribu-ribu orang telah tertakluk kepada pengawasan dan ramai yang mengalami serangan peribadi, selalunya berdasarkan dakwaan yang tidak berasas.

Perhatian khusus diberikan kepada pegawai kerajaan, penghibur dan lelaki budaya serta ahli terkemuka kelas menengah industri yang dicap sebagai "Komunis komited untuk melemahkan asas masyarakat Amerika".

Dalam iklim ini, pada tahun 1948 Bohm dipanggil untuk memberi keterangan kerana keahliannya dalam Parti Komunis yang berlaku pada tahun 1942 tetapi berakhir selepas hanya sembilan bulan. Bohm enggan hadir dengan merayu kepada Pindaan Kelima, iaitu hak untuk berdiam diri.

Selepas setahun, dia sekali lagi dijemput untuk hadir di hadapan juri besar, tetapi sekali lagi dia menolak, merayu kepada peruntukan perlembagaan yang sama.

Namun, ketika itu tumpuan tertumpu padanya. Pada tahun 1949 dia ditangkap kerana menghina mahkamah dan menghabiskan beberapa hari di penjara, sehingga dia dibebaskan dengan ikat jamin.

Pada tahun 1950 dia dibebaskan. Malangnya, dalam pada itu dia telah kehilangan pekerjaannya di Universiti Princeton, yang telah memecatnya kerana tekanan daripada beberapa orang berpengaruh yang membiayai institut itu.

Pada masa ini Bohm berada dalam "senarai larangan" penyelidik dan Einstein, yang mahu dia sebagai pembantu, tidak dapat menawarkannya peluang. Dia terpaksa berhijrah ke Brazil untuk bekerja di Universiti S. Paolo, tetapi dia masih warganegara Amerika; oleh itu, kedutaan AS menarik balik pasportnya kerana bimbang dia mungkin pergi ke Kesatuan Soviet.

Untuk mengelakkan pengasingan sepenuhnya, Bohm mengambil kewarganegaraan Brazil. Ini membolehkannya, pada tahun 1955, meninggalkan Brazil dan pergi ke Israel selama dua tahun, ke Institut Technion di Haifa. Dari sini beliau berpindah ke Universiti Bristol di Great Britain selama empat tahun dan akhirnya, pada tahun 1961, beliau menetap secara tetap di London di mana beliau dilantik sebagai profesor fizik teori di Kolej Birkbeck.

Pada tahun 1951 Bohm menerbitkan "Teori Kuantum", sebuah teks mengenai fizik kuantum di mana dia menganalisis tafsiran teori kuantum dan, mengambil beberapa idea daripada eksperimen pemikiran EPR, dia meletakkan dirinya di kalangan pengkritik tafsiran Copenhagen. Malah, Bohm menyerlahkan aspek teori yang tidak jelas, dan menentang kemustahilan untuk memperluaskan rawak dan determinisme kepada objek mekanik kuantum. Bohm, seperti Einstein, sangat terganggu dengan kedudukan komuniti saintifik yang kini "secara pasif" menerima realiti ketidakpastian dan bukan lokaliti.

Bohm mendedikasikan dirinya untuk misi memperkenalkan satu bentuk determinisme yang berkesan walaupun dalam keadaan yang sangat kecil. Dia berasa gembira dengan memberikan salinan bukunya kepada Einstein

Potensi kuantum.

Prinsip Heisenberg menyatakan bahawa tidak mungkin untuk menetapkan trajektori zarah, seperti elektron, kerana ia adalah perlu untuk mengetahui kelajuan dan kedudukannya pada masa yang sama. Seperti yang telah disebutkan, satu-satunya kemungkinan adalah dalam mengira fungsi gelombang, di mana zarah itu menduduki kedudukan kebarangkalian. Apabila ukuran dibuat pada zarah, "keruntuhan kuantum" dijana dan zarah muncul di tempat yang tepat. Walau bagaimanapun, antara satu ukuran dengan yang lain, zarah "hilang" dalam awan kebarangkalian.

Ini tidak menggembirakan Bohm. Dia menolak tanggapan bahawa fungsi gelombang kebarangkalian boleh menjadi perwakilan terbaik bagi zarah. Oleh itu, dia memutuskan untuk menyiasat cara elektron menetapkan trajektori yang perlu dilaluinya. Ringkasnya, Bohm cuba memperkenalkan semula konsep kausalitas, atau untuk mengenal pasti mekanisme tepat yang mampu membimbing zarah. Dengan cara ini zarah akan dibebaskan daripada konteks tak tentu dan kemungkinan.

Bohm bermula daripada prinsip ketidakpastian Heisenberg dan mengolah semula formula, menambah parameter baharu, "potensi kuantum". Dengan ini beliau mencipta satu matematik kuantum baru iaitu "Mekanik Bohmian".Teori ini masih banyak dibincangkan kerana implikasi metafiziknya.

"Mekanik Bohmian" mencadangkan bahawa zarah tidak bergerak secara rawak, tetapi sebagai tindak balas kepada daya, "potensi kuantum". Daya ini menyediakan zarah dengan maklumat melalui sambungan serta-merta, iaitu bukan tempatan.

Untuk beroperasi secara bukan tempatan, potensi kuantum mesti mengekalkan keamatannya tanpa mengira jarak. Iaitu, potensi kuantum mesti beroperasi dengan cara yang bertentangan dengan semua daya elektromagnet yang lain. Seperti yang diketahui, daya elektromagnet yang lain berkurangan dengan kuasa dua songsang jarak.

Menurut Bohm, potensi kuantum memacu elektron dengan cara yang tidak rawak atau mekanikal, tetapi pintar. Dalam erti kata lain, Bohm mendakwa kewujudan medan maklumat, berkat zarah itu tidak tertakluk kepada kehendak misteri kebetulan tetapi sentiasa dimaklumkan tentang persekitaran sekeliling, mendapatkan maklumat dari persekitaran yang sama. Jelas sekali, Bohm mencadangkan persekitaran metafizik, tanpa ruang dan abadi.

Oleh itu, apabila zarah bergerak dalam laluan mereka (dan kita ingat bahawa zarah berada dalam pergolakan yang berterusan) mereka tidak melakukannya secara rawak tetapi mereka bertindak balas kepada paket maklumat yang disediakan oleh potensi kuantum. Dengan cara ini Bohm memulihkan tingkah laku deterministik untuk zarah asas, yang bagaimanapun disebabkan oleh kuasa yang benar-benar misteri.

Metaphors by David Bohm.
The Ship
Quantum potential represents
the information that
drives the ship
The engines represent the force that drives the ship

Rajah 51 - Dalam metafora kapal, Bohm mewakili zarah sebagai kapal "didorong" oleh "kekuatan kasar" enjinnya, tetapi "dipandu ke destinasinya" oleh kecerdasan instrumentasi. Instrumentasi ialah potensi kuantum yang memanfaatkan maklumat global dan menghantarnya ke kapal.

Metafora oleh David Bohm. Kapal

A- Potensi kuantum mewakili maklumat yang memacu kapal

B- Enjin mewakili daya yang menolak kapal.

Bohm mewakili konsep ini dengan salah satu metaforanya yang terkenal, iaitu kapal.

Sebuah kapal (rajah 51) mampu bergerak berkat kuasa enjinnya, tetapi dipandu oleh instrumen navigasi, tanpanya ia tidak akan sampai ke pelabuhan dan akan berisiko terhempas di beberapa beting pada bila-bila masa.

Enjin mewakili kuasa, kepastian fizik klasik yang membuat kapal bergerak di laut. Sebaliknya, instrumen navigasi, daripada kompas purba kepada radar moden, adalah maklumat yang menentukan laluan selamat dan mewakili potensi kuantum.

Isyarat radar kecil, tidak terlalu kuat, sudah cukup untuk memandu kapal. Menurut Bohm, potensi kuantum tidak bergantung pada intensiti tetapi pada "bentuk". Ia adalah tenaga yang, walaupun sederhana, sangat berpengetahuan dan berjaya membentuk tenaga hebat enjin, yang dengan sendirinya akan menjadi "mentah" dan "tidak berbentuk".

Banyak unsur konkrit mencadangkan bahawa potensi kuantum bukan sekadar abstraksi teori Bohm. Kewujudan lautan tenaga yang luas yang meliputi seluruh alam semesta diramalkan oleh teori kuantum klasik itu sendiri. Deposit yang hampir tidak terhingga ini ialah "vakum kuantum", juga sering dirujuk sebagai "medan titik sifar" atau "kesan Casimir". Takrifan terakhir ini berasal daripada fakta bahawa kewujudan "kosong kuantum" telah ditunjukkan oleh ahli fizik Belanda Hendrik Casimir seawal tahun 1948.

Kesan Casimir terdiri daripada tarikan yang dicipta di antara dua badan yang terletak dalam vakum, iaitu di mana tidak ada sebab untuk tarikan. Namun, memandangkan tarikan itu ada, bermakna kekosongan itu tidak benar-benar kosong. Malah, diandaikan bahawa terdapat satu daya yang dipanggil "medan titik sifar". Medan ini timbul daripada tenaga vakum, ditentukan oleh zarah maya yang secara berterusan dicipta oleh kesan turun naik kuantum, seperti yang diramalkan oleh prinsip ketidakpastian Heisenberg.

Oleh itu, vakum mempunyai "tenaga asas," yang mengatasi realiti jirim.

"Kuasa" ini meluas ke setiap kawasan "kosong" alam semesta. Ketumpatan tenaganya telah dianggarkan sama dengan nilai yang sangat besar, yang mewujudkan hubungan yang tidak seimbang yang tidak terukur dengan kosmos yang kita ketahui dan yang dibentangkan dalam bentuk jirim.

Jika kita mengambil imej atom, kita ingat bahawa ia dianggap terdiri hampir keseluruhannya daripada kekosongan. Nah, kesan Casimir meramalkan bahawa kekosongan itu bukan kosong, tetapi tenaga. Dari sini kita memahami bagaimana tenaga vakum adalah jauh lebih besar daripada tenaga "tidak kosong". Jika kita memberikan semua tenaga ini keupayaan untuk menyatakan dirinya dalam bentuk potensi kuantum, kita menyedari kuasa konsep yang dihuraikan oleh Bohm.

Peranan "pemerhati".

Mekanik kuantum meramalkan bahawa realiti kosmik adalah hasil daripada dua faktor. Faktor pertama ialah "brute force" yang wujud dalam jirim. Faktor kedua ialah "guiding system" yang menyediakan jirim dengan arahan yang mampu membuat dayanya berfungsi dengan bijak.

Faktor pertama, kekerasan, mencirikan tahap makroskopik, atau tahap bersaiz sederhana, di mana kita hidup dan yang kita tafsirkan mengikut undang-undang fizik Newton dan relativiti Einstein.

Pada peringkat ini peranan pemerhati tidak mempunyai pengaruh. Sebenarnya, sangat sukar bagi seseorang untuk mengubah perjalanan sesuatu peristiwa dengan "menonton"nya. Kami tidak akan dapat menggerakkan mana-mana kerusi dengan melihatnya. Pada masa yang sama, jika kita tidak melihat kerusi, ia tidak akan bergerak sendiri melalui pelbagai laluan yang mungkin, menurut teori kuantum.

Faktor kedua, iaitu sistem bimbingan, memerlukan pemerhati untuk menjadi sebahagian daripada fenomena itu sendiri dan mempengaruhi perkembangannya hanya dengan memerhatikannya. Seperti yang telah disebutkan. ini berlaku dalam kes foton yang berkelakuan sebagai zarah apabila ia diperhatikan dan sebagai gelombang apabila ia tidak diperhatikan. Pada peringkat subatomik, peranan pemerhati mengambil kira ciri-ciri yang sangat khusus. Pemerhati menjadi sebahagian daripada sistem unik yang merangkumi kedua-dua dirinya dan objek yang diperhatikan. Pemerhati dan diperhatikan menjadi tidak dapat dibezakan dan memberikan pengaruh timbal balik yang tidak boleh diabaikan.

Dalam fizik kuantum, saintis tidak dapat membayangkan menjadi pemerhati objektif "luar", kerana kehadirannya menyumbang kepada pembentukan realiti yang dia perhatikan.

John Wheeler ialah seorang ahli fizik Amerika, seorang tokoh berkarisma dalam fizik pada tahun 1930-an dan 1940-an; ramai ahli fizik terkenal termasuk Richard Feynman telah dilatih di bawah bimbingannya. Wheeler, antara lain, mencipta istilah "lubang cacing" yang menunjukkan kemungkinan terowong atau laluan angkasa antara kawasan ruang-masa yang berbeza.

Wheeler percaya bahawa penglibatan pemerhati dalam realiti subatomik yang diperhatikan adalah bahkan aspek yang paling penting dalam fizik kuantum, sehingga dia bercadang untuk menghapuskan istilah "pemerhati" dengan menggantikannya dengan istilah "peserta". Dia menyatakan kepercayaan ini dalam petikan terkenal:

> "Dalam mekanik kuantum tidak ada yang lebih penting daripada fakta bahawa konsep yang difahami sebagai "sesuatu di luar" dimusnahkan.
>
> Ini benar walaupun apabila pemerhati berada pada jarak yang selamat, dipisahkan daripada objek yang diperhatikan oleh plat kaca setebal dua puluh sentimeter. Apabila memerhati objek kecil seperti elektron, pemerhati perlu melepasi kaca: dia perlu "masuk" untuk memasang alat pengukur pilihannya. Pemerhati mesti memilih sama ada dia ingin mengukur kedudukan atau momentum. Memasang peranti untuk mengukur satu daripada dua kuantiti menghalangnya daripada memasang peranti lain untuk mengukur kuantiti yang lain.
>
> Tambahan pula, pengukuran mengubah keadaan elektron. Selepas pengukuran, alam semesta tidak lagi sama. Untuk menggambarkan apa yang berlaku, perkataan lama 'pemerhati' perlu digugurkan dan digantikan dengan istilah baru 'peserta'. Dari satu segi, alam semesta adalah alam semesta yang mengambil bahagian."

Tiada pembahagian.

Menurut Bohm, zarah subatom, terima kasih kepada potensi kuantum, direndam dalam "medan bentuk". Dari medan ini, zarah menerima semua maklumat yang diperlukan untuk memutuskan cara bergerak pada setiap masa.

Tetapi, oleh kerana tahap makroskopik terdiri daripada bilangan zarah subatom yang hampir tidak terhingga, setiap makhluk hidup tertakluk kepada medan bentuk yang, pada setiap saat, mencadangkan kepada setiap zarah badannya koordinat pergerakan mikroskopiknya.

Perbezaan antara kedua-dua faktor (makroskopik dan mikroskopik) ialah yang pertama memerlukan ruang dan masa untuk membangunkan dirinya, iaitu ia mempunyai ciri-ciri tempatan, manakala faktor mikroskopik, iaitu sistem pemanduan, tidak memerlukan ruang mahupun masa . Tahap mikroskopik dinyatakan dalam dimensi yang dipanggil "bukan tempatan". Sistem bimbingan ialah ungkapan "tak terhingga" yang terletak di luar ruang dan masa. Sistem panduan tidak menghasilkan maklumat dengan menerimanya dari tempat yang tepat, tetapi memiliki maklumat dalam "keseluruhan universal", sejenis "ruang depan ruang" yang mengandungi kesedaran alam semesta.

Dalam konteks mekanik Bohm, zarah-zarah sistem adalah "bukan setempat" yang disambungkan oleh potensi kuantum. Ini berlaku tidak kira berapa jauh jaraknya. Akibat yang paling segera ialah pemerhatian bahawa tidak ada objek yang berasingan dan bebas, tetapi semuanya saling berkaitan untuk membentuk satu perkara.

Lebih-lebih lagi, seperti yang telah kita lihat, tidak ada apa-apa "di luar" kita, yang boleh kita perhatikan dari luar. Kita sendiri adalah sebahagian daripada keseluruhan yang aktif. Mekanik kuantum menunjukkan alam semesta yang saling berkaitan sepenuhnya. Ia adalah realiti bahawa kita tidak boleh terurai menjadi bahagian asas yang dikurniakan kehidupan bebas. Dengan mengkaji keintiman jirim, kami memahami bahawa zarah-zarah yang terdiri daripadanya tidak mewakili blok bangunan asas dalam erti kata yang dimaksudkan oleh Democritus. Zarah-zarah adalah idealisasi tulen, kajian hipotesis yang mampu memberikan gambaran ideal realiti yang mustahil untuk diwakili. Sesungguhnya, zarah adalah abstraksi konvensional.

Pada hakikatnya terdapat hubungan kosmik yang terdiri daripada tenaga bergetar kemungkinan, yang tidak boleh diletakkan tepat di angkasa seperti yang kita fahami. Mengenai merit, Bohm menyatakan dirinya demikian dalam esei yang ditulis bersama dengan Basil Hiley untuk jurnal "Foundation of Physics", yang diterbitkan pada tahun 1975 dengan tajuk "On the intuitive understanding of nonlocality as implied by quantum theory":

> Kami telah membatalkan konsep klasik biasa yang menurutnya "bahagian asas" bebas dunia adalah realiti asas, dan pelbagai sistem hanyalah bentuk dan susunan tertentu dan kontinjen bahagian ini.
>
> Sebaliknya, kami mengatakan bahawa realiti asas adalah keterkaitan kuantum seluruh alam semesta. Bahagian-bahagian yang mempunyai tingkah laku yang agak bebas hanyalah bentuk tertentu dan kontinjen dalam keseluruhan ini.

Seolah-olah mengatakan bahawa kereta Raja Milinda bukanlah jumlah rawak roda, gandar dan kuda, seperti yang didakwa oleh materialisme. Sebaliknya, bahagian-bahagian yang berbeza adalah unsur-unsur yang dipilih secara bijak untuk membentuk keseluruhan iaitu kereta kuda.

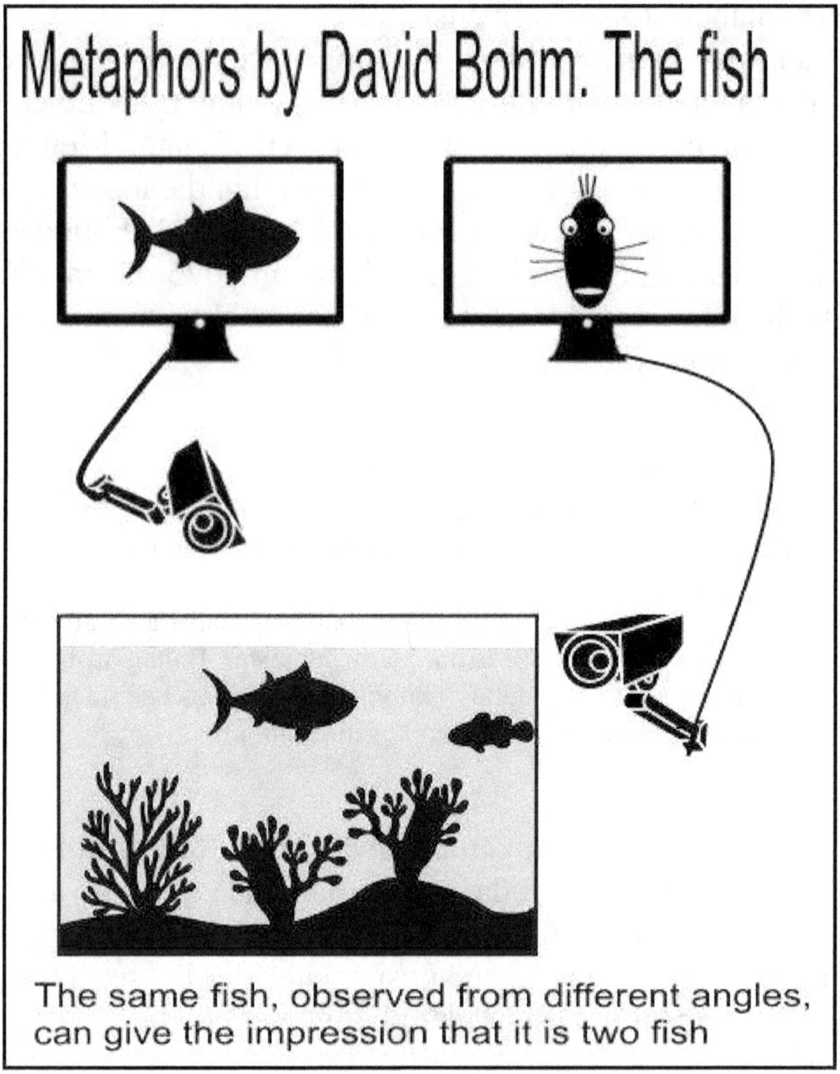

Rajah 52 - Metafora Bohm mengenai superposisi kuantum.
Metafora oleh David Bohm. Ikan.
Ikan yang sama, dilihat dari sudut yang berbeza, boleh memberi gambaran bahawa mereka adalah dua ikan yang berbeza.

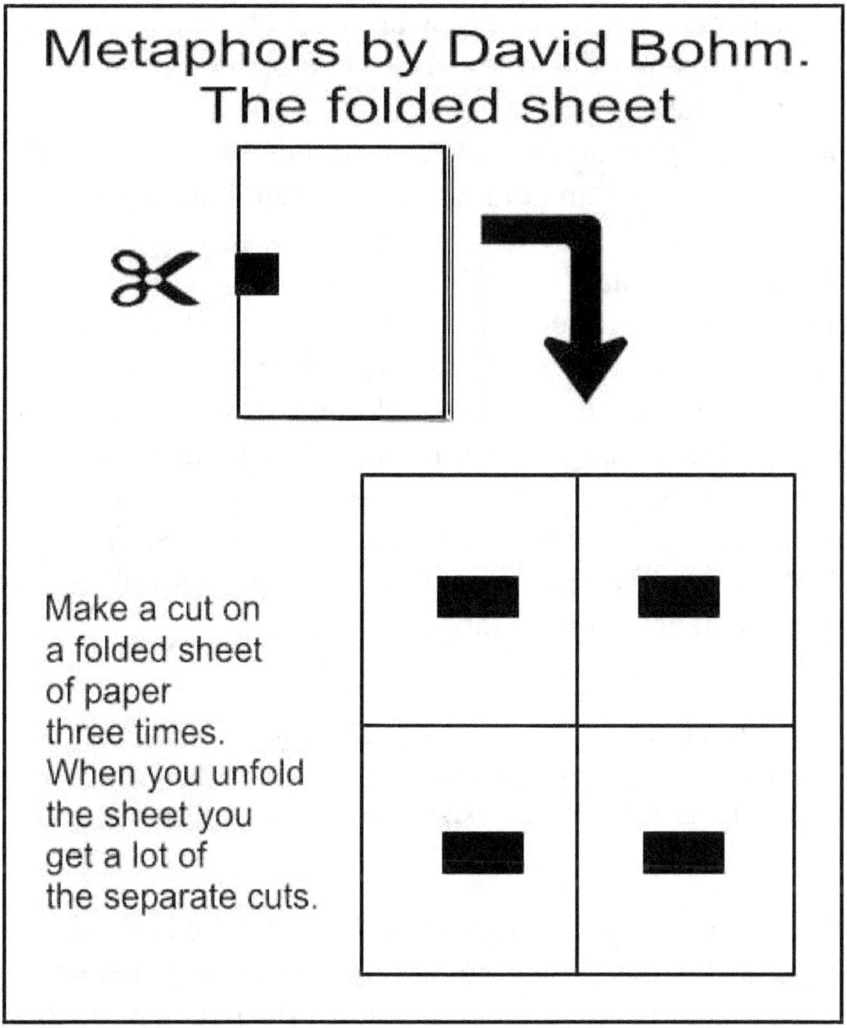

Rajah 53 - Banyak lubang yang muncul pada helaian yang tidak dilipat adalah, pada hakikatnya, hasil potongan tunggal.

Metafora oleh David Bohm. Lembaran kertas yang dilipat.

Buat potongan pada helaian kertas yang dilipat tiga kali pada dirinya sendiri.

Apabila anda membuka helaian, anda akan mendapat banyak potongan berasingan.

Walau apa pun bentuk gandar, berapa pun bilangan jejari yang ada pada roda, apa pun warna atau bilangan kuda, adalah butiran yang tidak relevan berkenaan dengan projek transenden "gerabak".

Pada peringkat subatom, objek di mana bahan pepejal terwujud terlarut dalam gelombang kebarangkalian yang saling berkaitan dalam "keseluruhan sejagat".

Tiada pemecahan, tetapi hanya unicum yang penuh dengan getaran. Jika kita memakai cermin mata fizik kuantum kita tidak lagi dapat melihat alam semesta sebagai koleksi objek yang berbeza, daripada butir debunga kepada galaksi, jelas dan berbeza antara satu sama lain. Apa yang kelihatan kepada kita ialah rangkaian besar tenaga yang berkaitan secara keseluruhan yang juga merangkumi diri kita sendiri.

Dalam esei "Tafsiran S-matriks Teori Kuantum" ahli fizik Amerika Henry Pierce Stapp menyatakan:

> "Dunia muncul sebagai rangkaian peristiwa yang rumit, di mana pelbagai jenis kesalinghubungan silih berganti, bertindih dan bergabung, menentukan struktur keseluruhan".

Metafora ikan yang diambil dari sudut yang berbeza (rajah 52) dengan hebat menggambarkan konsep yang menurutnya, walaupun nampaknya terdapat manifestasi yang berbeza dari sesuatu objek, seperti menyebabkan seseorang percaya bahawa ia adalah beberapa objek yang berbeza, sebenarnya. mereka adalah satu objek.

"Isih Tersirat" dan "Isih Eksplisit".

"Pada tahap yang sangat mendalam, perkara dan kesedaran benar-benar tidak dapat dipisahkan dan saling berkaitan, sama seperti dalam permainan video pemain dan skrin disatukan oleh penyertaan dalam proses yang sama. Dalam pandangan ini, minda dan jirim adalah dua aspek "keseluruhan" iaitu "satu". "Minda dan jirim" tidak dapat dipisahkan daripada "bentuk dan kandungan." Pada tahap yang sangat mendalam kesedaran manusia adalah satu.
(David Bohm)

Metaphors by David Bohm. Ink in glycerin

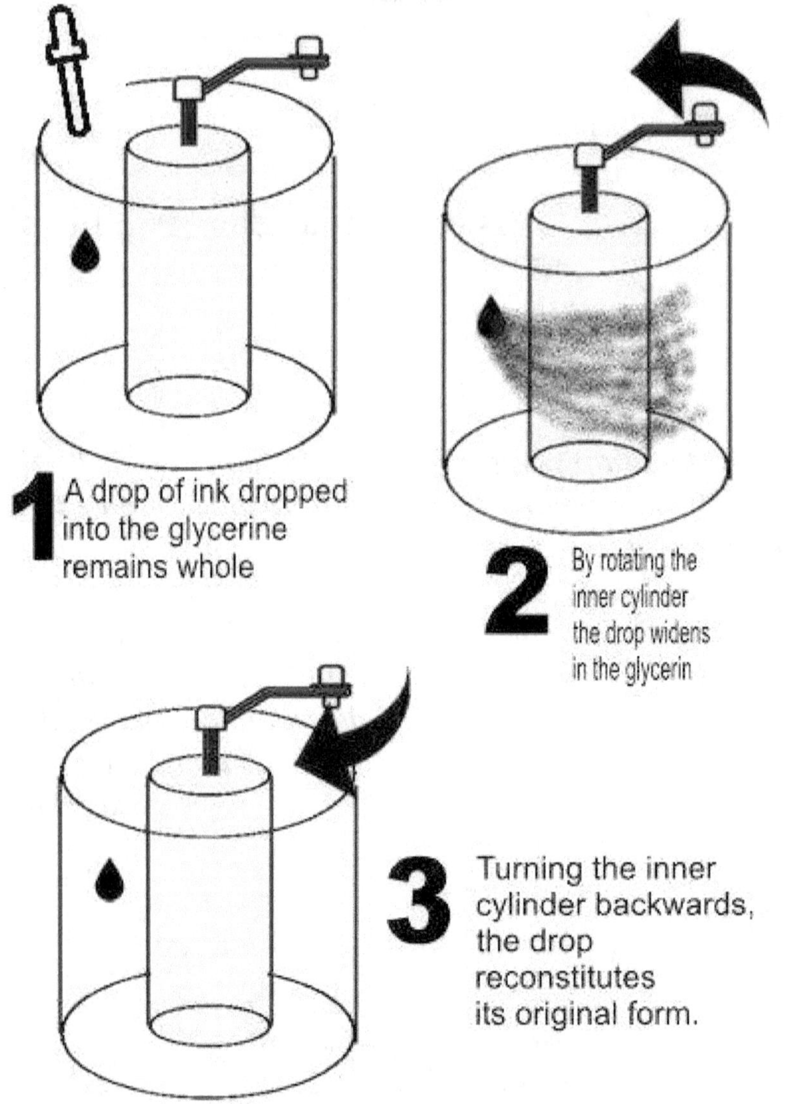

Rajah 54 - Metafora David Bohm tentang titisan dakwat yang tersebar dalam gliserin.

Metafora oleh David Bohm. Dakwat dalam gliserin

1 Setitik dakwat yang dititiskan ke dalam gliserin kekal utuh

2 Dengan memutarkan silinder dalam, titisan mengembang dalam gliserin

3 Dengan memutarkan silinder dalam ke arah yang bertentangan, titisan membentuk semula bentuk asalnya..

Dalam kajiannya tentang plasma, Bohm telah terpesona dengan bagaimana, dalam situasi cetek yang kelihatan huru-hara, susunan yang datang dari lapisan yang lebih dalam boleh tiba-tiba muncul. Pengalaman ini melandanya sehingga menjadikannya sebagai elemen ciri dalam semua pengajiannya. Setiap intuisinya bermula dari kemungkinan bahawa sesuatu fenomena boleh difahami dalam konotasi yang paling intim bermula dari andaian kewujudan asas, atau tersirat, "kecerdasan peraturan".

Ini mendorongnya untuk berteori kewujudan susunan yang merentasi masa dan ruang, yang wujud dalam lipatan realiti yang paling dalam, yang dipanggilnya "perintah tersirat" atau "perintah terlindung". Bohm mengandaikan bahawa susunan ini tidak hanya wujud di dunia zarah asas, tetapi di seluruh alam semesta. Susunan tersirat, tipikal bagi bahagian kosmos yang paling tersembunyi, bertentangan dengan "tertib yang jelas". Ini ialah susunan perkara seperti yang kita lihat, atau seperti yang kelihatan kepada kita dalam pengalaman kita.

Bohm mempunyai gerak hati pertama tentang kewujudan susunan tersirat apabila dia bermimpi tentang alam semesta yang terdiri daripada bilangan cermin sfera yang tidak terhingga, yang memantulkan satu sama lain. Dia membayangkan jirim sebagai terdiri daripada atom di mana setiap atom, seperti cermin, mencerminkan pantulan yang tidak terhingga.

Metafora rajah 53 menggambarkan hubungan yang boleh wujud antara susunan tersirat dan susunan tersurat. Bayangkan melipat sehelai kertas kepada tiga atau lebih bahagian. Dengan gunting kami membuka satu tetingkap di mana-mana pada helaian. Cukuplah untuk kita membuka helaian untuk melihat kewujudan banyak tingkap kecil, dipisahkan antara satu sama lain secara spatial: pemisahan ini benar-benar khayalan jika kita menganggap helaian yang dilipat, tetapi ia dijelaskan kepada deria kita sebagai jumlah tingkap kecil apabila kita membuka helaian. Jelas sekali, helaian kertas yang dilipat mewakili susunan yang tersembunyi atau tersirat, manakala helaian kertas yang tidak dilipat mewakili susunan yang jelas.

Bohm suka mengembangkan metafora untuk menyokong tesisnya. Berkenaan susunan yang tersirat dan tersurat, dia membayangkan dimensi tersirat yang mengandungi maklumat realiti dalam bentuk yang tidak dapat difahami oleh deria kita, tetapi mampu menerangkan dirinya dalam bentuk dan cara yang boleh difahami oleh kita. Tetapi pemahaman kita tidak sesuai dengan realiti.

Dalam metafora isyarat TV (rajah 55) susunan tersirat terdiri daripada frekuensi radio, tidak kelihatan dan tidak dapat difahami oleh kita, yang memanjang ke dalam eter dan boleh diambil oleh antena. Apabila frekuensi radio dipindahkan ke peranti penerima, ia terbentang dengan cara yang mata dan telinga kita boleh memahaminya. Sememangnya, apa yang kita lihat pada skrin hanyalah transposisi kepada bentuk dan warna realiti yang terdiri daripada frekuensi yang tidak dapat kita tafsirkan.

Lebih sesuai, jika boleh, adalah metafora permainan video (rajah 56) di mana kecerdasan asing kepada persekitaran dan hati nurani kita, iaitu perisian yang datang dari kartrij yang dimasukkan ke dalam konsol, mencipta ilusi dunia yang hebat untuk kita. yang kita mampu berinteraksi seolah-olah kita benar-benar tenggelam di dalamnya sedangkan, pada hakikatnya, ia adalah ilusi tulen.

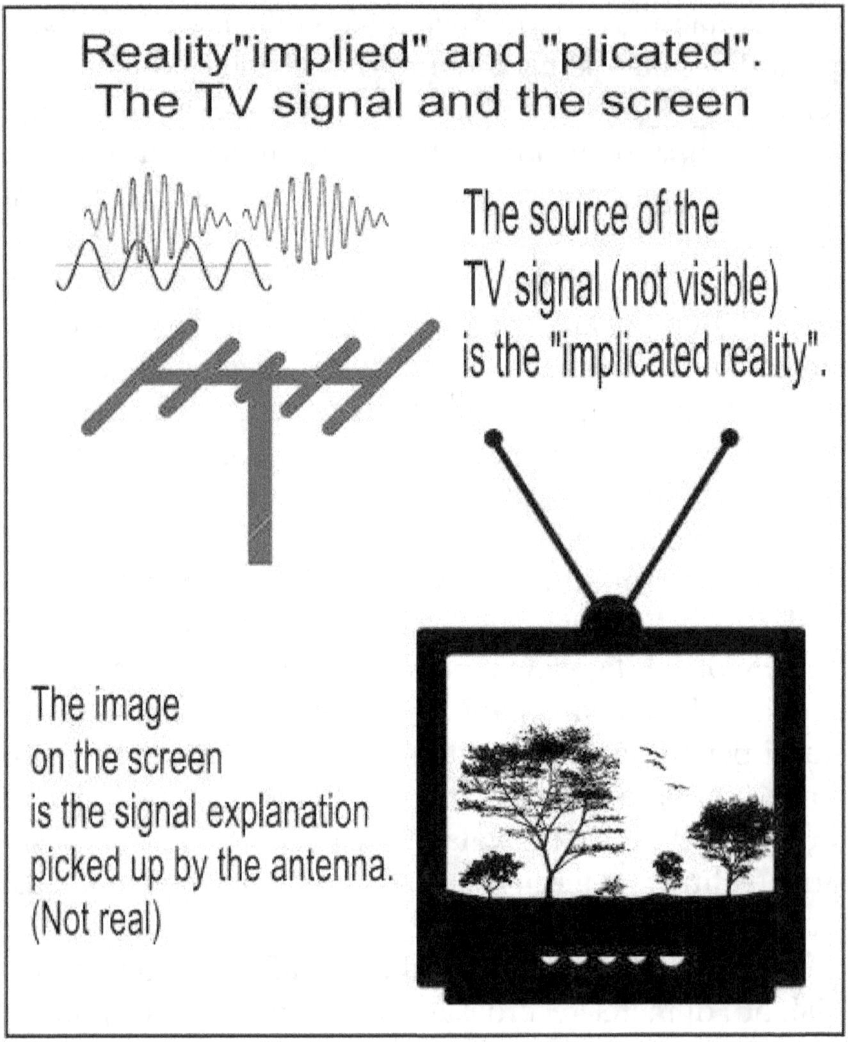

Rajah 55 - "Realiti eksplisit" hanyalah tafsiran tidak nyata bagi isyarat yang diterima daripada sumber luaran melalui antena.

Realiti "tersirat" dan "terjelas".

Isyarat TV dan skrin

a - Sumber isyarat TV (tidak kelihatan) ialah "realiti tersirat".

B - Imej pada skrin adalah penjelasan yang boleh difahami tentang isyarat yang diambil oleh antena.

Reality"implied" and "explicated".
The video game
The events that
develop on the screen
are the
"reality explicated"
The software that guides events
is the"implicated reality"

Rajah 56 - Realiti eksplisit (apa yang anda lihat pada skrin) ialah representasi, disesuaikan dengan deria kita, realiti tersirat, iaitu perisian yang datang daripada kartrij yang dimuatkan ke dalam konsol.

Realiti "tersirat" dan "terjelas". Permainan video

a - Peristiwa yang berkembang pada skrin adalah "realiti yang dijelaskan"

b - Perisian yang memacu peristiwa ialah "realiti tersirat".

Metafora lain meramalkan bahawa kedua-dua pesanan itu boleh digambarkan dengan menyusun peranti angka 54 yang dijelaskan oleh Bohm sendiri semasa temu bual yang diberikan kepada tapak "oubliettemagazine.com":

"Ketika saya sedang membangunkan teori 'alam semesta yang tersirat', program sains di BBC menunjukkan peranti yang menggambarkan konsep itu dengan baik.

Ia terdiri daripada dua silinder kaca sepusat. Antaranya ialah cecair likat, seperti gliserin. Jika setitik dakwat tidak larut diletakkan dalam gliserin dan silinder luar diputar perlahan, titisan dakwat akan membentuk jejak. Akhirnya, laluan itu menjadi sangat meresap sehingga hampir tidak kelihatan. Pada masa itu nampaknya tiada pesanan yang hadir.

Walau bagaimanapun, jika anda perlahan-lahan memutarkan silinder ke belakang, gliserin akan kembali kepada bentuk asalnya dan tiba-tiba titisan dakwat kelihatan semula. Titisan dakwat yang tersebar dalam gliserin dibentuk semula berkat putaran terbalik."

Kami mempunyai dua silinder kaca sepusat, satu daripadanya boleh berputar perlahan. Ruang antara dua silinder diisi dengan cecair likat seperti gliserin. Apabila silinder diputar, bendalir berdekatan disapu bersamanya. Tetapi andaikan silinder boleh alih kini diputar ke arah sebaliknya. Jika bendalir sangat likat seperti gliserin, dan silinder tidak diputar terlalu cepat, maka elemen bendalir akan menjejaki semula langkah tepatnya untuk membentuk semula titisan dakwat asal.

Metafora ini mengajar bahawa terdapat perintah tersembunyi walaupun dalam keadaan huru-hara. Apabila bentuk titisan dakwat larut daripada pandangan, susunannya tidak dimusnahkan tetapi kekal tersirat dalam gliserin. Titisan dakwat terlarut ini mewakili susunan yang tersirat, manakala titisan keseluruhan mewakili susunan yang jelas, iaitu realiti seperti yang kelihatan pada deria kita. Putaran silinder memainkan peranan yang menentukan dan mewakili dinamik yang menyatukan dua pesanan. Dalam penghuraian Bohmian dinamik ini mengambil nama "holomovement".

Hologram kosmik gergasi.

Istilah hologram secara amnya mengenal pasti imej tiga dimensi, dan khususnya yang stereoskopik, iaitu yang muncul dengan perspektif berbeza bergantung pada titik pemerhatian. Oleh itu, hologram ialah perwakilan tiga dimensi realiti, dan boleh dibandingkan dengan gambar biasa, jika gambar itu bukan dua dimensi. Dengan mengambil gambar objek dengan kaedah klasik, anda akan dapat melihatnya semula hanya di bahagian yang telah dibingkai oleh kanta. Jika anda mengambil gambar seseorang dari hadapan, anda akan sentiasa melihat wajahnya tetapi anda tidak dapat melihat belakangnya. Sebaliknya, hologram akan mengembalikan imej tiga dimensi adegan yang diambil, di mana objek dan orang akan kelihatan seolah-olah mereka diletakkan di tengah-tengah pentas.

Hologram diperoleh dengan teknik tertentu. Rakaman berlaku melalui pancaran cahaya laser yang dihantar ke arah objek yang akan dihasilkan semula dan ke arah plat bahan sensitif.

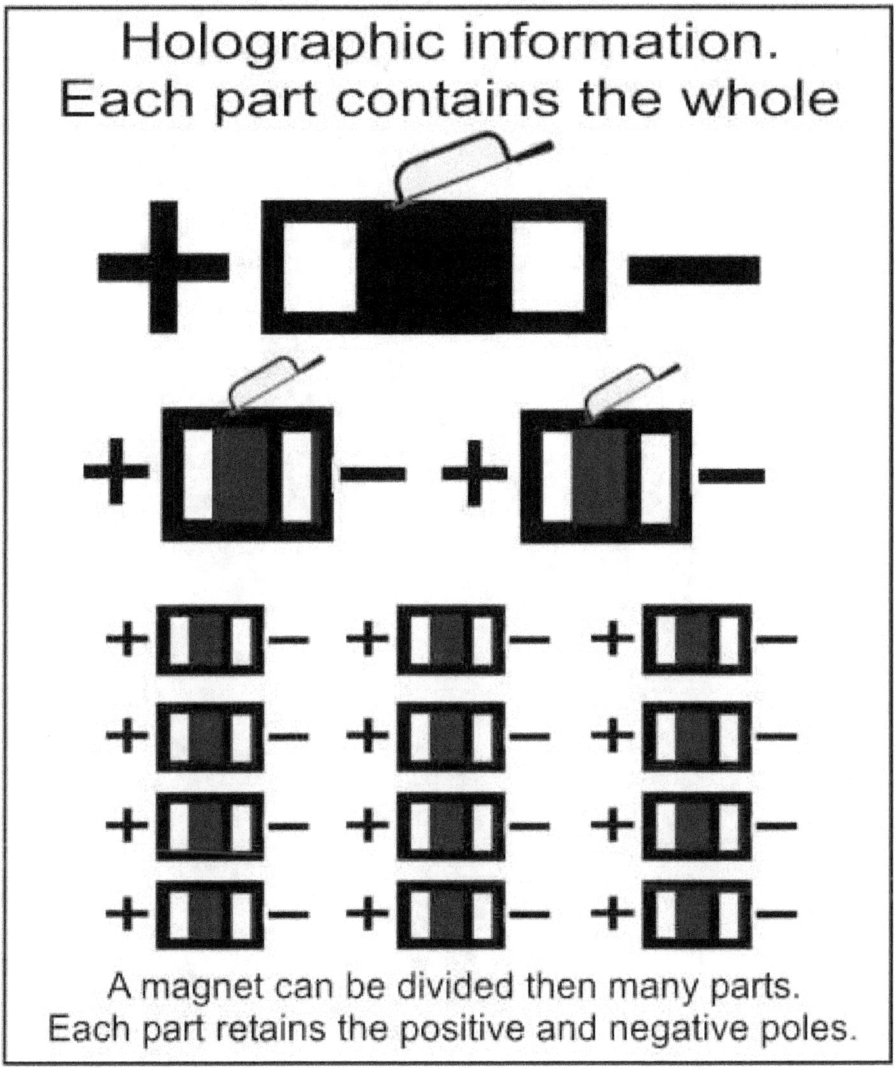
Holographic information.
Each part contains the whole
+
-
A magnet can be divided then many parts.
Each part retains the positive and negative poles.

Rajah 57 - Magnet boleh mewakili realiti holografik. Jika magnet dipecahkan kepada beberapa bahagian, setiap bahagian mengekalkan ciri-ciri keseluruhannya.

Maklumat holografik. Setiap bahagian mengandungi keseluruhannya

Magnet boleh dibahagikan kepada banyak bahagian. Setiap bahagian mengekalkan kutub positif dan negatif.

Terima kasih kepada permainan cermin, cahaya yang datang dari sumber mengganggu yang dipantulkan oleh objek. Akibatnya, garisan terbentuk pada plat, dipanggil pinggiran gangguan. Dalam kata yang lebih mudah, imej objek yang difoto tidak muncul di atas pinggan, tetapi kusut garis yang mengandungi maklumat mengenai tiga dimensi.

Sememangnya, imej yang dirakam boleh dihasilkan semula dengan ketepatan yang luar biasa, hanya dengan menerangi plat dengan pancaran laser yang lain. Rasuk ini, sebenarnya, berjaya menyahkod maklumat dengan membina semula imej tiga dimensi objek yang diimej, yang kelihatan kepada penonton seolah-olah ia hadir secara fizikal. Terima kasih kepada penambahbaikan dan perkembangan teknikal, hologram kini juga boleh dilihat dalam "cahaya putih" atau cahaya matahari.

Hari ini terdapat juga hologram bercetak, di mana kisi difraksi dihasilkan semula pada sokongan plastik telus, yang seterusnya terletak pada lapisan perak. Kita boleh melihat hologram yang serupa, sebagai contoh, pada beberapa kad kredit.

Hologram mempunyai keanehan yang sangat menarik, yang dengan jelas membezakannya daripada foto biasa di mana maklumat itu dikristalkan di atas kertas. Jika anda memotong gambar kepada dua bahagian dan membuang satu bahagian, maklumat yang terkandung di dalamnya boleh dianggap hilang secara kekal. Anda tidak akan dapat membina semula, daripada separuh yang masih hidup, kandungan yang hilang, kecuali dengan penghampiran intuitif.

Sebaliknya, hologram boleh dibahagikan kepada seberapa banyak bahagian yang dikehendaki, dan setiap bahagian akan mengekalkan jumlah maklumat.

Bohm mencadangkan metafora magnet (rajah 57). Objek ini, biasanya dipanggil magnet, adalah badan logam yang menghasilkan medan magnet yang tidak dapat dilihat oleh mata manusia, dan menghasilkan kesan yang diketahui umum: ia boleh menarik atau menolak magnet lain, serta, sudah tentu, bahan ferus. Magnet mempunyai dua kutub, dipanggil utara dan selatan. Jika magnet dibiarkan berputar bebas, kutub utara adalah yang menghadap ke utara. Sudah tentu, di hujung sana adalah Kutub Selatan.

Seseorang mungkin berfikir bahawa, dengan menggergaji magnet di tengah, dua bahagian diperolehi, satu dengan hanya kutub utara dan satu lagi dengan hanya kutub selatan. Ia tidak begitu. Setiap satu daripada kedua-dua pihak segera membentuk semula polariti yang hilang. Anda boleh membahagikan magnet kepada seberapa banyak bahagian yang anda suka; dalam apa jua keadaan, walau bagaimanapun kecilnya, setiap bahagian akan mempunyai kutub utara dan kutub selatan, iaitu setiap bahagian akan mengekalkan semua maklumat magnet asal yang ia diperolehi.

Memotong hologram dalam dua, sepuluh, seratus atau seribu bahagian, perkara yang sama berlaku. Setiap bahagian menyimpan semua maklumat matriks dari mana ia datang.

Lebih-lebih lagi, hologram mempunyai kapasiti storan kuantitatif yang luar biasa: ia cukup untuk menukar sudut di mana dua pancaran laser mempengaruhi filem untuk mengumpul berjuta-juta bilion maklumat dalam satu sentimeter padu ruang.

Analogi dengan "alam semesta yang tersirat" adalah jelas: di sini juga setiap bahagian saling berkaitan dengan semua yang lain membentuk satu perkara, dan dalam rangkaian sambungan ini walaupun bahagian terkecil, seperti zarah tunggal, mengandungi maklumat global .

Memandangkan maklumat seluruh kosmos boleh dikenali dalam zarah terkecil, teori Bohmian mengambil ciri holografik dan alam semesta, yang difahami sebagai susunan yang tersirat dan eksplisit, boleh dibayangkan sebagai hologram yang besar.

Alam semesta holografik.

Perkara yang paling mengejutkan tentang model holografik ialah ia tiba-tiba memahami pelbagai fenomena yang tidak jelas, seperti dianggap di luar batasan sains. Ini termasuk telepati, prekognisi, perasaan mistik kesatuan dengan alam semesta, dan juga psikokinesis, atau keupayaan minda untuk menggerakkan objek material tanpa sesiapa pun menyentuhnya."
(Michael Talbot, "Semuanya Satu")

Intuisi Bohm tidak lama kemudian mengambil arah yang tepat, iaitu alam semesta yang dibayangkan sebagai hologram raksasa. Walau bagaimanapun, adalah perlu untuk mengambil kira hakikat bahawa alam semesta bukanlah realiti statik tetapi dinamik, berturut-turut besar tenaga bertenaga dan bahan gelisah; sebenarnya, tiada apa pun dalam alam semesta subatomik yang statik, seperti yang telah kita lihat semasa menerangkan atom.

Oleh itu, Bohm mencipta istilah baharu "holomovement". Alam semesta, dalam konsep Bohmian, adalah satu pergerakan besar di mana setiap bahagian, walaupun yang terkecil, mengandungi semua sejarah dan kecerdasan kosmik semasa ia terungkap dalam masa dan ruang.

Justru kerana alam semesta "terlibat" membayangkan dalam dirinya sendiri semua alam semesta fizikal dan menjadinya kepada deria kita, hologram yang terhasil tidak pun mengetahui konsep statik tetapi membentuk pergerakan kekal "implikasi" dan "eksplikasi".

Susunan tersirat mengandungi dalam dirinya setiap masa, masa lalu, sekarang dan masa depan, dan setiap tempat. Masa dan tempat, yang dalam susunan yang jelas (iaitu, dalam pengalaman dan pemahaman kita) terungkap dalam realiti yang berasingan, adalah satu dalam susunan tersirat.

Holomovement membolehkan perintah tersirat mengandungi semua kepelbagaian perintah yang jelas. Dalam temu bual Bohm menerangkan holomovement dalam kata-kata ini:

> “Tertib tersirat yang sama telah dikesan dalam pergerakan kompleks medan elektromagnet dalam bentuk gelombang cahaya. Pergerakan gelombang cahaya sedemikian terdapat di mana-mana dan merangkumi seluruh alam semesta ruang dan

masa di setiap rantau. Penutupan dan pembukaan ini berlaku bukan sahaja dalam pergerakan medan elektromagnet tetapi juga dalam medan lain yang mematuhi undang-undang mekanik kuantum yang membayangkan ketakselanjaran dan sifat bukan ketempatan. Keseluruhan pergerakan penutup dan pembukaan boleh melampaui apa yang telah dikesan semasa pemerhatian kami. Kami memanggil keseluruhan ini sebagai holomovement".

Dalam wawancara yang sama Bohm berkata lagi:

"Saya mencadangkan sesuatu seperti ini: Bayangkan lautan tenaga yang tidak terhingga memenuhi ruang kosong, dengan ombak bergerak melaluinya, kadang-kadang berkumpul bersama dan menghasilkan denyutan yang kuat. Kami mengatakan bahawa dorongan tertentu berkumpul dan mengembang, mewujudkan alam semesta ruang-masa dan jirim kita. Lebih banyak impuls ini boleh berlaku. Bagi kami, dorongan ini kelihatan seperti Big Bang; dalam konteks yang lebih besar, ia adalah gelombang kecil. Segala-galanya muncul daripada penempatan dalam "holomovement". Segala-galanya kembali pada dirinya sendiri dalam susunan yang tersirat. Saya memanggil proses melipat atau menutup "melibatkan". Sebaliknya, proses penyingkapan atau pembukaan saya panggil "penjelasan." Yang tersirat dan tersurat adalah satu perkara yang fasih dan tidak berbelah bahagi. "

Bohm kemudiannya melengkapkan penglihatannya tentang alam semesta dengan cara yang sangat mistik dengan membayangkan, seperti dalam matryoshka, teori yang sangat panjang tentang realiti tersirat yang mendasari orang lain, sehingga dia mencapai "perintah super-implicated", iaitu "minda kosmik". Menurut Bohm, Minda ini secara kreatif mengalami sendiri aktiviti peringkat yang lebih tinggi. Setiap makhluk hidup secara sedar mengambil bahagian dalam keseluruhan dengan memberikan keseluruhan makna. Tanpa kesedaran makhluk hidup, alam semesta akan menjadi tidak lengkap. Terima kasih kepada penyertaan setiap makhluk hidup, "minda kosmik" meneruskan ke arah kesedaran dan pengetahuan diri.

Karl Pribram

Karl Pribram dilahirkan di Vienna pada tahun 1919 dan menamatkan hidupnya pada tahun 2015. Beliau adalah seorang pakar bedah saraf, profesor psikiatri dan psikologi di pelbagai universiti Amerika, termasuk Universiti Stanford dan Georgetown.

Kajiannya yang paling penting melibatkan otak manusia dan sistem saraf: khususnya beliau telah membantu untuk menentukan sifat sistem limbik, dan hubungan antaranya dan korteks hadapan.

Ia akan kelihatan aneh bahawa kita bercakap mengenainya dalam konteks ini, didedikasikan untuk sebahagian besar ahli fizik atau ahli falsafah, tetapi ada sebab yang sangat spesifik. Malah, Pribram terkenal terutamanya untuk pembangunan, dengan kerjasama David Bohm, apa yang dipanggil "model otak holonomi" yang juga dikenali sebagai "model holografik Pribram dan Bohm" atau sebagai "paradigma holografik".

Dengan model ini, Pribram berteori bahawa maklumat, dan oleh itu juga ingatan yang disimpan dalam otak kita, tidak "dirakam" dalam neuron, tetapi adalah hasil daripada interaksi timbal balik bentuk gelombang yang menjana "corak". Dengan cara ini dia menerangkan keupayaan otak untuk menyimpan sejumlah besar maklumat dalam ruang yang agak kecil.

Rajah 58 - Karl Pribram, secara bebas daripada Bohm, datang untuk menghuraikan konsep minda holografik.

Pribram percaya bahawa ingatan disimpan dalam rangkaian impuls saraf yang saling berkait di seluruh otak, sama seperti pancaran laser bersilang pada filem yang mengandungi imej holografik dan membenarkan, bergantung pada sudut, untuk mendedahkan kuantiti maklumat yang sangat besar.

Dalam kajian pembedahan sarafnya, Pribram, seperti Bohm, membuat kesimpulan bahawa fungsi ingatan lebih mudah difahami dengan menganggapnya serupa dengan realiti holografik. Sememangnya, kedua-dua mereka mematangkan keyakinan mereka mengikut jalan yang sama sekali berbeza. Bohm merumuskan teorinya berikutan kajiannya dalam fizik kuantum, manakala Pribram menjadi yakin tentang realiti holografik disebabkan oleh banyak, kadang-kadang tidak dapat diatasi, kesukaran dalam menjelaskan beberapa soalan neurofisiologi.

Pada tahun 1970-an Pribram sedang meneroka hipotesis realiti holografik, bermula dari prinsip bahawa otak kita memproses isyarat yang diterima daripada mata untuk mewakili realiti pengantara, serupa dengan hologram.

Memandangkan anaknya seorang ahli fizik, dia terfikir untuk beralih kepadanya untuk membandingkan beberapa idea, tetapi anak lelaki itu segera menasihatinya untuk menghubungi David Bohm, yang sememangnya orang yang paling sesuai. Pribram berbuat demikian, dan dari pertemuan mereka satu identiti kukuh pandangan tentang kemungkinan bahawa alam semesta adalah realiti holografik lahir.

Dalam bukunya "Holographic universe: The Revolutionary Theory of Reality" Michael Talbot menggambarkan hasil pertemuan antara kedua-dua saintis:

"Diambil bersama, teori Bohm dan Pribram memberikan cara baharu yang mendalam untuk melihat dunia. Otak kita membina realiti objektif secara matematik, mentafsir frekuensi yang akhirnya unjuran dari dimensi lain, susunan kewujudan yang lebih mendalam di luar ruang dan masa: otak ialah hologram yang tersembunyi dalam alam semesta holografik.

Pribram berhujah bahawa sintesis ini menyedarkan beliau bahawa dunia objektif tidak wujud, atau sekurang-kurangnya tidak dalam erti kata yang biasa kita percayai. Apa yang wujud "di luar sana" adalah lautan gelombang dan frekuensi yang luas, dan realiti kelihatan konkrit kepada kita hanya kerana otak kita mampu mengubah bentuk holografik yang tidak jelas ini menjadi blok binaan asas dan objek biasa yang membentuk dunia kita. (...)

Kami mempunyai dua aspek realiti yang sangat berbeza. Kita boleh melihat diri kita sebagai badan material yang bergerak melalui ruang angkasa. Jika tidak, kita mungkin melihat diri kita sebagai imej kabur corak gangguan yang tersembunyi di seluruh hologram kosmik.

Bohm percaya bahawa pandangan kedua ini lebih tepat."

Adakah realiti wujud atau tidak?

Menggabungkan model otak holografik Pribram dengan teori holomovement Bohm menghasilkan hasil yang mengejutkan. Jika realiti, dalam kekonkretan yang kita anggap, adalah ilusi, dan semua yang wujud hanyalah sekumpulan frekuensi dan tenaga bergetar, apakah yang tinggal? Jika otak tidak lebih daripada hologram yang menyahkod frekuensi yang diterima mengubahnya menjadi persepsi deria, adakah realiti objektif benar-benar wujud?

Jawapannya sepatutnya: tidak, "realiti objektif" tidak wujud, dengan itu memperakui apa yang sentiasa disokong oleh falsafah Timur, yang menurutnya dunia hanyalah ilusi.

Bukan itu sahaja: dengan jawapan ini kami juga memulihkan teori yang terlalu tergesa-gesa dipermainkan oleh banyak ahli falsafah Barat, seperti George Berkeley, yang menurutnya semua objek yang kami percaya wujud tidak mempunyai badan. Objek hanyalah idea yang dihantar oleh deria kita ke otak. Di dalam otak idea-idea ini dikonfigurasikan dan dilapisi dengan gambaran materialiti yang salah.

Paradigma holografik Pribram dan holomovement Bohm membawa kepada kesimpulan yang banyak dipertikaikan, tetapi ramai yang lain percaya sebagai penerangan paling tepat tentang realiti yang mungkin setakat ini.

Kemana kita akan pergi.

"Anda perlu memahami keseluruhan kehidupan, bukan hanya sebahagian daripadanya. Itulah sebabnya anda perlu membaca, itulah sebabnya anda perlu melihat ke langit, itulah sebabnya anda perlu menyanyi dan menari, dan menulis puisi, dan menderita dan memahami, kerana semua ini adalah kehidupan.
(Jiddu Krishnamurti)

Kita hidup dalam era keistimewaan di mana sinkronitik misteri dengan dimensi kosmik membimbing kita ke arah matlamat yang tidak disangka-sangka. Apabila kita telah mencapai matlamat ini, ia akan berlaku bahawa roh dan jirim, akhirnya diberikan hak yang sama untuk wujud, akan dapat melibatkan semua manusia dalam pengetahuan dan kemungkinan yang masih kelihatan tidak dapat difahami dan tidak dapat dicapai hari ini. Sinkronisitas ini membimbing kita dalam peralihan antara era perkara yang tidak disedari dan era roh bercahaya.

Satu langkah pertama yang penting telah pun diambil dengan kekalahan materialisme, walaupun pada hakikatnya hari ini terdapat tempat, institusi dan orang yang tidak berputus asa meletakkan materialisme sebagai prinsip latihan intelektual mereka. Dalam banyak kes ini berlaku untuk melindungi kedudukan keistimewaan atau kepentingan.

Pada masa ini teori-teori materialistik benar-benar ketinggalan zaman dalam bidang saintifik yang paling maju. Kita mula tertanya-tanya jika kita benar-benar hanya "mesin yang dipasang secara rawak", atau jika kita tidak memiliki "kesedaran" yang mampu membentuk alam semesta yang mengandungi kita.

Dalam konteks ini, persoalan yang, sehingga abad yang lalu, terhad kepada alam metafizik yang samar-samar, menjadi sangat topikal dan mula menyeksa fikiran saintis yang paling tercerahkan: adakah kita yang mencipta realiti kita?

Kajian tentang jiwa menjadi sebahagian daripada fizik.

Sehingga abad yang lalu, sebarang wacana tentang kewujudan jiwa adalah terhad kepada bidang teologi atau falsafah. Sekarang, secara mengejutkan, soalan itu telah menjadi sebahagian daripada agenda fizik teori, diletakkan dengan kukuh di bahagian atas senarai topik yang layak untuk kajian lanjut.

Khususnya, ahli fizik Henry Pierce Stapp sedang menjalankan kajian yang diisytiharkan dengan penekanan tertentu di web melalui tajuk yang serupa dengan ini: "Henry Stapp mahu membuktikan kewujudan jiwa" (Henry Stapp mahu menunjukkan kewujudan jiwa). Sebenarnya, Stapp tidak begitu mahu menunjukkan kewujudan jiwa, tetapi sebaliknya, ia, difahami sebagai kesedaran makhluk hidup, tidak boleh diabaikan. Jiwa, iaitu kesedaran, mesti menjadi pembolehubah yang aktif dan mempengaruhi dalam persamaan dan formula yang menggambarkan fungsi alam semesta.

Stapp dilahirkan pada tahun 1928 di Cleveland, Ohio, Amerika Syarikat. Beliau menerima PhD dalam fizik zarah di bawah penyeliaan pemenang Nobel Emilio Segrè dan Owen Chamberlain di University of California, Berkeley. Beliau terkenal dengan karyanya dalam bidang mekanik kuantum, khususnya untuk pembangunan teori S-matriks aksiomatik; beliau telah menerbitkan, antara lain, banyak kertas kerja yang berkaitan dengan aspek bukan tempatan mekanik kuantum dan teorem Bell.

Pada tahun 1958 beliau telah dijemput oleh Wolfgang Pauli ke ETH Zurich untuk bekerja dengannya secara peribadi dalam masalah asas dalam mekanik kuantum. Dari tahun 1969 beliau adalah rakan usaha sama langsung Werner Heisenberg di Institut Max Planck di Munich. Selepas itu, dari 1976 beliau bekerja dengan John Wheeler. Ia merupakan kerjaya akademik yang sentiasa dijalankan di peringkat tertinggi..

Henry Stapp. Teori kuantum dan kehendak bebas.

Pada tahun 2017 Stapp menerbitkan buku "Teori Kuantum dan Kehendak Bebas. Bagaimana Niat Mental Diterjemahkan ke dalam Tindakan Badan ".

Buku ini menerangkan, dalam istilah yang mudah tetapi tepat, bagaimana mekanik kuantum ortodoks berfungsi dan menunjukkan bagaimana teori ini, ditafsirkan secara realistik, memberikan peranan penting kepada pilihan kita yang sedar dan bebas. Stapp bermula dari prinsip bahawa biologi dan neurosains tradisional masih menyokong prasangka klasik yang pada dasarnya tidak terbukti dan gagal, mengikut mana niat mental tidak mempengaruhi tingkah laku jirim. Ia menunjukkan bagaimana mekanik kuantum menyediakan asas yang rasional untuk pemahaman yang lebih baik tentang hubungan antara kesedaran dan tingkah laku, juga membenarkan penjelasan tentang fenomena tertentu yang kini dianggap "paranormal". Idea ini mempunyai implikasi penting untuk memahami diri kita dan proses pemikiran kita, dan dengan itu juga untuk makna kehidupan kita.

Dalam buku itu Stapp menangani salah satu isu yang paling sukar, iaitu kehendak bebas. Ia adalah konsep yang ditakrifkan oleh "Enciclopedia Italiana Treccani" seperti berikut:

> Kehendak sendiri. Ungkapan yang digunakan untuk menunjukkan kebebasan manusia, yang tindakannya tidak ditentukan oleh kuasa yang lebih tinggi (ghaib atau semula jadi), tetapi berasal dari pilihan autonominya.
>
> Ungkapan itu lahir atas dasar perbincangan teologi Kristian, berkaitan dengan perdamaian antara kemahakuasaan ilahi dan kemahatahuan dan kebebasan manusia. Protagonis Humanisme

dan Renaissance terutamanya menyokong tesis kehendak bebas dengan kehangatan tertentu.

Dari sudut pandangan agama adalah sangat sukar untuk mendamaikan kehendak bebas dengan idea Tuhan yang maha mengetahui: jika Tuhan sudah mengetahui masa depan dan oleh itu mengetahui bagaimana manusia akan bertindak, bolehkah manusia menganggap dirinya bebas untuk membuat pilihan?

Mari kita ketepikan agama sejenak, kerana ia adalah konsep peribadi dan tidak objektif dan walaupun penganut agama yang berbeza sering mendapati diri mereka tidak bersetuju mengenainya.

Sains, seperti yang kita ketahui, meneruskan kaedahnya yang boleh kita tentukan sebagai objektif: ia melakukan eksperimen, dari mana ia membuat kesimpulan konkrit. Jika keputusan eksperimen mengesahkan hipotesis dengan cara yang tidak boleh dipertikaikan, ini menjadi undang-undang fizikal, jika tidak penghakiman boleh dinafikan atau digantung.

Dalam kes kehendak bebas, tiada siapa yang pernah dapat mendakwa bahawa ia adalah undang-undang yang sah. Malah, tidak pernah mungkin untuk menunjukkan bahawa, dengan memeriksa situasi tertentu beberapa kali, keputusan yang sama sentiasa diperolehi.

Bermula dari asas saintifik ini kita boleh merumuskan penaakulan yang lebih luas, dikaitkan dengan kepastian bahawa manusia terdiri daripada atom dan zarah.

Kita tahu bahawa atom berada dalam pergolakan yang berterusan, dan kita tahu bahawa, sebagai sebahagian daripada pergerakan ini, ia cenderung untuk bergabung dengan atom lain. Tetapi satu perkara yang kita tidak tahu: mengapa atom menarik antara satu sama lain dan agregat? Dengan kuasa apakah tiga atom (dua hidrogen dan satu oksigen) bersatu untuk membentuk molekul air? Adakah terdapat "hati nurani" yang membawa mereka untuk melaksanakan dengan tepat bentuk pengagregatan yang amat berguna ini, dan bukannya banyak kemungkinan lain.

Sesungguhnya, atom tidak sepatutnya mempunyai kesedaran, oleh itu ia tidak sepatutnya dapat memutuskan "secara sedar" jenis pengagregatan yang hendak dilakukan. Lebih-lebih lagi, molekul air tidak boleh ditakrifkan sebagai sedar. Tetapi atom-atom juga boleh berkumpul dengan cara yang lebih kompleks, contohnya sehingga membentuk makhluk "hidup" secara biologi, iaitu, pastinya dikurniakan kesedaran, atau sekurang-kurangnya dengan naluri. Ajaibnya, makhluk yang dikurniakan kesedaran lahir daripada himpunan berbilion-bilion atom tanpa kesedaran.

kenapa? Ia adalah teka-teki sebenar. Apa yang boleh menjadi penyelesaian? Sama ada atom mempunyai kesedaran, bertentangan dengan kepercayaan popular, atau ia dipandu oleh kesedaran di luar mereka: dalam apa jua keadaan, "kesedaran juruterbang" mesti wujud dalam proses pengagregatan.

Dari sudut agama boleh dikatakan bahawa segala-galanya telah ditetapkan oleh Tuhan; kesedaran dari mana semua kesedaran dan semua tingkah laku sedar adalah dari Tuhan.

Walau bagaimanapun, sains tidak menganggap penaakulan metafizik ini sah dan meneruskan kerjanya untuk menemui apakah mekanisme yang menentukan pengagregatan jirim.

Memahami bagaimana dan mengapa atom berkumpul bermakna mengetahui bagaimana hati nurani makhluk hidup dicipta, pertama sekali, hati nurani manusia, dan kita akan membuat kesimpulan bahawa pembentukan hati nurani berlaku berdasarkan proses yang boleh ditakrifkan dengan jelas. Ini akan menjadi proses yang boleh dipindahkan ke formula.

Jika ini berlaku, "pembentukan" kesedaran akan menjadi sebahagian daripada proses yang boleh diramal dan berulang. Oleh itu, seseorang boleh membuat hipotesis kewujudan kesedaran "standard". Di bawah syarat-syarat ini adalah jelas sekali dan untuk semua bahawa kehendak bebas tidak wujud.

Fizik kuantum mengembangkan pandangan yang sama sekali berbeza, yang diterokai oleh Stapp dalam bukunya. Kita tidak boleh memerhati zarah dengan menetapkan kedudukan dan kelajuannya, atau sebaliknya, kita hanya boleh melakukannya secara probabilistik. Dengan mengulangi pengukuran beberapa kali dengan data yang sama, kita dapati zarah di beberapa tempat yang berbeza. Bukan itu sahaja: dengan memerhatikan zarah, kita meruntuhkan fungsi gelombang yang mengandunginya; oleh itu, kami memutuskan di mana ia boleh ditemui.

Sebenarnya, zarah itu terampai dalam keadaan samar-samar sehingga, hanya dengan memerhatikannya, iaitu melihatnya, kita sendiri memutuskan di mana untuk meletakkan zarah itu.

Ini mempunyai akibat etika dan falsafah yang tidak terukur. Jika kita membuat keputusan, dengan memerhatikannya, di mana untuk meletakkan zarah, iaitu, jika terpulang kepada kita untuk memilih ciri-ciri jirim, bermakna

kehendak bebas itu wujud. Kita bukan lagi mesin yang dikuasai oleh jirim, tetapi makhluk yang mampu menguasai jirim dengan kehendak kami.
Dalam satu daripada banyak wawancaranya, Henry Stapp dengan itu menyatakan dirinya mengenai teori yang telah dibangunkannya, "Teori Kesedaran Kuantum":

> Adalah penting bagi kita, sebagai individu dan secara kolektif, untuk membetulkan tanggapan yang meluas pada masa ini bahawa sains telah menunjukkan bahawa kita adalah automaton mekanikal. Idea ini berdasarkan mekanik klasik, kini tidak sah secara empirik. Penggantinya, mekanik kuantum, mewakili kita sebagai makhluk psiko-fizikal yang niat sedarnya tidak ditentukan oleh aspek fizikal Alam, tetapi yang bagaimanapun mempengaruhi perjalanan peristiwa fizikal.
>
> Persoalan yang segera timbul ialah: "Apakah hubungan antara pengalaman sedar kita dan dunia yang digambarkan secara fizikal?".
>
> Teori-teori fizik klasik yang lazim dalam sains pada abad ke-18 dan ke-19 menyatakan bahawa setiap harta fizikal hanya ditentukan oleh sifat fizikal sebelumnya, tanpa sebarang "unsur tambahan" oleh kesedaran. Kenyataan ini, jika benar, akan membayangkan bahawa hidup kita tidak bermakna; ia akan mengurangkan setiap daripada kita kepada automaton mekanikal yang pada dasarnya tidak berfikiran, tidak dapat mempengaruhi perjalanan peristiwa fizikal masa hadapan sama ada untuk faedah mereka sendiri atau untuk faedah orang lain.
>
> Hari ini diketahui bahawa teknik fizikal klasik pada asasnya adalah palsu. Teori-teori lapuk ini telah digantikan oleh mekanik kuantum. Dalam teori ini, "pilihan bebas" kita yang sedar memainkan peranan dinamik yang penting dalam menentukan masa depan. Pilihan sedemikian dipanggil "percuma" kerana ia tidak dikekang oleh mana-mana ciri lain teori, statistik atau sebaliknya."

Tenaga Roh Sejagat.

Keupayaan kita untuk memerhati zarah asas menentukan realiti apa yang kita perhatikan dan oleh itu membuktikan kehendak bebas kita. Tetapi kemudian, kita boleh bertanya kepada diri sendiri: siapakah yang memerhatikan zarah kita untuk memastikan bahawa mereka mesti betul-betul membentuk badan kita, dan oleh itu kesedaran kita? Kita, oleh siapa kita diperhatikan?

Adakah pemerhati yang menentukan kita? Atau: adakah terdapat permainan di mana kita menjadi pemerhati dan diperhatikan, dicipta dan pencipta? Siapa yang mengendalikan permainan ini? Atau mungkin permainan itu lahir dari "incipit" yang melihat diri kita, sejak awal, sebagai pemain dan pengadil?

Mungkin realiti adalah Ouroboros raksasa, naga mitos menggigit ekornya sendiri, membentuk bulatan tanpa permulaan atau penghujung?

Nampaknya tidak bergerak, tetapi dalam pergerakan abadi, ouroboros mewakili kuasa yang memakan dan menjana semula dirinya, tenaga sejagat yang sentiasa digunakan dan diperbaharui. Oleh itu, ia melambangkan kesatuan dan keseluruhan segala-galanya, infiniti, keabadian, masa kitaran, kembali abadi, keabadian dan kesempurnaan.

Adalah ingin tahu bagaimana simbol ini hadir dalam kepelbagaian tradisi mistik dan falsafah setiap masa dan tempat.

Hakikat bahawa semua jirim terbentuk daripada pemerhatian mengandungi keperluan yang tidak dapat dielakkan: kita perlu diperhatikan.

Moto George Berkeley "Esse est percipi" (Menjadi bermakna untuk dilihat) sekali lagi menyinari.

Dari sudut pandangan ini, kata-kata pemazmur juga menjadi dapat difahami, yang berpaling kepada Tuhan berterima kasih kepadanya kerana dipandang, sesungguhnya, kerana tidak dapat melarikan diri dari pandangannya. Bukan itu sahaja: mengakui bahawa Tuhan telah memerhatikannya sejak dia dibentuk dalam rahim ibunya, dia mengakui bahawa pandangan itu menjadikannya sempurna "seperti keajaiban".

David Bohm, yang merupakan anak kepada pembantu rabbi, mungkin berdoa berkali-kali pada zaman kanak-kanaknya dengan kata-kata Mazmur 138

> "Tuhan, Engkau menyelidiki aku dan Engkau mengenal aku,
> awak tahu bila saya duduk dan bila saya bangun.
> Anda menembusi fikiran saya dari jauh,
> awak perhatikan saya semasa saya berjalan dan ketika saya berehat.
> Ke mana hendak pergi dari rohmu, ke mana hendak lari dari hadiratmu?
> Mata awak melihat saya ketika saya masih belum berbentuk"

Pada tahun-tahun terakhir hidupnya, Bohm terpesona dengan teori Jiddu Krishnamurti, yang dilahirkan di India pada tahun 1895. Dia mewujudkan perkongsian budaya dan rohani dengan ahli falsafah ini, sehinggakan mereka menulis beberapa buku bersama-sama termasuk "Di mana masa berakhir".

Dalam perjalanan persahabatan ini, Bohm menjadi sangat dekat dengan mistik Timur dan mengubah keinginan mudanya untuk pembinaan masyarakat yang lebih adil (keinginan yang telah dicemari oleh materialisme Soviet) menjadi aspirasi yang cenderung ke arah matlamat yang sama tetapi melalui jalan pertumbuhan rohani.

Dalam konteks perkongsian budaya dan rohani ini, Bohm menghuraikan pemikiran yang diungkapkannya dalam petikan buku “Bohm. The Physics of Infinity” oleh Massimo Teodorani:

> "Bidang "terhad" ialah semua yang boleh kita lihat, dengar, sentuh, ingat dan gambarkan. Bidang ini pada asasnya adalah apa yang nyata atau nyata. Kualiti penting yang tidak terhingga, sebaliknya, adalah sukar difahami. Kualiti ini mengambil bentuk perkataan Roh, yang makna asalnya ialah "angin, nafas".
>
> Ini menunjukkan kewujudan tenaga yang tidak kelihatan tetapi meresap di mana dunia nyata yang terhingga bertindak balas. Tenaga ini, O Roh, meliputi semua makhluk hidup, dan tanpanya setiap organisma akan terurai menjadi unsur-unsur penyusunnya. Apa yang benar-benar hidup dalam makhluk hidup ialah tenaga Roh. Tenaga ini tidak pernah dilahirkan dan tidak akan mati.”

Bohm merujuk kepada roh sebagai Jiwa dunia, susunan yang sangat tersirat yang mendasari dan menghidupkan semua implikasi dan penjelasan berikutnya. Dia bermaksud perintah yang terletak pada tahap kebebasan tertinggi dan, oleh itu, bebas daripada sebarang konotasi falsafah atau dogmatik.

Seperti yang ditunjukkan dalam hidupnya, Bohm menganggap kebebasan sebagai kebaikan yang besar dan bercitacita untuk menaklukinya secara mutlak untuk dapat berkongsinya. Dia meninggal dunia akibat serangan jantung pada 27 Oktober 1992, di London, meninggalkan kekosongan besar dalam komuniti saintifik dan warisan besar idea menunggu untuk dikembangkan secara saintifik dan falsafah.

Bibliografi.

Acheson David # One thousand eighty-nine and other magic numbers.
Aguirre Anthony # Zen and Multiverses
Allen Steve # Deceptions of logic
Ambesi Alberto # Panteismo
Amir Dan Aczel #Entanglement. The greatest mystery of physics. Amir Dan Aczel # The Mystery of the Alef
Amir Dan Aczel # The God Equation
Anderl Sybilla # The universe and me. A philosophy of astrophysics
Angier Natalie # The canon of science. Guided tour from the infinitesimal to infinity for enthusiastic beginners...
Anthes Emily # Quick Guide for Brainiacs: The Mind
Arecchi Tito & Eva # Simboli e realtà
Argentieri Niccolò # Ci sono elettroni nel mondo della vita?
Armstrong David # What is metaphysics
Asimov Isaac # The Physics Book
Asimov Isaac # In the beginning. The book of genesis interpreted.
Asimov Isaac # The invisible universe
Astrolabio Ubaldini # Neuroscienze e spiritualità. Mente e coscienza nelle tradizioni
Baker Stephen # The secret power of mathematicians
BakerJoanne # Quantum Physics. 50 great ideas
Barbour Julian # The point of Janus. A new theory of time
Julian Barbour # The End of Time.
Barcelli Simone # La storia che verrà
Baron Vincenzo # Albert Einstein. Il costruttore di universi
Barrow, Tipler # The anthropic principle.
Barrow John David # 1+1 does not (always) do 2
Barrow John David # Zero to . The great story of nothing. Oscar Mondadori.
Barrow John David # From the Self to the Cosmos
Barrow John David # The numbers of the universe
Barrow John David # The Book of Universes. Complete guide to possible universes
Barrow John David # The mono within the world
Barrow John David # Infinity
Barrow John David # The universe as a work of art
Barrow John David # The Pictures of Science
Barrow John David # The Origins of the Universe

Barrow John David # Why is the world mathematical? The third
Barucca, Jannaccone Scacchi # Forced science
Barzaghi Giuseppe # Compendio di storia della filosofia
Battiston Roberto # La prima alba del cosmo. Dal big bang alla vita nell'universo
Beitman Bernard # Messages of coincidences.
Bellone Enrico # Corpi e cose
Bergson Henri # Essay on the immediate data of consciousness
Berkeley George # Philosophical Works
Bersani-Peres # Proverbial mathematics
Bersani R, Peres E. # Mathematics. Survival course
Berti Enrico # History of metaphysics
Bocchi G, Ceruti M. # Origins of stories
Bodanis David # $E=mc^2$. Biography of the equation that changed the world
Bogdanov Igor # Before the Big Bang. The origin of the universe
Bohm - Khrisnamurti # Where time ends
Bohm - Khrisnamurti # The limits of thought
Bōhm Conrad # The Keys of the Cosmos
Bohm David # Universe Mind Matter
Bojowald Martin # Before the Big Bang. Complete history of the universe
Bonaventura, Colombo, Miluzio # The made-to-measure universe. Journey into the incredible cosmic coincidences that allow us to be here
Boncinelli, Inherited # Everything is transformed. Brief history of energy
Borgna Eugenio # Il tempo e la vita
Brockmn John # That's not true but I believe it
Bruno Giordano # Of the infinite universe and worlds
Bryson Bill # A Brief History of (Almost) Everything
Bui Daniele, LeoniSilvio # Mente, cervello e coscienza. Il vicolo cieco del materialismo nel pensiero di Sir John Eccles
Burgin Luc # Errors of science
Cambray Joseph # Synchronicity. Nature and psyche in an interconnected universe.
Campbell, Joseph # Dee. The mysteries of the divine feminine
Campbell, Joseph # The Inner Reaches of the Cosmos. The metaphor in myth and religion
Cantalupi -Santarcangelo # Psiche e realtà
Cappelletti Valentina # From order to things. Essay on Werner Heisenberg
Capra F. Luisi P.L. # Life and nature. A systemic view.
Goat Fritjof # The turning point
Goat Fritjof # The Tao of Physics.
Goat Fritjof # The science of life
Goat Fritjof # Towards a new wisdom
Carlson W. Bernard#Tesla. The inventor of the electric age
Casati Roberto # La scoperta dell'ombra
Castorina Paolo # La «particella di Dio» e l'origine della massa
Cattabiani Alfredo # Planetarium
Cederquist John # Coincidences don't exist.

Cesati Cassin Marco # Non siamo qui per caso. Il potere delle coincidenze.
Chandrasekhar Sub. # Truth and beauty. The reasons for aesthetics in science.
Chiaberge Riccardo # Il Dio variabile
Chinnici Giorgio # Si dà il caso. Il funzionamento segreto del mondo quantistico
Chopra Deepak # Coincidences.
Ciuffardi, Perissi # La fine della coscienza? Dalla mente bicamerale all'intelligenza artificiale
Clark Michael # Paradoxes A to Z
Close Frank # Theories of everything
Scatti Monica # Buchi neri evanescenti
Coppens Yves # The construction of prehistory
Couliano Joan # The journeys of the soul
Coustè Alberto # Brief history of the devil
Crespi Marco # L'equazione della coscienza
Currivan Jude # The Cosmic Hologram
D'Ancona Vittorino # Greek mythology
Dal Buono Lucio # Dall'atomo all'anima. Tutto quello che devi sapere
Damasio Antonio # Emotion and conscience
Damasio Antonio # Descartes' error. Emotion, reason and the human brain
Dask Mike # Beyond Borders
Davies Paul # How to build a time machine
Davies Paul # God and the new physics
Davies Paul # The last three minutes
Davies Paul # The Mysteries of Time. The universe after Einstein
Davies Paul # The Intelligent Cosmos
Davies Paul # The fleeing universe
Davies Paul # The Mind of God
Davies Paul # Are we alone?
Davies Paul # On the edge of infinity. Naked singularities and distribution of space-time
Dawkins Richard # The Blind Watchmaker
De Agostini # Biology
De Agostini # Large paperbacks. Geographical atlas. Historical. Astronomy
De Crescenzo Luciano # Ordine e disordine
De Crescnzo Luciano # empo e felicità
De Santillana Giorgio, Von Dechend Hertha # Hamlet's mill. Essay on myth and the structure of time.
De Santillana Giorgio #Sirio
Dehaene Stanislas # Brain and consciousness
Della Sala, Dewar # Never trust your mind. N+1 experiments to understand how it deceives us and why
Delmastro Marco # Particelle familiari. Le avventure della fisica e il bosone di Higgs
By Francesco Michele, Marraffa, Tomasetta # Filosofia della mente. Corpo, coscienza, pensiero
Mondadori Dictionary # Dizionario della saggezza orientale

Donà Massimo # Magia e filosofia
Du Sautou Marcus # The perfect mess
Du Sautou Marcus # The Million Dollar Equation
Du Sautou Marcus # The impossible theories. What are the limits of science?
Dumezil Geoges # Archaic Roman religion
Edelmen, Tononi # Un universo di coscienza. Come la materia diventa immaginazione..
Albert Einstein # Albert Einstein. Relativity and new physics
Einstein Albert # The world as I see it
Einstein Albert # Thoughts, ideas, opinions
Einstein, Infeld # The evolution of physics
Ekelan Ivar # Chaos
Ereditato Antonio # Le particelle elementari
Hermes Trismegistus # Poimandres
Fabbro Franco # The biological foundations of philosophy. The symbolic nature of DNA, psyche and language
Facchini Fiorenzo # L'avventura dell'uomo. Caso o progetto?
Facchini Fiorenzo # Origini dell'uomo ed evoluzione culturale
Facchini- Magnani # Myths and rites of prehistory
Faggin Federico # Irriducibile, Conscience, life, computers and our nature
Faggin Federico # Silicon
Falletta Nicholas # The Book of Paradoxes
Federrici Vescovini G. # Magico Medioevo
Ferrini Federico # Onde gravitazionali. Una nuova porta per il cosmo
Ferris Timothy # The Adventure of the Universe. From Aristotle to quantum theory and beyond: a never ending story
Ferrone Vincenzo # Una scienza per l'uomo
Feynman Richard # The meaning of things
Feynman Richard # QED
Feynman Richard # Six Easy Pieces
Albertini Foundation # Prove e indizi dell'aldilà
Andrea Sardos Foundation # Prove e indizi dell'aldilà. Il caso Andrea
Ford Kenneth # The quantum world. Quantum physics for everyone.
Fosar-Bludorf # Hyperconsciousness. Intelligence is hidden in the DNA
Foster Charles # We human beings. 40,000 years of history of consciousness
Franks E.M. # Carl Jung's theory of psychological types
Fraser J. T. # Time: an unknown presence
Frazer James # The golden branch
Friedman Richard # Who Wrote the Bible?
Frova Andrea # Il Cosmo e il Buon Dio. Dialogo su astronomia, evoluzione e mito
Find Andrea # Luce. Una storia da Pitagora ad oggi
Find Andrea # Perché succede quello che succede
Galfard Cristophe # How to understand E=mc2
Galilei Galileo # DDialogo dei principali sistemi
Gallippi Angelo # Federico Faggin. Il padre del microprocessore

Gamow George # Gravity
Gamow George # The Adventures of Mr. Tompkins. Daedalus Editions
Gamow George # New World of mr. Tompkins. Zanichelli
Gamow George # Thirty Years That Shocked Physics
Gasperini Maurizio # L'universo prima del big bang. Cosmologia e teoria delle stringhe
Gazzaniga Michael # Conscience is an instinct. The mysterious link between the brain and the mind
Giacobbo Roberto # Secret cities
Giacobini, d'Errico # The Neanderthal hunters
Giacomelli Giorgio # Dal quark al big bang
Giuliodori Lucio # Sul concetto di sincronicità: Jung tra psicoanalisi e quantismo
Giuliodori Lucio # Tra fisica e metafisica. Alcune implicazioni
Atlanti Giunti # Geografia generale, astronomia e cartografi
Gleick James # Chaos. The birth of a new science
Goldman Jane #Xfiles. The Book of Incredible Facts
Goswami Amit # Quantum Guide to Enlightenment. Mediterranean Editions
GrazianoMichael # Rethinking conscience
Grecchi Vittorio # The brain field lies
Greek Peter # The origin of the universe
Greene Brian # Until the end of time. Mind, matter and the search for meaning in an ancient universe
Greene Brian # The elegant universe. Superstrings. hidden dimensions and the search for the ultimate theory.
Greene Brian # The Elegant Universe
Greene Brian # The Hidden Reality
Greene Brian # The hidden reality - parallel universes and profound laws of the cosmos. Philosophies of sciences
Greene Brian # The plot of the cosmos. Space, reality.
Gribbn John # Encyclopedic Dictionary of Quantum Physics
Guido Paolo # Da Buddha a Einstein
Hack Margherita Ferreri Cossard # La lunga storia delle origini. I grandi miti e le teorie con cui l'umanità ha spiegato l'universo
Hall Nna # Chaos. A science for the real world
Hand David # Chance does not exist. Because the most amazing things happen every day
Harner Michael # The Way of the Shaman
Harrison Edward # The Masks of the Universe
Hawking - Penrose # The nature of space and time
Hawking Heckler # The Grand Design.
Hawking -Mlodinov # From the Big Bang to black holes. Brief history of the universe. Mondadori
Hawking Stephan # Holes nr and newborn universes
Hawking Stephen # The universe in a nutshell. Oscar Saggi Mondadori.
Hawking Stephen # The Great History of Time. Mondadori

Stephen Hawking # The Theory of Everything. Origin and destiny of the universe. Mondadori.
Hawking Stephen # Gazing up at the stars
Heckler Richard # Coincidences
Heidegger, Martin # What is metaphysics?
Heidegger, Martin # The concept of time
Heisenberg Werner # Physics and Philosophy
Hermann Greta # Physics and philosophy
Higfield, Roger # The Science of Henry Potter
Hillman, James # The Soul Code
Hope Murry # The Secret of Sirius
Hopke Robert # Nothing happens by chance. Oscar Mondadori
Hoyle Fred # The Origin of the Universe and the Origin of Religion
Humphrey Nicholas # Soul Dust. The Magic of Consciousness
Hunter Tobias # A new idea of the world
Huxley Aldous # Brave New World. Back to the new world.
Jaffè Aniela # Dreams, prophecies, apparitions
Jaynes Julian # The Breakdown of the Bicameral Mind and the Origin of Consciousness
Johnson Steven # Where great ideas are born. Natural history of innovation
Joseph Frank # The Power of Coincidences. The meeting point.
Jou David # Rewrite Genesis. In search of the mathematical formula of creation
Jung Carl # Animus and anima
Jung Carl # Experience and mystery
Jung Carl # The Red Book. Liber novus.
Jung Carl # Jung speaks Interviews and meetings
Jung Carl # The analysis of dreams. The archetypes of the unconscious. The synchronicity.
Jung Carl # The ego and the unconscious
Jung Carl # Man and his symbols
Jung Carl # The psychic dimension. Collection of writings.
Jung Carl # Psychology of the unconscious
Jung Carl # Memories and reflections.
Jung Carl # Psychological types
Kaku Michio # The future of humanity
Kaku Michio # Hyperspace
Kaku Michio # The divine equation
Kane Gordon # The Garden of Building Blocks. Longanesi
Karsenti Eric # A Brief History of the Origins of Life. From the cell to the human being, the most beautiful story ever told: ours
Kauffman Stuart # Reinventing the sacred
Kinnebriock Werner # Where does the passing of time go. Physics, philosophy and daily life
Kippenhahn Rudolf # Pocket Cosmology. From the big bang to the poetry of the starry sky

Koch Christof ok # The search for conscience
Kornelius Martin #Einstein Light
Kosko Bart # The fuzzy-thinking
Krauss Lawrence # The Dark Heart of the Universe. In search of the «Fifth essence
Krauss Lawrence # The Universe from Nothing
Krauss Lawrence # The Physics of Star Trek
Kumar Manjit # Quantum. From Einstein to Bohr, a new idea of reality.
Kundera Milan # Immortality
Kung Hans # Chinese Christianity and Religiosity. Arnoldo Mondadori editor.
Lalumera Elisabetta # Cosa sono i concetti
Lambert Karel, G. Gordon # Introduction to the philosophy of science
Lanternari Vittorio # Religione, magia e droga
Lanza R. + Herman # Biocentrism
Lanza Robert # The grand biocentric design
Lanza Robert # Beyond biocentrism
Laszlo Erwin # Science and the Akashic Plan
LaszloErvin # The Immortal Mind
Lazzara Salvatore # Vedi alla voce scienza
Lederman-Hill # Quantum Physics for Poets
Ledoux Joseph # The emotional brain
Licata Ignazio # Observing the Sphinx. DiRenzo Publisher.
Lindley David # Einstein's moon
Lipton Bruce # The Biology of Belief
Livio Mario # La sezione aurea. Storia di un numero e di un mistero che dura da tremila anni
Lu Tung-pin # The Secret of the Golden Flower
Luc Georg # Il magico nella cultura antica
Luccio Riccardo # FDall'anima alla mente. Breve storia della psicologia
Lurker Manfrd # Dictionary of Biblical Pictures and Symbols
Marchesi Fabio # Exotropia
Marchi Vittorio # La scienza dell'Uno. Chiave per l'universo nascosto
Marconi Momolina # Prelude to the history of religions
Marletto Chiara # La scienza dell'impossibile. Alla ricerca delle nuove leggi della fisica
Martini Francesco # Persuasive communication 4 books
Massalenti (curator) # Qualcosa di grande. L'infinita bellezza e complessità di tutto ciò che esiste
Massimini Tononi # Nothing greater
Mavaldi Marco # The two heads of the tyrant. Mathematical methods for freedom
Mazzitelli Italo # What if God existed? E se Dio esistesse? I limiti della conoscenza scientifica quando si indaga su Dio e la religione
McTaggart Lynne # The secret force of the universe. The zero point field
McTaggart Lynne # The Bond. The quantum link
Mecacci Luciano # Identikit of the brain
Michell John # Astroarchaeology

Miramonti Reseghetti # Neutrino. La particella fantasma
Mondadori # Dictionary of oriental wisdom
Morowitz Harold # The birth of everything
Mortier Roland # Imposters and gullible people in the Age of Enlightenment
Matteo Motterlini # Mental traps. Rizzoli
Mugnos Sabrina # The universe that thinks
Mullis Kary # They dance naked in the field of mind
Musso Paolo # Science and the idea of reason. Science, philosophy and religion from Galileo to black holes and beyond.
Muzzio Publisher # Caos. Una scienza per il mondo reale
Nagel Thomas # A very short introduction to philosophy
Neumann Erich # History of the origins of consciousness
Nietzsce # Beyond good and evil
Nietzsche Friedrich # Thus Spoke Zarathustra
New Syntheses # Galileo Newton Einstein
O'Keane Veronica # The Bazaar of Memory. How we build memories and how memories build us
O'Regan J. Kevin # Why colors don't play. A new theory of consciousness
Odifreddi Piergiorgio # Una via di fuga. Il grande racconto della geometria moderna
Oldstone Moore # Understanding Taoism
Oliverio Alberto # Dove ci porta la scienza
Oliverio Alberto # L'arte di ricordare. La memoria e i suoi segreti
Oreglio Flavio # Curiosa storia della scienza. Le radici pagane dell'Europa
Osho # Rajneesh's bible
Overbye Dennis # Einstein innamorato. La vita di un genio, tra scoperte scientifiche e passione romantica
Palazzi Pablo # The Great Illusion
Palmarini and others # Musica, luce, colori, nuova energia
PanekRichard # The invisible century
Paolelli Ermanno # Neuro-quantum. The new frontier of neuroscience
Parigi Silvia # Magia e scienza nell'età moderna
Paris Giorgio # In un volo di storni. Le meraviglie dei sistemi complessi
Pauli Wolfgang # Psyche and nature
Pearson Carol S. # The hero within us
Peat David # The Paths of Chance
Peat David # Synchronicity. A union between matter and psyche. Magi Editions
Peiretti Federico # Il matematico si diverte. Duecento giochi e puzzle che hanno fatto la storia della matematica
Pellegrini Massimo # Fisica quantistica per principianti
Penrose Roger # The Universe is still a secret
Penrose Roger # The Emperor's New Mind
Penrose Roger # The road that leads to reality
Perconti Pietro # Conscience. Philosophical lexicon
Pichot André # The birth of science. Mesopotamia, Egypt, Ancient Greece
Pim van Lommel # Consciousness beyond life

Pinotti-Baccarini # Italia esoterica
Pizzuti Marco # From man 2.0 to the universal matrix of ooscience. Unauthorized evolution
Plato # Against Democracy
Plez Ugo # The lost sciences
Poli Eric Francesca # Anatomy of quantum consciousness
Polkinghorne John # Quantum theory
Popper Karl # The ego and its brain. Armando Publisher.
Powell Arthur # The astral body and related phenomena
Prattico Franco # From chaos… to conscience
Privitera Agata # MBT The Myers-Briggs theory and the 16 personalities
Proverb Edward # Archaeoastronomy
Radin Dean # Interconnected Minds. Psychic phenomena explained by quantum physics.
Ramorino Felice # Classic mythology illustrated
Randall Lisa # Curved passes. The mysteries of the hidden dimensions of the universe
Ranucci Stefano # Physics of the other world. When consciousness and quantum physics explain the paranormal
Reda Giuseppe # Energy and its forms of existence
Reeves Hubert # Cosmic Evolution
Regge Tullio # Infinity
Renn Jurgen # The evolution of knowledge
Rey Olivier # Itineraries of bewilderment. What if science were a great metaphysical enterprise?
Rezzolla Luciano # The irresistible attraction of gravity. Journey to the discovery of black holes
Rhine Louisa # Psychokinesis. Mind dominates matter. Golem Books.
Richet Pascal # A natural history of time
Robinson Richard # Why does toast always fall buttered side up?
Robinson Richard # Why does toast always fall buttered side up? The brilliant scientific explanation of Murphy's Laws
Rodriguez Pepe # God was born a woman
Romano Giuliano # Archeoastronomia italiana
Romanus Julian # Orientamenti ad sidera
Rosati Giancarlo # Cosmic consciousness. Path to enlightenment
Rossi Daniela # Matter that dreams
Roth Reme # The Seekers of God
Rovelli Carlo # Heligoland
Rowan Robinon # The nine numbers of the cosmos. The origin and nature of our universe
Rucker Rudy # The Fourth Dimension. A guided journey into higher order universes
Russel Bertrand # Dictionary of physical and moral logic
Russo Lucio # The forgotten revolution. Greek scientific thought
Russo Michele # Is life a “case” of matter?
Essay Isabella # Age, if any

Sale Musio Carla # Communicating with those who no longer have a body
Sarle John # The Mystery of Conscience
Schoch Robert # The voice of the stones. Lost civilizations
Schoepflin Maurice # 100 Philosophers
Schopenhauer Arthur # The art of getting right
Schumacher Ernst # A guide for the perplexed
Searle John # The mind
Sermonti Giuseppe # A science without a soul.
Serra Pietro # From the soul to the conscience. An incursion into the folds of the mind
Severino Emanuele # The anti philosophy
Shapira Haim # Lessons on Infinity
Sheldrake Rupert # The Extended Mind. Hooray.
Sheldrake Rupert # The illusions of science. Hooray.
Siegfried Tom # The Number of Heavens. A story of the multiverse and the quest to understand the cosmos
Sigman Mariano # The Secret Life of the Mind. How our brain works when it thinks, feels, decides
Singer Charles # A Brief History of Scientific Thought
Sissa ISAS laboratories # Chaos and complexity
Smith Michael # Jung and shamanism.
Smolin, Lee # Einstein's Unfinished Revolution. The search for what is there
Sorensen Roy # Philosophical Wonder Room
Sparzani and Panepucci # Jung e Pauli. La corrispondenza originaria:
Stanzani Maserati # Consciousness and meaning
Stapp Henry# Quantum Theory and Free Will. Springer International Publishing.
Stavros Joshua # Shamanism
Stein Murray # The principle of individuation. Towards the development of consciousness
Stenger Victor # Why Science Doesn't Believe in God. Faith's Lost Challenge to Reason
Styer Daniel # Really understanding relativity. Discovering Einstein's theory
Sun-Tzu # The Art of War
Surace Graziano # The Quantum of Challenge
Surprise Kirby # Sincronicità. Comprendere e utilizzare coincidenze significative
Tagliagambe Malinc # Jung e il libro rosso: il sé e il sacrificio dell'ego. Moretti & Vitali.
Malinc Legcutter. # Pauli e Jung. Un confronto tra materia e psiche.
Tagliagambe Silvano # Lo sguardo e l'ombra
Talbot Michael # All is one. Feltrinelli
Teilhard de Chardin # The human phenomenon
Teilhard de Chardin # The future of man
Teillard De Chardin # The place of Man in Nature
Teillard De Chardin # The singularities of the human species
Teodorani Massimo # Bohm. The physics of infinity.

Teodorani Massimo # Entanglement. The entanglement in the quantum world: from particles to consciousness.
Teodorani Massimo # The great celestial numbers
Teodorani Massimo # The atom and the elementary particles. Macro Editions
Teodorani Massimo # The creative mind. From the physical universe to intelligent life. Macro Editions.
Teodorani Massimo # Telling the universe. Popular introduction to astrophysics
Teodorani Massimo # Synchronicity. The link between physics and psyche. From Pauli to Jung to Chopra.
Teodorani Massimo # Teleportation
Teodorani Massimo # Tesla. A brillant idea
Tesla Nicola # My inventions. The autobiography of a genius
Tesla Nikola # On increasing human energy
Frank Tipler # The physics of immortality. Double day.
Tong Ziya # When you look at the world and you don't see it
Toni Paolo # Mathematical sparks. Games and competitions of creativity and logic
Tononi Edelman # A universe of consciousness
Tononi Giuio # PHI A journey from the brain to the soul
De Agostini # Illuminismo
Vaas Rudiger # Hawking. Universe, space, time
Vacca Roberto # You too are a mathematician
Vafa Cumrun # Puzzles to decipher the world
Vassallo Nicola # Philosophies of the sciences
Vidali Paolo # History of the idea of nature. From Greek Thought to Anthropocene Consciousness
Vincenzo Lorenzo # Enlightenment.
Vitebski Piers # Shamans
Von Franz Marie-Louise # Divination and synchronicity. Psychology of significant coincidences
Von Franz Marie-Louise # Fairy tales interpreted
Von Franz Marie-Louise # Psyche and matter
Von Franz Marie-Louise-ok # Psychological typology. The functions of consciousness: thinking and feeling, intuition and sensation
White John # The meeting of science and spirit. Publishing Practices.
Widmann Claudio # Introduction to synchronicity. Magi Editions.
Widmann Claudio # Synchronicities and significant coincidences. Magi Editions.
Wiener Anna # The dark valley
Wigner Eugene # The unreasonable efficacy of mathematics in the natural sciences
Wilber Ken # Quantum Issues
Wilson Edward # Wonderful Harmony
Wolf Fred # Time loops and space twists. How God created the universe. Find out why space, time and matter are closely connected
Wolke Robert # To his barber Einstein told it like this. Daily life and scientific questions
Zeilinger Anton # Einstein's Veil

Zeilinger Anton # The dance of photons
Zichichi Antonino # The irresistible charm of time. From the resurrection of Christ to the subnuclear universe
Zichichi Antonino # Infinity
Zolla Elemire # Archetypes. auras. Secret truths. Wandering Dionysus
Zoppi Giorgi0 # Cosmology with six difficulty levels

Bruno Del Medico, blogger, writer, editor, specialized in the dissemination of issues related to social current events and the new frontiers of science. He is the author of many books on the recent Covid19 pandemic and of a series dedicated to quantum physics and metaphysics..

www.ingramcontent.com/pod-product-compliance
Lightning Source LLC
LaVergne TN
LVHW010646051026
849532LV00001B/195
* 9 7 9 8 2 2 3 4 0 4 0 7 1 *